21世纪高等学校计算机教育实用规划教材

U0267930

多媒体技术应用教程
(第2版)

金永涛 主编
崔业勤 张兴华 副主编

清华大学出版社
北京

内 容 简 介

本书以"温室效应"多媒体应用系统开发为主线,结合大量案例介绍了目前市场上主流的计算机多媒体软件技术,其中对 Photoshop 和 Authorware 进行了重点讲解,此外还介绍了多媒体技术的理论知识。全书共 10 章,内容包括多媒体技术概述、多媒体计算机系统、数据压缩技术、音频数据处理技术、图像数据处理技术、动画数据处理技术、视频数据处理技术、多媒体应用系统制作技术、多媒体应用系统设计原则及多媒体光盘制作技术。

本书配套素材中提供了"温室效应"多媒体应用系统实例以及各章节案例的素材文件供读者练习使用,可以从清华大学出版社网络(www.tup.tsinghua.edu.cn)下载。此外,本书附录中结合教材内容设置了 11 个实验项目,以便读者进行实践练习。

本书适用于高等院校,特别适合应用型本科院校作为多媒体技术的教材,也适合作为多媒体技术培训的参考用书及广大多媒体技术爱好者的自学用书。

图书在版编目(CIP)数据

多媒体技术应用教程/金永涛主编. —2 版. —北京:清华大学出版社,2016(2023.8重印)
ISBN 978-7-302-43740-6

Ⅰ. ①多… Ⅱ. ①金… Ⅲ. ①多媒体技术—教材 Ⅳ. ①TP37

中国版本图书馆 CIP 数据核字(2016)第 089223 号

责任编辑:魏江江 王冰飞
封面设计:常雪颖
责任校对:白 蕾
责任印制:杨 艳

出版发行:清华大学出版社
      网   址:http://www.tup.com.cn,http://www.wqbook.com
      地   址:北京清华大学学研大厦 A 座   邮   编:100084
      社 总 机:010-83470000   邮   购:010-62786544
      投稿与读者服务:010-62776969,c-service@tup.tsinghua.edu.cn
      质量反馈:010-62772015,zhiliang@tup.tsinghua.edu.cn
      课件下载:http://www.tup.com.cn,010-83470236
印 装 者:三河市君旺印务有限公司
经   销:全国新华书店
开   本:185mm×260mm   印   张:22   字   数:537 千字
版   次:2009年 5 月第 1 版   2016 年 8 月第 2 版   印   次:2023 年 8 月第 6 次印刷
印   数:14001～14300
定   价:39.50 元

产品编号:069232-01

出 版 说 明

随着我国高等教育规模的扩大以及产业结构调整的进一步完善,社会对高层次应用型人才的需求将更加迫切。各地高校紧密结合地方经济建设发展需要,科学运用市场调节机制,合理调整和配置教育资源,在改革和改造传统学科专业的基础上,加强工程型和应用型学科专业建设,积极设置主要面向地方支柱产业、高新技术产业、服务业的工程型和应用型学科专业,积极为地方经济建设输送各类应用型人才。各高校加大了使用信息科学等现代科学技术提升、改造传统学科专业的力度,从而实现传统学科专业向工程型和应用型学科专业的发展与转变。在发挥传统学科专业师资力量强、办学经验丰富、教学资源充裕等优势的同时,不断更新教学内容、改革课程体系,使工程型和应用型学科专业教育与经济建设相适应。计算机课程教学在从传统学科向工程型和应用型学科转变中起着至关重要的作用,工程型和应用型学科专业中的计算机课程设置、内容体系和教学手段及方法等也具有不同于传统学科的鲜明特点。

为了配合高校工程型和应用型学科专业的建设和发展,急需出版一批内容新、体系新、方法新、手段新的高水平计算机课程教材。目前,工程型和应用型学科专业计算机课程教材的建设工作仍滞后于教学改革的实践,如现有的计算机教材中有不少内容陈旧(依然用传统专业计算机教材代替工程型和应用型学科专业教材),重理论、轻实践,不能满足新的教学计划、课程设置的需要;一些课程的教材可供选择的品种太少;一些基础课的教材虽然品种较多,但低水平重复严重;有些教材内容庞杂,书越编越厚;专业课教材、教学辅助教材及教学参考书短缺,等等,都不利于学生能力的提高和素质的培养。为此,在教育部相关教学指导委员会专家的指导和建议下,清华大学出版社组织出版本系列教材,以满足工程型和应用型学科专业计算机课程教学的需要。本系列教材在规划过程中体现了如下一些基本原则和特点。

(1) 面向工程型与应用型学科专业,强调计算机在各专业中的应用。教材内容坚持基本理论适度,反映基本理论和原理的综合应用,强调实践和应用环节。

(2) 反映教学需要,促进教学发展。教材规划以新的工程型和应用型专业目录为依据。教材要适应多样化的教学需要,正确把握教学内容和课程体系的改革方向,在选择教材内容和编写体系时注意体现素质教育、创新能力与实践能力的培养,为学生知识、能力、素质协调发展创造条件。

(3) 实施精品战略,突出重点,保证质量。规划教材建设仍然把重点放在公共基础课和专业基础课的教材建设上;特别注意选择并安排一部分原来基础比较好的优秀教材或讲义修订再版,逐步形成精品教材;提倡并鼓励编写体现工程型和应用型专业教学内容和课程体系改革成果的教材。

（4）主张一纲多本，合理配套。基础课和专业基础课教材要配套，同一门课程可以有多本具有不同内容特点的教材。处理好教材统一性与多样化，基本教材与辅助教材，教学参考书，文字教材与软件教材的关系，实现教材系列资源配套。

（5）依靠专家，择优选用。在制订教材规划时要依靠各课程专家在调查研究本课程教材建设现状的基础上提出规划选题。在落实主编人选时，要引入竞争机制，通过申报、评审确定主编。书稿完成后要认真实行审稿程序，确保出书质量。

繁荣教材出版事业，提高教材质量的关键是教师。建立一支高水平的以老带新的教材编写队伍才能保证教材的编写质量和建设力度，希望有志于教材建设的教师能够加入到我们的编写队伍中来。

21世纪高等学校计算机教育实用规划教材编委会

联系人：魏江江 weijj@tup.tsinghua.edu.cn

前　言

在第 1 版的基础上,《多媒体技术应用教程(第 2 版)》融入了近年来多媒体技术的新发展、新应用,第 1 章和第 2 章增加了当今主流多媒体技术,第 5 章对 Photoshop 图像处理软件进行了版本的更新。此外,考虑到知识体系的完整性,本书增加了第 9 章和第 10 章,分别介绍了多媒体应用系统设计原则和多媒体光盘制作技术。

本书侧重实践应用,以作者创作的“温室效应”多媒体应用系统为主线,结合大量案例对目前市场上处于主流的多媒体软件技术进行了介绍。本书对应用较广的 Photoshop 和 Authorware 两个软件的操作做了较详细的讲解,避免了什么都讲、什么都没讲透的问题。

本书配套素材中提供了“温室效应”多媒体应用系统实例以及各章节的案例素材供读者练习使用,可以从清华大学出版社网站(www. tup. tsinghua. edu. cn)下载。此外,本书附录中结合教材内容和建议的授课计划设置了 11 个实验项目,以便读者更好地进行实践练习。

为了更好地方便处于第一线的教师使用本书,作者结合多年的教学经验建议以下授课学时(50 分钟/学时),其也可作为读者自学的时间进度表。

章 节 名 称	学　　时	
	理论学时	实验学时
第 1 章　多媒体技术概述	4	
第 2 章　多媒体计算机系统	2	
第 3 章　数据压缩技术	2	
第 4 章　音频数据处理技术	2	2
第 5 章　图像数据处理技术	8	10
第 6 章　动画数据处理技术	2	2
第 7 章　视频数据处理技术	4	4
第 8 章　多媒体应用系统制作技术	8	10
第 9 章　多媒体应用系统设计原则	2	
第 10 章　多媒体光盘制作技术	2	
课时合计	36	28

注: 第 5 章和第 8 章的 10 个实验学时中有两个学时为综合实验;在学习完教材内容后建议增加综合实验学时,安排学生制作一个多媒体应用系统案例,以强化学生对多媒体软件知识的熟练操作程度。

全书共分 10 章,第 1 章介绍多媒体技术的基本概念和基本知识;第 2 章介绍多媒体计算机系统的组成;第 3 章介绍数据压缩技术;第 4 章介绍音频数据处理技术;第 5 章介绍图像数据处理技术;第 6 章介绍动画数据处理技术;第 7 章介绍视频数据处理技术;第 8

章介绍多媒体应用系统制作技术；第 9 章介绍多媒体应用系统设计原则；第 10 章介绍多媒体光盘制作技术。

本书第 1~4 章、第 6~8 章及附录由金永涛编写，第 9 章和第 10 章由崔业勤编写，第 5 章由张兴华编写。

参加本书编写和实例制作的人员还有王欢、于敏、钱文光、刘海燕、邹澎涛、魏艳娜、周建伟、杨秀峰、段龙方、任旭红、宋玉彬、赵子辉、王延仓等。

限于编者的学识水平，书中难免存在一些不妥之处，敬请广大读者批评指正。如读者在使用本书的过程中有其他建议或意见，请向编者(jsj_jin@126.com)提出。

编　者

2016 年 5 月

目 录

VII

第1章 多媒体技术概述

1.1 多媒体技术的基本概念

多媒体技术是计算机与微电子、通信和数字化音像等技术紧密结合的产物。作为 20 世纪 90 年代发展起来的一门综合性技术,多媒体技术虽然历史并不长,但却迅速渗透到人们工作和生活的方方面面。

1.1.1 媒体与多媒体

1. 媒体

媒体(Media)是信息表示和传输的载体。媒体在计算机中有两种含义:一是指媒质,即存储信息的实体,如磁盘、光盘等;二是指传输信息的载体,如数字、文字、声音等。

按照国际电信联盟(ITU)的建议,可以将媒体划分成以下 5 种类型。

1) 感觉媒体

感觉媒体是指能够直接作用于人的感觉器官,并使人产生直接感觉的媒体,其功能是反映人类对客观环境的感知,表现为听觉、视觉、触觉、嗅觉、味觉等感觉形式。这类媒体内容有各种声音、文字、语言、音乐、图形、图像、动画、影像等。

众所周知,人们在平时的工作、生活中大约有 90% 的信息是通过听觉、视觉获取的,10% 的信息是通过触觉、嗅觉和味觉获取的。但是早期的计算机只能够辨别文本、数字及少量的符号,在应用计算机的时候经常需要将信息的其他表达形式转换成计算机能识别的形式,从而造成了操纵计算机的方式以及计算机反馈给操作者结果的方式都很单一,加大了使用计算机的困难程度,使得大众对于计算机望而生畏。目前,计算机已经可以识别听觉和视觉的表现形式,触觉媒体也正在开始由计算机系统所认知。

2) 表示媒体

表示媒体是指为了加工、处理和传播感觉媒体而人为地研究、构造出来的一种媒体形式,功能是定义信息的表达特征,其目的是为了更有效地将感觉媒体从一个地方传播到另一个地方,以便对其进行加工、处理和应用。例如,大家平时接触到的条形码、电报码,在计算机中使用的 ASCII 编码、文本编码、图像编码、音频编码和视频编码等都属于表示媒体。

3) 显示媒体

显示媒体是指将感觉媒体输入到计算机中或通过计算机展示感觉媒体所使用的物理设备,即能够输入信息和输出显示信息的物理设备。例如键盘、鼠标、光笔、话筒、扫描仪等设备具有采集计算机外部感觉媒体的功能;而显示器、扬声器、打印机等设备则具有将计算机中的各种媒体信息用人们习惯的方式表现出来的能力。

4）存储媒体

存储媒体是指用于存放表示媒体的介质，功能是存储信息，即保存、记录和获取信息，以便计算机可以随时对它们进行加工、处理和应用。常用的存储媒体有 MP4、MP3、硬盘、光盘等。

5）传输媒体

传输媒体是指用来将表示媒体从一个地方传输到另一个地方的物理载体，功能是用于连续传输信息，具体表现为信息传输的物理介质。常用的传输媒体有双绞线、同轴电缆、光纤、微波、红外线等。

在上述所说的各种媒体中，表示媒体是核心。因为用计算机处理媒体信息时首先通过显示媒体的输入设备将感觉媒体转换成表示媒体，并存放在存储媒体中，然后计算机从存储媒体中获取表示媒体信息后进行加工处理，最后再利用显示媒体的输出设备将表示媒体还原成感觉媒体反馈给应用者，如图 1-1 所示。

图 1-1　各种媒体之间的关系

需要强调的是，上述媒体类型只列出了目前计算机多媒体技术可处理的一部分，随着多媒体技术的不断发展，可以处理的媒体类型会不断增加。

2. 多媒体

多媒体是英文 multimedia 一词的译文，由 multi 和 media 复合而成，其中 multi 译为"多"，media 是"媒体(medium)"的复数形式。

多媒体技术是指使用计算机综合处理文本、声音、图形、图像、动画、视频等多种不同类型媒体信息，并集成为一个具有交互性的系统的技术，其实质是通过进行数字化采集、获取、压缩/解压缩、编辑、存储等加工处理，再以单独或合成形式表现出来的一体化处理技术。这说明多媒体技术是一种与计算机处理相关的技术，是一种信息处理的技术，是一种人机交互的技术，是一种关于多种媒体和多种应用手段集成的技术。

多媒体技术的主要特性包括信息载体的多样性、集成性和交互性。

1）多样性

信息载体的多样性是对计算机而言的，主要指的是表示媒体的多样性，体现在信息采集、传输、处理和显示的过程中，要涉及多种表示媒体的相互作用。例如，多媒体常用的媒体元素有简单的文本，有与空间相关联的图形和图像，有与时间相关联的音频信息，还有与时间、空间同时关联的视频信息等。这一特性使计算机变得更加人性化，不仅使计算机所能处理的信息空间、时间范围扩展和放大，而且使人与计算机的交互具有更广阔的、更加自由的空间。

在人类对信息接收的 5 种感觉(视觉、听觉、触觉、嗅觉、味觉)中，前 3 个占 95% 以上的信息量。借助于这些感觉形式的信息交流，人类对于信息的处理可以说是得心应手。但是计算机远没有达到人类的水平，在许多方面都必须把人类的信息进行变形后才可以使用。信息只能按照单一的形态才能被加工处理，也只有这样才能被计算机理解。可以说，目前计算机在信息交流方面与人类相比还处于相对较低的水平,而多媒体技术就是要把计算机处理的信息多样化,使人与计算机之间的交互具有更广阔、更自由的空间。通过对多样化的信息进行编辑、加工和处理,可以丰富信息的表现力,增强信息的表现效果。因此,信息载体的多样性及其与空间、时间的相关性使计算机更加人性化。

2)集成性

集成性是指将不同的媒体信息有机地组合在一起,形成一个完整的整体,主要表现在两个方面,一方面是指把单一的、零散的媒体信息(如文字、图形、图像、音频和视频等)有效地集成在一起,即信息媒体的集成,它使计算机信息空间得到相对的完善,并能充分得到利用;另一方面,集成性还表现在存储、处理这些媒体信息的物理设备的集成,即多媒体的各种设备应该集成在一起成为一个整体。

过去,计算机中的信息往往是孤立存在的,在加工处理时很少会出现相互之间关联的情况,但是在多媒体信息中不同媒体之间可能存在着某种紧密的联系。例如,一段视频信息在播放时需要在某一个时刻同步播放一段音频信息,并显示一段字幕作为内容的解释,这就需要按照要求将这几种信息集成起来。实际上,这里的集成性除了上述所讲的信息集成之外还包含计算机硬件设备的集成和软件系统的集成。从系统整体来说,应该具有能够处理多媒体信息的高速并行 CPU、大容量的存储器、多通道的输入/输出接口电路和外设、宽带网络接口等硬件设备,同时应该配备适合多媒体信息处理的多媒体操作系统、多媒体创作工具和各种应用软件等。多媒体信息由计算机统一存储和组织,使得 $1+1>2$ 的系统特性得到体现,应该说集成性是计算机在系统级的一次飞跃。

3)交互性

交互性是指人可以介入到各种媒体加工、处理的过程中,从而更有效地控制和应用各种媒体信息。它提供更加有效地控制和使用信息的手段,也为多媒体技术的应用开辟了广泛的领域。交互性不仅增加了用户对信息的注意力和理解能力,延长了信息的保留时间,而且交互活动本身也作为一种媒体加入了信息传递和转换的过程,从而能获得更多的信息。另外,借助人机交互活动,用户可参与信息的组织过程,甚至可控制信息的传播过程,从而使用户研究、学习所感兴趣的方面,并获得新的感受,这是许多只能被动接受信息的单媒体(如书报、电影等)无法比拟的。例如,用户在编辑图像时可以根据观察到的效果控制操作过程:在播放音频文件时可以快进、倒退或改变播放速度等。那么电视系统是否属于多媒体系统?回答是否定的。因为人们在观看电视时只能被动地接收,而不能参与控制,即不具有交互性。

1.1.2 媒体元素

多媒体中的媒体元素是指多媒体应用中可显示给用户的媒体形式,主要有文本、图形、图像、声音、动画和视频等。这些媒体元素有各自的特点和性质,不同类型的媒体元素有机地结合与互补才能充分发挥多媒体集成的优势。

1. 文本

文本(Text)指各种文字,由字符型数据(如数字、字母、符号等)和汉字组成,包括各种字体、尺寸、格式及色彩的文本。通过对文本显示方式的组织,多媒体应用系统可以使显示的信息更易于理解。

文本可以先用文本编辑软件(如 Word、WPS 等)制作,然后再输入到多媒体应用程序中,也可以直接在制作图形的软件或多媒体编辑软件中一起制作。

建立文本文件的软件很多,随之有许多文本格式,有时需要进行文本格式转换。文本的多样化由文字的变化(即字的格式、字的定位、字体、字的大小以及这 4 种变化的各种组合)形成。多媒体应用中使用较多的是带有各种文本排版信息的文本文件,称为格式化文件(如 * .doc 文件),该文件中带有段落格式、字体格式、插入的图片、边框等格式信息。如果只有文本信息,没有其他任何格式信息,则称该文本文件为非格式化文件或纯文本文件。

2. 图形

图形(Graphic)是指从点、线、面到三维空间的黑白或彩色几何图,一般指用计算机绘制的点、直线、圆、圆弧、矩形、任意曲线和图表等。在计算机中,图形是经过运算而形成的抽象化结果。由于在图形文件中只记录生成图形的算法和图上的几何特征点(包括几何图形的大小、形状、位置和维数等),故图形是以一组描述点、线、面等几何特征的指令形式存在的,因此图形又称为矢量图。例如,line(x1,y1,x2,y2)表示点(x1,y1)到点(x2,y2)的一条直线,circle(x,y,r)表示圆心为(x,y)、半径为 r 的一个圆等。

通过软件可以读取图形格式指令,将图形转换为屏幕上所显示的形状和颜色,这些生成图形的软件通常称为绘图程序。在计算机上显示图形时,点、直线、圆、圆弧、矩形等可以由图形指令直接生成,曲线可以用诸多小直线逼近形成,封闭曲线还可使用着色算法来填充颜色。

矢量图形的最大优点在于可以分别控制、处理图中的各个部分,通过图形处理软件可以方便地将图形进行移动、旋转、放大、缩小、扭曲而不失真,不同的物体还可在屏幕上重叠并保持各自的特征,必要时仍然可以分开独立显示。因此,图形主要用于表示线框形的图画、工程制图、美术字等。大多数 CAD 和 3D 造型软件使用矢量图形作为基本图形存储格式。

微机上常用的矢量图形文件有".3ds"(用于 3D 造型)、".dxf"(用于 CAD)、".wmf"(用于桌面出版)等。图形技术的关键是制作和再现,由于图形只保存其算法和特征点,所以占用的存储空间比较小,打印输出和放大时图形的质量较高,但在屏幕上每次显示时都需要经过重新计算,故显示速度较慢。

3. 图像

图像(Image)是指由输入设备捕捉的实际场景画面,或以数字化形式存储的任意画面。静止的图像可用矩阵点阵图来描述,矩阵的每个点称为像素(Pixel),整幅图像是由一些排成行列的像素点组成的,故图像也称为位图。

位图中的位用来定义图中每个像素点的颜色和亮度。对于灰度图常用 4 位(16 种灰度等级)或 8 位(256 种灰度等级)表示该点的亮度。若是彩色图像,R(红)、G(绿)、B(蓝)三基色每色量化 8 位,则称彩色深度为 24 位,可以组合成 2^{24} 种色彩等级,即真彩色。若只是黑白图像,每个像素点只用 1 位表示,则称为二值图。

位图图像适合于表现比较细致,层次和色彩比较丰富,包含大量细节的图像,如自然景观、人物等。由像素矩阵组成的图像可用画位图的软件(如 Photoshop)获得,也可用彩色扫描仪扫描照片或图片获得,还可用摄像机、数字照相机拍摄或帧捕捉设备获得数字化帧画面。

图像文件的格式有多种,如 BMP、PSD、TIF、TGA、GIF、JPG 等,一般数据量比较大。

在进行图像处理时一般要考虑分辨率、图像深度与显示深度、图像文件大小 3 个因素。

1）分辨率

分辨率主要有以下 3 种。

（1）屏幕分辨率：它表明显示器在横向和纵向上具有的显示点数。多媒体计算机标准定义是 800×600，它表明在这种分辨率下显示器在水平方向上最多显示 800 个像素点，在垂直方向上最多显示 600 个像素点。

（2）图像分辨率：它表示每英寸长度图像上像素点的数量，常用的单位是 dpi。在用显示器观看数字图像时，显示器上的每一个点对应数字图像上的一个像素。假如使用 800×600 屏幕分辨率显示具有 600×600 个像素的图像，那么在垂直方向上 600 个像素正好被 600 个显示点显示，在水平方向上还剩余 200 个点无图像。

（3）像素分辨率：它是指像素的宽和高之比，一般为 1∶1。

2）图像深度与显示深度

图像深度（或称图像灰度）表示数字位图图像中每个像素点上用于表示颜色的二进制数字位数。如果一幅数字图像上的每个像素点都使用 24 位二进制数字表示这个像素的颜色，那么它的图像深度就是 24 位，即每个像素能够使用的颜色是 2^{24} 种，这样的图像称为真彩色图像。简单的图画和卡通可用 16 色，而自然风景图至少用 256 色。

显示深度表示显示器上的每个点用于显示颜色的二进制数字位数。一般的多媒体计算机都应该配有能够达到 24 位显示深度的显示适配卡和显示器，具有这种能力的显示适配卡和显示器称为真彩色卡和真彩色显示器。

在使用显示器显示数字图像时，如果显示器的显示深度大于或等于数字图像的图像深度，这时显示器可以完全反映数字图像中使用的全部颜色。如果显示器的显示深度小于数字图像的深度，就会使数字图像颜色的显示失真。

3）图像文件大小

一幅数字图像保存在计算机中要占用一定的存储空间，这个空间的大小就是数字图像文件的大小。图像中的像素越多，图像深度越大，则数字图像文件的数据量就越大，当然其效果就越接近真实。

一幅未经压缩的数字图像的数据量大小可按下式估算：

$$图像文件大小 = 图像中的像素总数 \times 图像深度 \div 8$$

图像文件的大小影响图像从硬盘或光盘读入内存的传送时间，为了减少该时间，应缩小图像尺寸或采用图像压缩技术。

图像与图形的主要区别如下。

（1）数据记录方式不同：例如一个圆，若采用图形媒体元素，其数据记录的信息是圆心坐标点（x，y）、半径及颜色编码；若采用图像媒体元素，其数据文件则记录在哪些坐标位置上有什么颜色的像素点。所以图像的数据信息要比图形数据更有效、更精确。

（2）处理操作不同：矢量图形由运算关系支配，因此可以分别控制、处理图中的各个部分，如在屏幕上移动、旋转、放大、缩小、扭曲而不失真。图像像素点之间无内在联系，所以在放大与缩小时部分像素点会丢失或被重复添加而导致图像失真。

（3）数据量不同：图像数据量大，不便于保存和传送，因此要采用数据压缩算法。图形数据量则相对较小。

（4）表现力不同：图像表现力强，适合表现自然的、细节的事务；图形则适合表现变化的曲线、简单的图案、运算结果等。

随着计算机技术的进步，图形和图像之间的界限已越来越小，这主要是由于计算机处理能力的提高。例如，文字或线条表示的图形在扫描到计算机时，从图像的角度来看，均是一种由最简单的二维数组表示的点阵图。在经过计算机自动识别出文字或自动跟踪出线条时，点阵图就可形成矢量图。目前汉字手写体的自动识别、图文混排的印刷体的自动识别等都是图像处理技术借用图形生成技术来完成的，而在地理信息和自然现象的真实感图形表示、计算机动画和三维数据可视化等领域，在三维图形构造时又都采用了图像信息的描述方法，图形和图像的结合更能适合媒体表现的需要。因此，过多地强调点阵图和矢量图之间的区别已失去意义，用户应更注意它们之间的联系。

4. 音频

音频（Audio）是多媒体系统中使用最多的信息。音频携带的信息量大、精细、准确。音频来源的种类繁多，如语音、乐器声、动物发出的声音、机器产生的声音以及自然界中的雷声、风声、雨声等。

自然界中的声音通常用一种模拟的连续波形表示。波形描述了空气的振动，波形最高点与基线间的距离为振幅，表示声音的强度。波形中两个连续波峰间的距离称为周期。波形频率由 1 秒内出现的周期数决定，若每秒 1000 个周期，则频率为 1 kHz。通过采样可将声音的模拟信号数字化，即在捕捉声音时以固定的时间间隔对波形进行离散采样。

采样后的声音以文件形式存储后就可以进行处理了。对音频信号的处理主要是编辑声音和声音的不同存储格式之间的转换。多媒体音频技术主要包括音频信号的采集、量化、压缩/解压以及声音的播放。

在用计算机处理这些声音时，一般将它们分为波形音频、语音和音乐 3 类。波形音频实际上已经包括了自然界中所有的声音形式，通过对音频信号的采样、量化可将其转变为数字信号，经过处理又可恢复为时域的连续信号进行连续播放。波形音频的文件格式有 *.wav（用于 Windows 环境）和 *.voc（用于 DOS 环境）。语音也是一种波形信号。音乐是符号化了的声音，乐谱可转化为符号媒体形式，对应的文件格式是 *.mid 或 *.cmf。

影响数字音频信号质量的因素主要有 3 个。

（1）采样频率：指波形被等分的份数。份数越多，则采样频率越高，音频质量越好。采样频率 fs 应该符合采样定理的要求，即 fs≥2fm，其中 fm 为音频信号的最高频率成分。

（2）量化精度：指每次采样的信息量，也就是 A/D（模/数）转换的位数。位数越多，音质越好。

（3）声道数：声道数表示声音产生的波形数，一般分为单声道和立体声道。立体声道更具真实性，但数据量较大。

将数字音频信号集成到多媒体中可提供其他媒体不能取代的效果，不仅烘托了气氛，而且增加了活力。数字音频信息增强了对其他类型媒体所表达信息的理解，例如一段配音讲述可加强对文本的理解与记忆，一段背景音乐可增强动画的效果。

5. 视频

视频（Video）信息实际上是由许多幅单个画面构成的，将若干有联系的图像数据连续播放便形成了视频。电影、电视通过快速播放每帧画面，再加上人眼的视觉暂留现象便产生了画面连续播放的效果。如果再把音频信号加进去，便可实现视频、音频信号的同时播放。视频文件的格式有 ＊．avi、＊．mpg、＊．mov 等。

视频容易让人想到电视，但电视视频是模拟信号，而计算机视频是数字信号，它是影视图像数字化的结果。视频信号的数字化是指在一定时间内以一定的速度对单帧视频信号进行捕获、处理以生成数字信息的过程。当计算机对视频信号进行数字化时必须在规定的时间内(如 1/25 秒内)完成量化、压缩和存储等多项工作。

与模拟视频相比，数字视频具有以下优缺点。

(1) 数字视频可以无失真地进行无限次复制，而模拟视频信号每转录一次就会有一次误差积累，产生信号失真。

(2) 数字视频可以进行创造性的编辑，如加字幕、增加特技效果等，这样可以增强表现力。

(3) 使用数字视频可以用较少的时间和费用创作出用于培训教育的交互节目，可以真正实现将视频融进计算机系统中以及可以实现用计算机播放电影节目等。

(4) 数字视频存在的最大问题就是数据量大，为存储、传递和处理数字视频信息带来一定的困难，因此在存储、传输和处理之前一定要进行压缩编码。

模拟视频(如电影、录像)和数字视频都是由一系列静止画面组成的，这些静止的画面称为帧。一般来说，帧率低于 15 帧/秒，连续运动视频就会有停顿的感觉。我国采用的电视标准是 PAL 制，它规定视频每秒 25 帧(隔行扫描方式)，每帧 625 个扫描行。这些视频图像使多媒体应用系统功能更强、更精彩。由于视频信号的输出大多是标准的彩色全电视信号，在要将其输入到计算机中时不仅要有视频信号的捕捉，实现由模拟信号向数字信号的转换，还要有压缩和快速解压缩及播放的相应软/硬件处理设备配合。

视频的主要技术参数有帧速、数据量大小和图像质量等。

(1) 帧速是指每秒钟顺序播放多少幅图像，根据电视制式的不同有 30 帧/秒、25 帧/秒等。

(2) 数据量的大小是帧速乘以每幅图像的数据量。假设一幅图像的大小为 1MB，帧速为 30 帧/秒，则每秒所需数据量将达到 30MB，但经过压缩后可减小为原来的几十分之一甚至更多。尽管如此，数据量仍太大，使得计算机的显示跟不上速度，此时可采取降低帧速、缩小画面尺寸等方法来降低数据量。

(3) 图像质量除了原始数据质量外，还与对视频数据压缩的倍数有关。一般来说，压缩比较小时对图像质量不会有太大影响，而超过一定倍数后将会明显看出图像质量下降。所以数据量与图像质量是一对矛盾，需要折中考虑。

6. 动画

动画(Animation)实际上是若干幅内容连续的静态图像的连续播放，特别适合描述与运动有关的过程，便于观者直观、有效的理解。因此，动画是可感觉到运动相对时间、位置、方向和速度的动态媒体，是重要的媒体元素之一。

1831 年，法国人约瑟夫利用顺序画在转动圆盘上的图画，在圆盘旋转时生成最原始的动画。1909 年，美国人 Winsor McCay 用上万幅图像表现的一个动画故事被公认为是第一部动画短片。从动画雏形到大型豪华动画短片,其生成的实质没有多大变化,但制作手段日新月异,特别是计算机创作动画使动画制作跨入了新时代。如今计算机三维动画为影视制作提供了充分发挥想象的空间。

计算机动画是借助计算机生成一系列连续图像的技术。计算机进行动画设计有造型动画和帧动画两种方式。造型动画就是对每个运动的物体分别进行设计,对每个对象的属性特征(如大小、形状、颜色等)进行设置,然后由这些对象构成完整的帧画面。造型动画的每一帧由图形、声音、文字、调色板等造型元素组成,动画中每一帧图的表演和行为由制作表组成的脚本控制。帧动画则是由一幅幅位图组成的连续画面,就像电影胶片或视频画面一样,需要分别设计每屏要显示的画面,将这些画面连续播放就成为动画。

在用计算机制作动画时,只要做好关键帧画面,其余的中间画面可由计算机内插来完成,节省了人力、物力,同时也提高了工作效率。在各种媒体的创作系统中,创作动画的软/硬件环境都是较高的,它不仅需要高速的 CPU 和大容量的内存,而且制作动画的软件工具也比较复杂、庞大。

6 种媒体元素在屏幕上显示时可以用多种组合同时表现出来,而各媒体元素显示时可为静态,也可为动态,即除动画、视频外,文字、图像、图形、音频等数据也能以动态方式呈现,各种媒体元素既可以制作,也可以从素材库中获取。例如,本书提供的多媒体应用系统"温室效应"中的目录界面就是将图像、音频两种媒体元素结合在一起,如图 1-2 所示。

图 1-2　目录界面

1.2 多媒体系统的关键技术

多媒体技术几乎涉及与信息技术相关的各个领域,它大体上可分为3个方面:多媒体基本技术、多媒体系统的构成与实现技术以及多媒体的创作与表现技术,其中多媒体基本技术主要研究多媒体信息的获取、存储、处理、传输、压缩/解压缩等内容;多媒体系统的构成与实现技术主要研究和多媒体技术相关的计算机硬件系统集成;多媒体的创作与表现技术则主要研究多媒体应用软件开发和多媒体应用设计等内容。

1.2.1 视/音频数据的压缩/解压缩技术

多媒体计算机(MPC)需要解决的关键问题之一是要使计算机能实时地综合处理声音、文字、图像等多媒体信息。由于数字化的图像、声音等媒体数据量非常大,致使目前流行的计算机产品,特别是在个人计算机上开展多媒体应用难以实现。例如,未经压缩的视频图像处理时的数据量约为每秒28MB,播放一分钟立体声音乐也需要100MB存储空间。视频与音频信号不仅需要较大的存储空间,还要求传输速度快,这对目前的微机来说几乎无法胜任,因此必须对多媒体数据进行压缩和解压缩。

视/音频信号中存在大量的数据冗余,可以对数据中的冗余部分进行压缩,再经过逆变换恢复为原来的数据。这种压缩和解压缩对信息系统可以是无损的,也可以是有损的,但要以不影响人的感觉为原则。

数据压缩技术(或称数据编码技术)不仅可以有效地减少数据的存储空间,还可以减少传输占用的时间,减轻传输信道的压力。数据压缩理论的研究已有40多年的历史,技术日趋成熟。在研究和选用编码时要注意两点:一是该编码方法能用计算机软件或集成电路芯片快速实现;二是一定要符合压缩编码/解压缩编码的国际标准。现在已有越来越多的压缩/解压缩编码国际标准被制订,例如JPEG、MPEG、H.263等,并且已经产生了各种各样针对不同用途的压缩算法、压缩手段和实现这些算法的大规模集成电路与计算机软件。

1.2.2 多媒体专用芯片技术

多媒体专用芯片是多媒体计算机硬件体系结构的关键,因为要实现音频、视频信号的快速压缩/解压缩和播放处理需要大量的快速计算,而实现图像的特殊效果(如改变比例尺、淡入淡出等,图像的生成、绘制等处理以及音频信号的处理等)也都需要较快的运算和处理速度,只有采用多媒体专用芯片进行处理才能取得满意的效果。

多媒体计算机专用芯片可归纳为两种类型:一种是固定功能的芯片,另一种是可编程的数字信号处理器(DSP)芯片。DSP芯片是为完成某种特定信号处理设计的,在通用机上需要多条指令才能完成的处理在DSP上可用一条指令完成。

最早出现的固定功能专用芯片是基于图像处理的压缩处理芯片,即将实现静态图像的数据压缩/解压缩算法做在一个芯片上,从而大大提高其处理速度。以后,许多半导体厂商或公司又推出了执行国际标准压缩编码的专用芯片。例如,支持用于运动图像及其伴音压缩的MPEG标准芯片,芯片的设计还充分考虑到MPEG标准的扩充和修改。由于压缩编码的国际标准较多,一些厂家和公司还推出了多功能视频压缩芯片和高效可编程多媒体处理器,例如美国集成信息公司推出的视频压缩芯片 VP(Video Processor)。Intel 公司的 750 芯片不仅为多媒体应用提供了足够的计算能力,而且已达到 1BIPS(Billion Instructions Per Second)的运算速度,还有高效可编程多媒体处理器,由于采用多处理器并行技术,计算能力可达到 2BIPS。这些高档的专用多媒体处理器芯片不仅大大提高了音频、视频信号处理速度,而且在音频、视频数据编码时可增加特技效果。

除专用处理器芯片外,多媒体系统还需要其他集成电路芯片支持,如数模(D/A)和模数(A/D)转换器、音频和视频芯片、彩色空间变换器及时钟信号产生器等。

1.2.3 大容量信息存储技术

由于多媒体信息特别是音频、视频信息的数据量大大超出了文本信息,虽然经过压缩处理,但存储这些多媒体信息仍需要很大的存储空间。解决的办法是必须建立大容量的存储设备,构成存储体系。硬盘存储器和光存储技术的发展为大量数据的存储提供了较好的物质基础,真正解决了多媒体信息所需的存储空间问题。

目前,市场上的主流硬盘采用密封组合磁盘技术(温彻斯特技术),容量已达 160GB 以上。不过,固态硬盘将成为未来硬盘的发展趋势,由于固态硬盘没有普通硬盘的旋转介质,因而抗震性极佳,此外还具有存取速度快、噪音小、重量轻等优点,但在数据的可恢复性方面较差。

DVD-ROM 以存储量大、密度高、介质可交换、数据保存寿命长、价格低廉以及应用多样化等特点成为多媒体计算机中必不可少的设备,此外,DVD-ROM 向下兼容 CD-ROM。利用数据压缩技术,单面单层 DVD-ROM 光盘存储容量约 4.7GB,双面双层存储容量约 17GB。

大容量光盘技术、硬盘技术、高速处理计算机、数字视频交互卡等技术的开发直接推动了多媒体技术的发展。

1.2.4 多媒体输入输出技术

多媒体输入输出技术主要包括媒体变换技术、媒体识别技术、媒体理解技术和媒体综合技术。

1) 媒体变换技术

媒体变换技术是指改变媒体的表现形式,如当前广泛使用的视频卡、音频卡(声卡)都属媒体变换设备。

2) 媒体识别技术

媒体识别技术是对信息进行一对一的映像过程。例如,语音识别是将语音映像为一串字、词或句子,触摸屏是根据触摸屏上的位置识别其操作要求。

3) 媒体理解技术

媒体理解技术是对信息进行更进一步的分析处理和理解信息内容,如自然语言理解、图像理解、模式识别等技术。

4) 媒体综合技术

媒体综合技术是把低维信息表示映像成高维的模式空间的过程。例如,语音合成器就可以把语音的内部表示综合为声音输出。

媒体变换技术和媒体识别技术相对比较成熟,应用较广泛;而媒体理解技术和媒体综合技术目前还不成熟,只在某些特定场合使用。

多媒体输入输出技术的发展趋势是人工智能输入输出技术、外围设备控制技术、多媒体网络传输技术。

1.2.5 多媒体软件技术

多媒体软件技术主要包括多媒体操作系统、多媒体素材采集与处理技术、多媒体应用系统制作技术、多媒体应用系统开发技术、多媒体数据库技术等。

1. 多媒体操作系统

多媒体操作系统是多媒体软件的核心,它负责多媒体环境下多任务的调度,保证音频、视频同步控制以及信息处理的实时性,提供多媒体信息的各种基本操作和管理,具有对设备的相对独立性与可扩展性。该操作系统要像处理文本、图像文件一样方便灵活地处理动态音频和视频,要能够控制麦克风、MIDI 合成器、CD-ROM 等多媒体设备。多媒体操作系统要能处理多任务,易于扩充,要求数据存取与数据格式无关,提供统一的友好界面。为支持上述要求,一般是在现有操作系统上进行扩充。Windows、OS/2 和 Macintosh 操作系统都提供了对多媒体的支持。其中 Windows 操作系统以基于图形的多任务、多窗口环境,支持图形用户界面(GUI)、动态连接库(DDL)、动态数据交换(DDE)和对象连接与嵌入(OLE)等功能,支持"即插即用"规范,为多媒体环境的建立创造了便捷的条件,在市场中得到了普遍认可。

2. 多媒体素材采集与处理技术

多媒体素材采集与处理技术用于为多媒体应用系统的创作准备各种素材。现在有许多功能强大、界面友好的通用软件工具来帮助用户制作文本、图形、图像、动画等素材,所以多媒体素材采集与处理技术主要是针对音频和视频信号,包括音频信号的录制与播放,视频信号的采集及编辑、音/视频信号的混合和同步、显示器(VGA)和电视(TV)信号的相互转换,同时还涉及相应的媒体采集、制作软件的使用问题。

3. 多媒体应用系统制作技术

多媒体应用系统制作技术是在各种素材制作完成的基础上借助于多媒体创作工具来进行多媒体应用系统的创作。多媒体创作工具是多媒体专业人员在多媒体操作系统之上开发的,供特定应用领域的专业人员组织编排多媒体数据,并把它们连接成完整的多媒体应用系统的工具。它应具有操纵多媒体信息、进行全屏幕动态综合处理的能力,应支持应用开发人员创作多媒体应用软件。高档的创作工具可用于影视系统的动画制作及特技效果,中档的用于培训、教育和娱乐节目制作,低档的可用于商业简介、家庭学习材料的编辑。

4. 多媒体应用系统开发技术

多媒体应用系统开发技术主要研究采用何种软件开发方法才能够更好地组织各种多媒体素材,创作出具有较高水准的多媒体作品,开发出用户满意的多媒体应用程序。

目前,在多媒体创作中基本上采用面向对象的设计方法和编程技术。该技术是 20 世纪 80 年代初提出的一种全新的软件开发方法,简称 OOP(Object Oriented Programming)。它的基本思想是对问题领域进行自然的分割,以更接近人类思维的方式建立问题领域模型,以便于对客观信息实体进行结构模拟和行为模拟,从而使设计的软件尽可能表现问题求解的过程。

显然,面向对象方法和技术非常适合于解决多媒体应用程序开发。因为各种媒体尽管信息存储格式不同,处理方式不同,但无论何种媒体在计算机内均以数据文件的形式存在,各种媒体程序操纵用户界面都采用流行的图形用户界面,即窗口、菜单、图标等,都支持插入、删除、修改、检索等通用的数据库操作。

5. 多媒体数据库技术

多媒体信息数据量巨大,种类格式繁多,每种媒体之间的差别也很大,但它们之间又具有种种关联,这些都给数据的管理带来许多困难,致使传统的关系型数据库已不能适应多媒体数据的管理,因为它把所有的数据都看成二维的,而多媒体数据不仅仅只有二维的。目前,处理多媒体数据主要有两个途径:一是扩展现有的关系型数据库,通过在原来数据库的基础上增加若干种数据类型来管理多媒体数据;二是建立面向对象数据库系统,以存储和检索特定信息。在多媒体数据管理中,最基本的是基于内容的数据检索技术,其中对图像和视频的基于内容的检索是多媒体检索经常遇到的问题。

多媒体数据库技术主要从以下 4 个方面开展研究。

1) 多媒体数据模型

目前常用的基于关系的数据模型难以处理多媒体数据,而面向对象技术的发展推动了数据库技术的发展,面向对象技术与数据库技术的结合导致基于面向对象数据模型和基于超媒体模型的数据库都在研究之中。

2) 数据压缩和解压缩的格式

该技术主要解决多媒体数据过大的空间和时间开销问题。压缩技术要考虑算法复杂度、实现速度以及压缩质量问题。

3) 多媒体数据的管理及存取方法

除采用目前常用的分页管理、B^+ 树和 HASH 方法外,多媒体数据库还将引入矢量空间模型信息索引检索技术、超位检索技术、智能索引技术以及基于内容的检索方法等,尤其是超媒体组织数据机制更为多媒体数据库操作增加了活力。

4) 支持多媒体操作的用户界面

用户界面除提供多媒体功能调用外,还应提供对各种媒体的编辑功能和变换功能。

由于多媒体数据对通信带宽有较高的要求,需要有与之相适应的高速网络,因此还要解决数据集成、查询、调度和共享等问题,即研究分布式数据库技术。而智能多媒体数据库将人工智能技术与多媒体数据库技术相结合,会使数据库产生质的飞跃,是重要的发展方向。

1.2.6 多媒体通信技术

多媒体通信要求系统能够综合地传输、交换各种类型的多媒体信息,而不同的信息呈现出不同的特征。例如,语音和视频有较强的实时性要求,它允许出现部分信号失真,但不能容忍任何延迟。对于文本、数字来说,则可容忍延迟,但不能有错,因为即使是一个字节的错误都可能改变数据的意义。传统的通信方式各有自己的优点,但又都有自己的局限性,不能满足多媒体通信的要求。

多媒体通信网络为多媒体应用系统提供多媒体通信手段。多媒体网络系统就是将多个多媒体计算机连接起来,以实现共享多媒体数据和多媒体通信的计算机网络系统。多媒网络必须有较高的数据传输速率或较宽的信道带宽,以确保高速实时地传输大容量的文本、图形、图像、音频和视频等多媒体数据。现有的通信网大多不太适应数字化的多媒体数据传输,随着电子商务、远程会议、电子邮件等网络服务的发展,对网络安全与保密提出了更高的要求,人们期望未来能够将多种网络进行统一,包括用于语音通信的电话网、用于计算机通信的计算机网和用于大众传播的广播电视网。宽带综合业务数字网(B-ISDN)和异步传送模式(ATM)是解决这个问题的一个比较好的方法。

1.2.7 虚拟现实技术

虚拟现实(Virtual Reality)技术是利用计算机技术生成一个具有逼真的视觉、听觉、触觉及嗅觉等的感觉世界,通过多种传感设备使用户"投入"到该模拟环境中,在用户与该模拟环境之间直接实现自然交互的技术。可以说,"投入"是虚拟现实的本质。这里所谓的"模拟环境"一般是指用计算机生成的有立体感的图形,如图1-3所示,它可以是某一特定环境的表现,也可以是纯粹的构想的世界。虚拟现实中常用的传感设备包括穿戴在人体上的装置,如立体头盔、数据手套、数据衣等,也包括放置在现实环境中的传感装置。

图1-3 虚拟现实场景

从本质上讲,虚拟现实技术是一种崭新的人机界面,是对现实世界的真实仿真。虚拟现实系统实际上是一种多媒体计算机系统,它利用多种传感器输入信息仿真人的各种感觉,经过计算机高速处理,再由头盔显示器、声音输出装置、触觉输出装置及语音合成装置等输出设备以人类感官易于接受的形式表现给用户。虚拟现实技术以其更加高级的集成性和交互性给用户以十分逼真的体验,可以广泛应用于模拟训练、科学可视化等领域,如模拟驾驶训练、虚拟装配、虚拟手术等。

虚拟现实技术具有以下4个重要特征。

(1)多感知性:除了一般计算机具有的视觉感知外,还有听觉感知、触觉感知,此外,味觉感知和嗅觉感知正处于研究阶段。

(2)临场感:用户仿佛置身于逼真的模拟环境中,有强烈的临场感。

(3)交互性:用户对模拟环境中物体的可操作程度和从环境中得到反馈的自然程度,

其中也包括实时性。

(4) 自主性：虚拟环境中物体依据物理规律动作的程度。

虚拟现实技术是在众多相关技术上发展起来的一个高度集成的技术,是计算机软/硬件技术、传感技术、机器人技术、人工智能及心理学等飞速发展的结晶。虚拟现实技术提供了一种崭新的人机界面设计的方向,在国民经济的许多领域都会有重要应用,是多媒体系统重要的发展方向。

1.2.8 超文本与超媒体技术

超文本(HyperText)技术产生于多媒体技术之前,随着多媒体技术的发展而大放异彩。超文本适合于表达多媒体信息。超文本是一种新颖的文本信息管理技术,是一种典型的数据库技术。它是一个非线性的结构,以结点为单位组织信息,在结点与结点之间通过表示它们之间关系的链,加以连接构成表达特定内容的信息网络,用户可以有选择地查阅感兴趣的文本,超文本组织信息的方式与人类的联想记忆方式有相似之处,从而可以更有效地表达和处理信息。如果这种表达信息方式不仅仅是文本,还包括图像、声音等形式则称为超媒体系统。

超媒体(HyperMedia)最早起源于超文本。由于多媒体十分强调主动参与,因此也称为"交互式多媒体"。在多媒体应用系统中一般都提供一种机制或结构,使得不同的媒体能够有机地连接起来,用户可以按照设定的线路在各种媒体和信息中"航行",这种连接机制或结构称为超媒体。

早期的超文本主要以处理文字信息为主,后来发展到可以处理其他多种媒体信息,例如图像、图形、音频、视频等,用超文本方式组织和处理多媒体信息就是超媒体。

1.2.9 人机交互技术

从计算机问世以来,早期用户以计算机专业人员为主,但随着计算机广泛进入人们的工作、生活领域,计算机用户发生了改变,非计算机专业的普通用户成了用户的主体。这一重大转变使计算机的可用性问题变得日益突出起来。人机交互应当是什么样的? 如何去建造这样的交互? 人们开始关注和研究这些问题。这些问题既涉及人也涉及计算机及一些相关的学科,如心理学、人的因素学、社会学、语言学等。随着计算机技术的发展及其应用领域的拓展,从而带来了不同的理论方法。自 20 世纪 80 年代以来,人机交互的研究有了前所未有的发展,微型计算机的迅速普及为此起了重要的推动作用。

人机交互又称用户界面、人机界面、人机接口等,是人与计算机之间传递和交换信息的媒介,是计算机与人(使用者)之间通信和对话的接口,是计算机系统的重要组成部分,它主要包括人到计算机和计算机到人的信息交换两部分。人们可以借助键盘、鼠标、操纵杆、数据服装、眼动跟踪器、位置跟踪器、数据手套、压力笔等设备,用手、脚、声音、姿势或身体的动作、眼睛甚至脑电波等向计算机传递信息,同时,计算机通过打印机、绘图仪、显示器、头盔式显示器、音箱等输出或显示设备给人提供信息。

人机交互技术与计算机科学、人机工程学、虚拟现实技术、心理学、认知科学、社会学以及人类学等诸多学科领域有密切的联系,其中,认知心理学与人机工程学是人机交互技术的理论基础,而虚拟现实技术与人机交互技术相互交叉和渗透。

人机交互技术的研究内容十分广泛,涵盖了建模、设计、评估等理论和方法以及在移动计算、虚拟现实等方面的应用研究与开发,下面列出几个主要方向。

1. 人机交互界面表示模型与设计方法

一个交互界面的好坏直接影响到软件开发的成败。友好人机交互界面的开发离不开好的交互模型与设计方法,因此,研究人机交互界面的表示模型与设计方法是人机交互的重要研究内容之一。

2. 可用性分析与评估

可用性是人机交互系统的重要内容,它关系到人机交互能否达到用户期待的目标,以及实现这一目标的效率与便捷性。人机交互系统的可用性分析与评估的研究主要涉及支持可用性的设计原则和可用性的评估方法等。

3. 多通道交互技术

在多通道交互中,用户可以使用语音、手势、眼神、表情等自然的交互方式与计算机系统进行通信。多通道交互主要研究多通道交互界面的表示模型、多通道交互界面的评估方法以及多通道信息的整合等,其中,多通道整合是多通道用户界面研究的重点和难点。

4. 认知与智能用户界面

智能用户界面的最终目标是使人机交互和人与人交互一样自然、方便,上下文感知、眼动跟踪、手势识别、三维输入、语音识别、表情识别、手写识别、自然语言理解等都是认知与智能用户界面需要解决的重要问题。

5. 虚拟环境中的人机交互

"以人为本"的、自然和谐的人机交互理论和方法是虚拟现实的主要研究内容之一。通过研究视觉、听觉、触觉等多通道信息整合的理论和方法、协同交互技术以及三维交互技术等,建立具有高度真实感的虚拟环境,使人产生"身临其境"的感觉。

6. 移动界面设计

移动计算、普适计算等对人机交互技术提出了更高的要求,面向移动应用的界面设计问题已成为人机交互技术研究的一个重要应用领域。针对移动设备的便携性、位置不固定性和计算能力有限性以及无线网络的低带宽高延迟等诸多的限制,研究移动界面的设计方法、移动界面可用性与评估原则、移动界面导航技术以及移动界面的实现技术和开发工具是当前人机交互技术的研究热点之一。

1.3　多媒体技术的应用与发展趋势

1.3.1　多媒体技术的应用

多媒体作为人类进行信息交流的一种全新的载体,正在给人类日常的工作、学习、生活带来日益显著的变化。目前,多媒体技术已经能将文字、高保真的音频信号以及高清晰度的图像等信息作为窗口软件中的对象进行各种处理,使复杂、枯燥的计算机操作变得简单易学和生动有趣。

随着多媒体技术的蓬勃发展,计算机应用的领域越来越广泛,多媒体技术在教育与培训、办公自动化、多媒体会议系统、电子出版物、网络通信、家庭娱乐等领域的应用正在日益深入。

1. 教育与培训

在教育中应用多媒体技术是提高教学质量和普及教育的有效途径,多媒体技术使教育的表现形式更加多样化,可以实现计算机辅助教学和交互式远程教学等。

计算机辅助教学是在教学过程中使用音频、动画、视频、图像等多媒体手段来辅助教学,它将改变传统的教学方式,将使教学过程变得生动形象,学生可以获得更多的感性认识,扩大课堂传授知识的信息量,提高学生的学习兴趣,通过计算机辅助教学来取得更好的教学效果。

交互式远程教学是伴随计算机网络技术发展起来的一种全新的教育模式,学习者不再为选择上什么样的大学而发愁,他们只需一台多媒体计算机并和 Internet 互联,就可以足不出户进行学习,实现真正意义上的大众化教育。

同时,教材也将发生巨大的变化,不再是过去传统的纸质教材,而是图、文、声、像并茂的多媒体教材,甚至可以是多媒体教学软件,它具有生动形象、人机直接交流、即时反馈等特点,能根据学生的水平采取不同的教学方案,根据反馈信息为学生提供及时的教学指导,能创造出生动逼真的教学环境。教师可以根据情况随时修改程序,不断补充新的教学内容。由于多媒体计算机有人机对话功能,使师生关系发生了变化,改变了以教师为中心的教学方式,学生在学习中可以充当更为主动的角色,可以自行调整学习内容和学习进度,取得良好的学习效果。多媒体教学软件就像一位家庭教师,可以带给学生更大的信息量,实现因材施教的个别化教学。

在职业培训、技能培训等各种各样的培训中,多媒体技术也将发挥巨大的作用。传统的培训一般是由教师讲解示范,然后学员亲自动手实践。这样做一是培训成本高,尤其是对于机械操作技能一类的培训,不仅需要消耗大量的原材料,还容易出现操作失误而对学员造成伤害。多媒体培训系统的出现不仅可以降低成本和减少不必要的伤害,而且多媒体生动活泼的教学内容和自由的学习方式可以极大地提高学员的学习兴趣,培训的效果自然提高。

世界各国的教育学家们正努力研究利用先进的多媒体技术改进教育与培训,以多媒体计算机为核心的现代教育技术使教学手段丰富多彩,使计算机辅助教学(CAI)如虎添翼。多媒体教育对于改革教学思想和教学内容,实现学习的多元化、主体化和社会化,全面提高教学质量有重大意义。因此,多媒体技术广泛用于普及教育、高等专业教育及职业培训等各个方面。

2. IP 电话

IP 电话又称 VoIP(Voice over IP),指的是在基于分组交换的 IP 网上传送语音信息的网络应用系统。

IP 电话的系统一般由 3 部分组成:网络电话(IP Phone)、语音网关(Voice Gateway)和网守(Gatekeeper)。网络电话是指可以通过电话网连到本地网关的电话终端;语音网关是通过 IP 网络提供电话到电话的连接,完成话音通信的关键设备,即 Internet 网络与电话网之间的接口设备,它完成语音压缩,将 4Kb/s 的语音信号压缩成低码率的语音信号,完成寻址与呼叫控制;网守是 VoIP 系统中最主要的管理设备之一,主要用于实现对网络话机、语音网关和多点会议控制单元(MCU)等终端的管理和控制。

3. 电子出版物

国家新闻出版署对电子出版物的定义为"是指以数字代码方式将图、文、声、像等信息存储在磁、光、电介质上，通过计算机或类似设备阅读使用，并可复制发行的大众传播媒体"。电子出版物的内容包括电子图书、电子地图、辞书手册、文档资料、电子报刊杂志、教育培训、娱乐游戏、宣传广告、电子信息咨询、简报等。

随着光盘——这一超大容量的存储媒体和多媒体技术相结合，出版业突破了传统出版物的种种限制，进入了一个全新的时代。电子出版物用光盘软件的形式替代纸质出版物进入市场，它使出版物所包含的信息量大大增加而体积却不断减少，而且成本低、检索快、易于保存和复制。例如，目前已有许多 DVD-ROM 版本的电子地图问世，它既可以介绍世界各地的风土人情、地形地貌，还可以介绍每个国家的人口、国土面积、特产等情况，甚至可以精确到每一个城镇的每一条街道，这不仅为游客提供了极大的方便，还能够使人们足不出户就可以领略异国风情。

多媒体电子出版物是计算多媒体技术与文化、艺术、教育等多种学科完美结合的产物，它将是今后数年内影响最大的新一代信息技术之一。

4. 多媒体会议系统

多媒体会议系统是指基于计算机的、以多媒体信息进行交流的会议系统。多媒体会议系统的基本特征是通过计算机远程参加会议或交流，以可视化的、实时的、交互的形式实现了在不同地理位置上的多媒体资源共享和信息的相互交流，体现了超空间的多点通信、群体的"面对面"协同工作的特点。多媒体会议技术在远程医疗、远程教育、经济或军事决策、金融服务等方面得到了广泛应用，大大节省了时间、空间和费用，提高了工作效率。多媒体会议系统分为桌面视频会议系统和会议室会议系统。

5. 家庭娱乐

多媒体技术将改变人们未来的家庭生活，使家庭生活更加丰富多彩。例如，人们可以在多媒体计算机(MPC)上自行设计制作电子相册，这不仅可以记录家庭生活中许多美好难忘的瞬间，而且可以进行编辑，如改变播出方式(淡入淡出、左推进、旋转飞入等)、加字幕等，丰富表现形式，制作出令人满意的艺术作品，以供日后欣赏。现在许多新婚伴侣结婚时的婚纱照就是电子相册的典型代表。

另外，多媒体技术将极大地改变电子游戏的画面和音响质量，使游戏者产生仿佛身临其境的感觉，在游戏过程中可以获得更大的享受。

6. 过程模拟

在设备运行、化学反应、海洋洋流、天体演化、生物进化等过程采用多媒体技术进行过程模拟，可使人们轻松、形象地了解事物变化原理和关键环节，为揭示事物变化规律和本质起到重要的作用。若进一步实现智能过程模拟，将获得最佳效果和更理想的过程。

不难看出，多媒体技术在人类工作、学习、信息服务、影视娱乐乃至家庭生活中都表现出非凡的能力。近年来，多媒体技术已广泛用于商业广告、旅游宣传中，并在不断开拓新的应用领域。多媒体技术与数据库通信技术、专家系统和知识信息处理相结合已开发出具有智能的决策系统，能有效地利用多媒体信息为决策服务。

1.3.2 多媒体技术的发展趋势

多媒体技术的发展将是一幅绚丽多彩的画卷，正确了解多媒体技术的发展趋势不仅对研究人员有益,对应用多媒体技术和推动市场开发也有极大的好处,可以从多媒体计算机系统和多媒体应用系统设计两个角度来讨论多媒体技术的发展趋势。

1. 多媒体计算机系统研究方向

今天,计算机基本技术的发展(如超大规模集成电路的密度和速度的增加、DVD-ROM作为低成本和大容量计算机的只读存储器、双通道 VRAM 的引进以及网络技术的广泛使用)有效地带动了数字视频压缩算法和视频处理器结构的改进,促使 10 多年前的单色文本/图形子系统转变成今天的色彩丰富、高清晰度显示子系统,同时做到全屏幕和全运动的视频图像、高清晰度的静态图像、高保真度的音响效果、视频特技、二维实时全电视信号以及高速真彩色图形。因此,无论从半导体的发展还是从计算机技术进步的角度,或从普及计算机应用、拓宽计算机处理信息的类型来看,利用多媒体是计算机技术发展的必然趋势。

目前,多媒体技术的研究重点已愈来愈明确,其研究方向主要有以下几项:

1) 进一步完善计算机支持的协同工作环境

在多媒体计算机的发展中还有一些问题有待解决,如还需进一步研究满足计算机支持的协同工作环境的要求;对于多媒体信息空间的组合方法,要解决多媒体信息交换、信息格式的转换以及组合策略;由于网络延迟、存储器的存储等待、传输中的不同步以及多媒体时效性的要求等,还需要解决多媒体信息的时空组合问题、系统对时间同步的描述方法以及在动态环境下实现同步的策略和方案。在将这些问题解决后,多媒体计算机将形成更完善的计算机支持的协同工作环境,消除空间距离的障碍,同时也消除时间距离的障碍,为人类提供更完善的信息服务。

2) 智能多媒体技术

1993 年 12 月,英国计算机学会在英国 Leeds 大学举行了多媒体系统和应用(Multimedia System and Application)国际会议,Michael D. Vision 在会上做了关于建立智能多媒体系统的报告,明确提出了研究智能多媒体技术问题。认为多媒体计算机充分利用了计算机的快速运算能力,综合处理声、文、图信息,用交互式弥补计算机智能的不足,进一步的发展应该是增加计算机的智能。

目前,国内有的单位已经初步研制成功了智能多媒体数据库,它的核心技术是将具有推理功能的知识库与多媒体数据库结合起来形成智能多媒体数据库。另一个重要的研究课题是多媒体数据库基于内容检索技术,它需要把人工智能领域中高维空间的搜索技术、视/音频信息的特征抽取和识别技术、视/音频信息的语义抽取问题以及知识工程中的学习、挖掘及推理等问题应用到基于内容检索的技术中。总之,把人工智能领域的某些研究课题和多媒体计算机技术很好地结合是多媒体计算机长远的发展方向。

3) CPU 芯片集成多媒体处理技术

为了使计算机能够实时处理多媒体信息,对多媒体数据进行压缩编码和解码,最早的解决办法是采用专用芯片设计制造专用的接口卡,最佳的方案应该是把上述功能集成到 CPU 芯片中。从目前的发展趋势看,可以把这种芯片分成两类:一类是以多媒体和通信功能为主,融合 CPU 芯片原有的计算功能,其设计目标是用于多媒体专用设备、家电及宽带通信设备,可以取代这些设备中的 CPU 及大量 ASIC 和其他芯片,它们的代表产品是 Philips 公司的 Trimedia、MicroUnity 的 Media Processor 以及 Chromatic Research Inc. 的 MpactMedia Engine;另一类是以通用 CPU 计算功能为主,融合多媒体和通信功能,其设计目标是与现有的计算机系列兼容,同时具有多媒体和通信功能,主要用在多媒体计算机中,它们的代表产品是 Intel 公司的 MMX 和下一代 Strong ARM 芯片(ARM＋DSP)以及 Motorola 公司的 Ve Comp701 等。

2. 多媒体应用系统设计研究发展

1) 多媒体通信网络环境的研究

多媒体通信网络环境的研究和建立将使多媒体从单机单点向分布、协同多媒体环境发展,在世界范围内建立一个可全球自由交互的通信网。对该网络及其设备的研究和网上分布应用与信息服务研究将是热点。

未来的多媒体通信将朝着不受时间、空间、通信对象等方面的任何约束和限制的方向发展,其目标是"任何人在任何时刻与任何地点的任何人进行任何形式的通信"。

2) 多媒体基于内容的研究

利用已经比较成熟的图像理解、语音识别、全文检索等技术研究多媒体基于内容的处理开发能进行基于内容的处理系统(包括编码、创作、表现及应用)是多媒体信息管理的重要方向。

3) 多媒体标准的制定

各类标准的研究将有利于产品规范化,应用更方便,因为以多媒体为核心的信息产业突破了单一行业的限制,涉及诸多行业。而多媒体系统的集成特性对标准化提出了很高的要求,所以必须开展标准化研究,它是实现多媒体信息交换和大规模产业化的关键所在。

4) 高层次虚拟现实技术

多媒体虚拟现实与可视化技术需要相互补充,并与语音、图像识别、智能接口等技术相结合,建立高层次虚拟现实系统。

1.4 流媒体技术

1.4.1 流媒体技术的概念

流媒体(Streaming Media)简单来说就是应用流式传输技术在网络上传输的多媒体文件,流式传输技术就是把连续的影像和声音信息经过压缩处理后放在网站服务器里,让用户一边下载一边观看、收听,而不需要等整个压缩文件下载到用户计算机后才可以观看的一种网络传输技术。该技术先在用户端的计算机上创建一个缓冲区,播放前预先下载一段音频/视频数据作为缓冲,在网络实际连接速度小于播放所耗用资料的速度时播放程序就会取用这一小段缓冲区内的数据,避免播放中断,也使得播放品质得以维持。

流式传输技术由于只将开始部分内容存入内存缓冲区,然后随时传送随时播放,因此只是在开始时有一段延迟。延迟的大小依赖网络带宽和本地计算机的处理速度,现在很多电视台和广播电台都已经开始采用这种流媒体技术开设网络电台和网络电视服务,今后随着网络带宽进一步提高,还会有更多在线网络影视节目出现。

流媒体技术的关键是流式传输技术,从广义上讲,流技术是使音频、视频形成稳定和连续的传输流与回放流的一系列技术、方法及协议的总称。保证连续媒体实时应用中服务质量的各种方法和策略实际上都可以归结为流技术。目前,实现流式传输有两种方法:实时流式传输和顺序流式传输。一般来说,如视频为实时广播,或使用流式传输媒体服务器,或应用如 RSTP 的实时协议,即为实时流式传输。如使用 HTTP 服务器,文件即通过顺序流发送。

1. 顺序流式传输

顺序流式传输是顺序下载,在下载文件的同时用户可观看在线媒体,在给定时刻用户只能观看已下载的那部分,而不能跳到还未下载的前面部分,顺序流式传输不像实时流式传输那样在传输期间根据用户连续的速度做调整。由于标准的 HTTP 服务器可发送这种形式的文件,也不需要其他特殊协议,它经常被称作 HTTP 流式传输。顺序流式传输比较适合高质量的短片段,如片头、片尾和广告。由于该文件在播放前观看的部分是无损下载的,这种方法保证了电影播放的最终质量。这意味着用户在观看前必须经过延迟,对较慢的连接尤其如此。对于通过调制解调器发布短片段,顺序流式传输显得很实用,它允许用比调制解调器更高的数据速率创建视频片段。尽管有延迟,毕竟可让用户发布较高质量的视频片段。顺序流式文件放在标准 HTTP 或 FTP 服务器上,易于管理,基本上与防火墙无关。顺序流式传输不适合长片段和有随机访问要求的视频,如讲座、演说与演示;它也不支持现场广播,严格来说,它是一种点播技术。

2. 实时流式传输

实时流式传输指保证媒体信号带宽与网络连接匹配,使媒体可以被实时观看到。实时流式传输与 HTTP 流式传输不同,它需要专用的流媒体服务器与传输协议。实时流式传输总是实时传送,特别适合现场事件,也支持随机访问,用户可快进或后退以观看前面或后面的内容。理论上实时流一经播放就可不停止,但实际上可能发生周期暂停。实时流式传输必须匹配连接带宽,这意味着在以调制解调器速度连接时图像质量较差。而且,由于出错丢失的信息被忽略掉,网络拥挤或出现问题时视频质量很差。如果要保证视频质量,顺序流式传输也许更好。实时流式传输需要特定服务器,如 QuickTime Streaming Server、Real Server 与 Windows Media Server。这些服务器允许用户对媒体进行更多级别的控制,因而系统设置、管理比标准 HTTP 服务器更复杂。实时流式传输还需要特殊网络协议,如 RSTP(Real time Streaming Protocol)或 NMS(Microsoft Media Server)。

1.4.2　流媒体技术的发展

互联网的发展决定了流媒体市场的广阔前景,目前流媒体技术已广泛应用于远程教育、网络电台、视频点播、收费播放等,在企业一级的应用包括电子商务、远程培训、视频会议、客户支持等。在 Internet/Intranet 上使用较多的流媒体技术主要有 3 种:RealNetwork 公司的 Real System,Microsoft 公司的 Windows Media Technology 和 Apple 公司的 QuickTime,这 3 家的技术都有自己的专利算法、文件格式和传输控制协议。

Apple 公司的 QuickTime 是一个非常老牌的媒体技术集成,是数字媒体领域事实上的工业标准。之所以说"集成"这个词,是因为 QuickTime 实际上是一个开放式的架构,包含了各种各样的流式或非流式的媒体技术。QuickTime 是最早的视频工业标准,1999 年发布的 QuickTime4.0 版本开始支持真正的流式播放。由于 QuickTime 本身也存在着跨平台的便利,因此也拥有不少的用户。其最大的特点是其本身所具有的包容性使得它是一个完整的多媒体平台,因此基于 QuickTime 可以使用多种媒体技术来共同制作媒体内容。同时,在交互性方面它是三者之中最好的。例如，在一个 QuickTime 文件中可同时包括 MIDI、动画 GIF、Flash 和 SMIL 等格式的文件，配合 QuickTime 的 Wired Sprites 互动格式可设计出各种互动界面和动画。

RealNetworks 公司在 20 世纪 90 年代中期首先推出了流媒体技术，并随着互联网的急速发展壮大了自身，在市场上处于主动地位，且拥有非常多的用户数量。由于 RealMedia 发展的时间比较长，因此具有很多先进的设计，例如可伸缩视频技术可以根据用户计算机的速度和连接质量自动调整媒体的播放质素。两次编码技术可通过对媒体内容进行预扫描，再根据扫描的结果来编码，从而提高编码质量。特别是 SureStream 自适应流技术，可通过一个编码流提供自动适合不同带宽用户的流播放。RealMedia 通过基于 SMIL，并结合自己的 RealPix 和 RealText 技术来达到一定的交互能力和媒体控制能力，不过，它相比 QuickTime 来说还有一段距离。

Microsoft 是 3 家之中最后进入这个市场的，但利用其操作系统的便利很快就取得了相当大的市场份额。视频方面的 Windows Media Video 早期版本采用的是 MPEG-4 视频压缩技术，后来使用 Microsoft 自己开发的 VC1 技术，音频方面采用的是 Microsoft 自己开发的 Windows Media Audio 技术。Windows Media 的关键核心是 MMS 协议和 ASF(WMV) 数据格式，MMS 用于网络传输控制，ASF(WMV) 则用于媒体内容和编码方案的打包。

除 Microsoft 使用自己的 MMS 协议进行视/音频流的传输控制外，其他厂商的产品都对基于 TCP/IP 的 RTSP/RTP 协议组提供了很好的支持。事实上，该系列的协议是目前应用最广泛的流媒体标准。

1.4.3　流媒体技术的工作原理

多媒体数据必须进行预处理才能适合流式传输，这是因为目前的网络带宽对多媒体巨大的数据流量来说还显得远远不够。预处理主要包括两个方面，一是降低质量，二是采用先进、高效的压缩算法。

流式传输的实现需要缓存，因为 Internet 以包传输为基础进行断续的异步传输，一个实时视/音频源或存储的视/音频文件在传输中要被分解为许多包，由于网络是动态变化的，各个包选择的路由可能不尽相同，故到达客户端的时间延迟也就不等，甚至先发的数据包还有可能后到。为此，使用缓存系统来弥补延迟和抖动的影响，并保证数据包的顺序正确，从而使媒体数据能连续输出，而不会因为网络暂时拥塞使播放出现停顿。通常高速缓存所需的容量并不大，因为高速缓存使用环形链表结构来存储数据：通过丢失已经播放的内容，流可以重新利用空出的高速缓存空间来缓存后续尚未播放的内容。

流式传输的实现需要合适的传输协议。由于 TCP 需要较多的开销，故不太适合传输实时数据。在流式传输的实现方案中一般采用 HTTP/TCP 来传输控制信息，而用 RTP/UDP 来传输实时声音数据。

流式传输的过程一般是用户选择某一流媒体服务，Web 浏览器与 Web 服务器之间使用 HTTP/TCP 交换控制信息，以便把需要传输的实时数据从原始信息中检索出来；然后客户机上的 Web 浏览器启动视/音频服务处理程序，使用 HTTP 从 Web 服务器检索相关参数对服务处理程序初始化。这些参数可能包括目录信息、视/音频数据的编码类型或与视/音频检索相关的服务器地址。

视/音频服务处理程序及视/音频服务器运行实时流控制协议(RTSP),以交换/视音频传输所需的控制信息。与 CD 播放机或 VCRs 所提供的功能相似,RSTP 提供了操纵播放、快进、快倒、暂停及录制等命令的方法。视/音频服务器使用 RTP/UDP 协议将视/音频数据传输给视/音频客户程序,一旦视/音频数据抵达客户端,视/音频客户程序即可播放输出。

需要说明的是,在流式传输中使用 RTP/UDP 和 RSTP/TCP 两种不同的通信协议与视/音频服务器建立联系是为了能够把服务器输出重定向到一个不同于运行视/音频服务处理程序所在客户机的目的地址。实现流式传输一般都需要专用服务器和播放器,其基本原理如图 1-4 所示。

图 1-4　流式传输基本原理

随着网络技术的发展,出现了许多不同带宽的网络接入方式,如果流媒体服务器对所有带宽均采用相同的服务速率,将会使低带宽用户无法得到流畅的服务,而高宽带用户得不到高质量的服务。

一种解决方法是根据不同连接速率创建多个文件,根据用户连接服务器发送相应文件,这种方法会带来制作和管理上的困难,而且用户连接是动态变化的,服务器也无法实时协调。另外一种方法是采用所谓的智能流技术,这种技术通过两种途径克服带宽协调和流瘦化(服务器减少发送给客户端的数据)。首先确立一个编码框架,允许不同速率的多个流同时编码,合并到同一个文件;第二,采用一种复杂客户-服务器机制探测带宽变化。

针对软件、设备和数据传输速度上的差别,用户以不同带宽浏览视/音频内容。为满足用户要求,需编码和记录不同速率下的媒体数据并保存在单一文件中,此文件称为智能流文件,即创建可扩展流式文件。当客户端发出请求,它将其带宽容量传给服务器,媒体服务器根据客户带宽将智能流文件的相应部分传送给用户。以此方式,用户可看到最可能的优质传输,制作人员只需要压缩一次,管理员也只需要维护单一文件,而媒体服务器根据所得带宽自动切换。智能流通过描述现实世界 Internet 上变化的带宽特点来发送高质量媒体并保证可靠性,并对混合连接环境的内容授权提供了解决方法。基于智能流技术的流媒体实现方式如下:

(1) 对所有连接速率环境创建一个文件;

(2) 在混合环境下以不同速率传送媒体;

(3) 根据网络变化无缝切换到其他速率;

(4) 关键帧优先,音频比部分帧数据重要。

智能流在 RealSystem G2 中是对所谓的自适应流管理(ASM)API 的实现,ASM 描述流式数据的类型,辅助智能决策,确定发送哪种类型的数据包。文件格式和广播插件定义了 ASM 规则,用最简单的形式分配预定义属性和平均带宽给数据包组。对高级形式,ASM 规则允许插件根据网络条件变化改变数据包发送。每个 ASM 规则可有一个定义条件的演示式,如演示式定义客户带宽是 5000 到 15 000Kb/s,包损失小于 2.5%。如此条件描述了客户当前的网络连接,客户就订阅此规则。定义在规则中的属性有助于 RealServer 有效地传送数据包,如网络条件变化,客户就订阅一个不同规则。

1.4.4　流媒体系统的组成

流媒体传输系统主要是传统的 C/S 模式,包括预处理器(视/音频采集、压缩,节目制作等)、服务器、传输网络、客户机等。原始的视/音频信号必须经过采集和压缩编码以及节目制作等过程,变成符合特定要求的数据。然后,如果是现场直播,则由服务器实时打包流化后直接发向网络,经过网络传到客户机的缓存进行播放;如果是离线节目,则可以进入文件存储服务器进行存储。一些管理服务器和 Web 服务器则用于与用户的交互、数据流和服务质量控制等用途。需要注意的是,其他的视/音频信号源(例如电视会议系统等)也可以作为流媒体的节目源接入传输系统。此外,随着 3G、4G 移动通信网络的逐渐普及,手机也成为流媒体的一种典型客户端。

针对流式传输的特点,流媒体系统有其特有的系统框架,如图 1-5 所示。在该图中,原始的视/音频数据分别经过视/音频压缩算法进行预压缩,然后存储在存储设备中。根据用户的点播请求,流媒体服务器从存储设备中检索到压缩的视/音频数据,然后应用层 QoS 控制模块根据网络状况和 QoS 要求调节视/音频比特流。调节后,传输协议对压缩的比特流进行打包,并把视/音频数据包送到互联网上。在互联网上,由于网络拥塞,一些数据包可能会丢失或经历过长的延迟,为了提高视/音频数据的传输质量,发布时采用了流媒体内容传送网络的架构。那些成功到达接收端的数据包首先经过传输层,然后经应用层处理,再由视/音频解码器分别解码,最后对解码后得到的数据进行同步处理,将视/音频流再现给终端用户。图 1-5 描述了流媒体系统各个部分之间的相互关系。下面简要介绍一下流媒体系统的各个基本组件的功能。

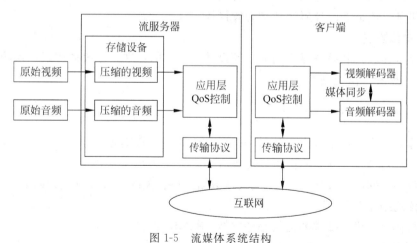

图 1-5　流媒体系统结构

1. 视频压缩及编码

由于存在视频信息数据量大与网络带宽有限的矛盾,压缩技术一直是视频通信的关键技术。目前就家庭用户来讲,实际的有效带宽只能达到理论值的 $1/10 \sim 1/3$,传输流畅和高质量的视频仍然感到困难。此外,流媒体技术还要应对带宽波动范围大以及终端有效带宽多样性等因素,高压缩率的分级编码技术是很好的解决途径。它能提供根据需要实际的有效带宽而自适应变化的视频码流,以满足不同质量的服务,例如,386Kb/s 的带宽所传输的图像比较模糊,而 2Mb/s 的图像质量要好得多,图像尺寸也可以更大。

2. 流视频应用层 QoS 控制

为了适应变化的网络条件和用户对播放质量变化的需求,出现了许多的应用层 QoS 控制技术,以在出现丢包和网络带宽发生变化的情况下最大限度地提高视频质量,这些技术包括拥塞控制和差错控制。拥塞控制用于防止丢包和减少延迟;差错控制则是在出现丢包的情况下恢复和改善视频播放的质量。

3. 连续媒体发布服务

如果要提供高质量的多媒体服务,网络的支持非常重要,这是因为良好的网络环境可以减少传输延迟和丢包率。建立在互联网网络层(IP 协议)的连续媒体发布服务需要一些辅助机制以保证网络视频流的 QoS 和数据的高效传输,这些机制包括网络滤波、应用层组播、内容分发网络等。

4. 流媒体服务器

流媒体服务器在提供流服务中起着关键的作用。为了提供有质量的流式服务,要求流媒体服务器在一定时间限制内处理多媒体数据,并且支持交互式控制操作,如播放、暂停、快进、快退等。在流式服务中,每个连接维持的时间长,传输的数据量大,这对系统的性能提出了较高的要求,在对其性能进行优化时可从其结构入手。一个流媒体服务器通常包含 3 个子系统:通信模块、操作系统和存储系统。

5. 视/音频同步机制

媒体同步机制是多媒体应用区别于其他传统数据应用的一个主要特征。在媒体同步机制下,客户端可将收到的音频和视频数据按媒体采集时的状态重新匹配。媒体同步的一个典型的效果就是说话者的嘴唇运动和音频播放一致。

6. 流媒体协议

协议是为在客户和服务器之间通信而设计和预定的标准。流媒体协议提供的服务包括网络寻址、传输和话路控制等。

1.4.5 流媒体相关协议

流媒体业务由于数据量大、实时播放等特点,对网络传输也提出相应的要求,主要表现在高带宽、低传输时延、同步和高可靠性等方面。为了满足流媒体数据传输的需求,用户必须考虑协议栈等问题。按照功能,与流媒体数据直接相关的协议可以分为以下 3 类。

1. 网络层协议

网络层协议提供了基本的网络服务支持,例如 IP 协议。

2. 传输协议

传输协议为流媒体应用系统提供了端对端的网络传输功能,基于 IP 的流媒体传输协议栈如图 1-6 所示。

1) RTP/RTCP 协议簇

RTP/RTCP 是端对端基于组播的应用层协议。其中,RTP(Realtime Transfer Protocol)用

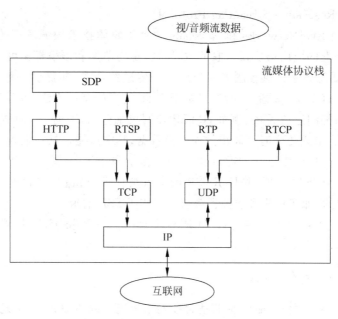

图 1-6　基于 IP 的流媒体传输协议栈

于数据传输，RTCP(Realtime Transfer Control Protocol)用于统计、管理和控制 RTP 传输，两者协同工作，能够显著提高网络实时数据的传输效率。

RTP 和 RTCP 都定义在 RFC1889 中。RTP 用于在单播或多播情况下传输实时数据，通常工作在用户数据报协议上。RTP 协议的核心在于其数据包格式，它提供应用于多媒体的多个域，包括 VOD、VOIP、电视会议等，并且不规定负载的大小，因此能够灵活地应用于各媒体环境。但 RTP 协议本身不提供数据包的可靠传送和拥塞控制，必须依靠 RTCP 提供这些服务。RTCP 协议的主要功能是为应用程序提供媒体质量信息。在 RTP 会话期间，每个参与者周期性地彼此发送 RTCP 控制包，包中封装了发送端或接收端的统计信息，包括发送包数、丢包数、包抖动等，这样发送端可以根据这些信息改变发送速率，接收端则可以判断包丢失等问题出现在哪个网络段上。总的来说，RTCP 在流媒体传输中的作用有 QoS 管理与控制、媒体同步和附加信息传递。

2）RSVP 协议

资源预留协议 RSVP(Resource reSerVation Protocol)是针对 IP 网络层不能保证 QoS 和支持多点传输而提出的协议。RSVP 在业务流传送前先预约一定的网络资源，建立静态或动态的传输逻辑通路，从而保证每一业务流都有足够的"独享"带宽，因而能够克服网络的拥塞和丢包，提高 QoS 性能。

值得一提的是，RSVP 是由接收方执行操作的协议。接收方决定预留资源的优先级，并对预留资源进行初始化和管理。在网络节点(如路由器)上被要求预留的资源包括缓冲区和带宽等，一般数据包通过位于网络节点上的"滤包器"使用预留资源，RSVP 共有 3 种预留类型，即无滤包器形式、固定滤包器形式和动态滤包器形式。

3. 会话控制协议

会话控制协议定义了消息和会话过程，以控制多媒体数据在会话进行中的传输，例如实时流协议 RTSP(Real-Time Streaming Protocol)。

RTSP 协议由 RealNetworks 和 Netscape 两个流媒体技术领域领军的公司共同提出,是工作在 RTP 之上的应用层协议。它的主要目标是为单播和多播提供可靠的播放性能。

RTSP 的主要思想是提供控制多种应用数据传送的功能,即提供一种选择传送通道的方法,例如 UDP、TCP、IP 多播,同时提供基于 RTP 传送机制的方法。RTSP 控制通过单独协议发送的流,与控制通道无关,例如,RTSP 控制可通过 TCP 连接,而数据流通过 UDP。通过建立并控制一个或几个时间同步的连续流数据,其中可能包括控制流,RTSP 能为服务器提供远程控制。另外,由于 RTSP 在语法和操作上与 HTTP 类似,RTSP 请求可由标准 HTTP 或 MIME 解析器解析,并且 RTSP 请求可被代理、通道与缓存处理。与 HTTP 相比,RTSP 是双向的,即客户机和服务器都可以发出 RTSP 请求。

实现 RTSP 的系统必须支持通过 TCP 传输 RTSP,并支持 UDP 协议。RTSP 服务器的 TCP 和 UDP 默认端口都是 554。

1.4.6 流媒体文件格式

流式文件格式经过特殊编码,使其适合在网络上边下载边播放,而不是等到下载完整个文件才能播放。用户可以在网上以流的方式播放标准媒体文件,但效率不高。将压缩媒体文件编码成流式文件必须加入一些附加信息,如计时、压缩和版权信息。

到目前为止,互联网上使用较多的流媒体格式主要有 RealNetworks 公司的 RealMedia、Apple 公司的 QuickTime 和 Microsoft 公司的 Windows Media。

RealNetworks 公司的 RealMedia 包括 RealAudio、RealVideo 和 RealFlash 几类文件。其中,RealAudio 用来传输接近 CD 音质的音频数据;RealVideo 用来传输不间断的视频数据;RealFlash 则是 RealNetworks 公司与 Macromedia 公司新近联合推出的一种高压缩比的动画格式。第三方开发者可以通过 RealNetworks 公司提供的 SDK 将它们的媒体格式转换成 RealMedia 文件格式。

Apple 公司的 QuickTime 是面向专业视频编辑、Web 网站创建和 CD-ROM 内容制作领域开发的多媒体技术平台,QuickTime 支持几乎所有主流的个人计算平台,是数字媒体领域事实上的工业标准,是创建 3D 动画、实时效果、虚拟现实、A/V 和其他数字流媒体的重要基础。

Microsoft 公司的 Windows Media 的核心是 ASF(Advanced Stream Format)。ASF 是一种数据格式,音频、视频、图像以及控制命令脚本等多媒体信息通过这种格式以网络数据包的形式传输,实现流式多媒体内容发布。其中,在网络上传输的内容就成为 ASF 流。ASF 支持任意压缩/解压缩编码方式,并可以使用任何一种底层网络传输协议,具有很大的灵活性。

ASF 最大的优点就是体积小,因此适合网络传输,使用 Microsoft 公司的媒体播放器(Microsoft Windows Media Player)可以直接播放该格式的文件。用户可以将图形、声音、动画数据组合成为一个 ASF 格式的文件,当然也可以将其他格式的视频和音频转换为 ASF 格式,而且用户还可以通过声卡和视频捕获卡将诸如麦克风、录像机等外设的数据保存为 ASF 格式。另外,ASF 格式的视频中可以带有命令代码,指定在到达视频或音频的某个时间后触发某个事件或操作。

除了上述流媒体技术的 3 种主要格式外,流媒体技术还有 Macromedia 的 Shockwave Flash 技术,用户通过这一技术可以方便地在 Web 页面中加入图像、动画以及交互式界面等操作。此外,在 Shockwave Flash 中还采用了矢量图形技术,使得文件下载、播放的速度明显提高。

1.5 习　　题

一、单选题

1. 在下列媒体类型中,(　　)是核心。
   A. 存储媒体　　　　　B. 显示媒体　　　　　C. 感觉媒体　　　　　D. 表示媒体
2. 以下不属于文本编辑软件的是(　　)。
   A. 记事本　　　　　　B. RealOne　　　　　C. Word　　　　　D. WPS
3. 传统动画片实际上是把一幅幅静态图像按一定的速度顺序播放,在计算机动画中,组成动画的每一幅图像称为(　　)。
   A. 一帧　　　　　　　B. 一个　　　　　　　C. 一张　　　　　　D. 一幅
4. 处理图像时的分辨率包括屏幕分辨率、图像分辨率和(　　)。
   A. 打印机分辨率　　　B. 扫描仪分辨率　　　C. 像素分辨率　　　D. 计算机分辨率
5. 影响音频质量的 3 个重要因素分别是采样频率、量化位数和(　　)。
   A. 音频数据压缩比　　　　　　　　　　　B. 音箱的音质
   C. 计算机音频处理软件　　　　　　　　　D. 声道数
6. 计算机中的动画分为造型动画和(　　)。
   A. 帧动画　　　　　　B. 三维动画　　　　　C. 二维动画　　　　　D. 视频动画
7. 多媒体计算机专用芯片分为固定功能的芯片和(　　)。
   A. 不可编程的数字信号处理器芯片
   B. 可编程的数字信号处理器芯片
   C. 通用功能芯片
   D. 非固定功能芯片
8. 以下不属于多媒体输入输出技术的是(　　)。
   A. 媒体变换技术　　　B. 媒体集成技术　　　C. 媒体理解技术　　　D. 媒体综合技术
9. 以下不属于虚拟现实技术主要特征的是(　　)。
   A. 多感知性　　　　　B. 临场感　　　　　　C. 交互性　　　　　D. 触发性
10. 以下不属于多媒体的媒体元素的是(　　)。
    A. 文本　　　　　　　B. 图像　　　　　　　C. 幻灯片　　　　　D. 视频
11. 以下关于多媒体技术的发展趋势说法正确的是(　　)。
    A. 进一步完善计算机支持的协同工作环境
    B. 利用多媒体技术可以完成各项工作
    C. CPU 芯片始终无法集成多媒体处理技术
    D. 没有统一的多媒体标准
12. 完成会话控制功能的流媒体协议是(　　)。

27

第1章

多媒体技术概述

A. RTP   B. SDP   C. RTSP   D. RTCP

二、简答题

1. 简述国际电信联盟(ITU)建议的媒体分类及其各自的含义。

2. 简述多媒体技术的概念及其特性。

3. 简述图形和图像的主要区别。

4. 与模拟视频相比,数字视频具有哪些优缺点?

5. 列举多媒体系统的关键技术。

6. 简述多媒体软件技术的组成以及各组成部分的研究内容。

7. 简述超文本的基本概念、超文本和超媒体的区别。

8. 人机交互技术的主要研究方向有哪些?

9. 简述多媒体技术的应用领域。

10. 简述流媒体技术的工作原理。

11. 简述流媒体系统的组成及其主要功能。

第2章 多媒体计算机系统

2.1　多媒体计算机系统的层次结构

多媒体计算机系统是指能够对文本、音频、图形、图像、动画和视频等多媒体信息进行逻辑互联、获取、编辑、存储和播放等功能的一个计算机系统。它能灵活地调度和使用多种媒体信息，使之与硬件协调地工作，并且具有交互性。

多媒体计算机系统由硬件系统和软件系统两大部分构成。多媒体硬件系统包括多媒体外部设备、多媒体计算机基本硬件、多媒体驱动程序；多媒体软件系统包括多媒体操作系统、多媒体素材制作软件、多媒体创作软件、多媒体应用软件。

多媒体计算机系统的层次结构如图 2-1 所示，下面对各层做一介绍。

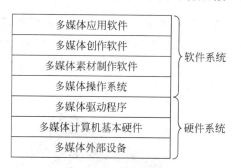

图 2-1　多媒体计算机系统的层次结构

1. 多媒体外部设备

该层包括各种输入输出设备，例如数码摄像机、数码相机、扫描仪、调制解调器、大屏幕投影仪、音箱、绘图仪、触摸屏、麦克风等。

2. 多媒体计算机基本硬件

该层是构成多媒体计算机系统的基础，包括组成多媒体计算机的基本物理设备，其中包括高速 CPU、大容量的存储设备、高质量的显示设备以及 CD-ROM 驱动器。

3. 多媒体驱动程序

该层是多媒体硬件和软件的"桥梁"，它主要负责完成各多媒体硬件设备的驱动控制，并提供相应的软件接口，以便于高层软件系统的调用。

4. 多媒体操作系统

多媒体操作系统是多媒体软件系统的核心，主要任务是完成多媒体环境下多任务的调度,保证视/音频同步控制及信息处理的实时性,提供对多媒体信息的各种操作和管理职能,支持对多媒体设备的管理。现在常用的操作系统 Windows 和 Linux 都已经是多媒体操作系统。

5. 多媒体素材制作软件

该层提供了制作、编辑各种多媒体素材的工具软件。常用的多媒体素材制作软件有音频处理软件 Cool Edit、图像处理软件 Photoshop、视频处理软件 Premiere、动画处理软件 ImageReady 等。

6. 多媒体创作软件

多媒体创作软件是设计人员在多媒体操作系统上进行应用程序开发的软件工具。多媒体创作软件能对多媒体信息进行控制、管理和编辑,能按要求生成多媒体应用程序。这类创作工具功能强、易学易用、操作简单。

7. 多媒体应用软件

多媒体应用软件是由用户和软件开发人员共同完成的,用于不同的应用领域,如电子图书、培训软件和多媒体教学软件等。

2.2 多媒体计算机的辅助设备

2.2.1 声卡

声卡用于声音信号的采集、合成和播放,可以将输入的模拟音频信号转换为数字信号,是处理数字化声音信息的硬件,多以插件的形式安装在计算机的扩展槽上。随着多媒体技术的飞速发展,声卡已经和 CPU、显卡、内存等部件一样成为选购多媒体计算机时的重要参考对象。图 2-2 为创新 Sound Blaster 声卡。

图 2-2 创新 Sound Blaster 声卡

1. 声卡的结构

声卡一般由 Wave 合成器、MIDI 合成器、混音器、MIDI 电路接口、CD-ROM 接口、DSP 数字信号处理器等组成。

2. 声卡的主要功能

声卡的主要功能包括以下几点:

- 录制与播放。
- 编辑与合成处理。
- MIDI 音乐录制和合成。
- 实时、动态地处理数字化声音信号。

2.2.2 视频卡

视频卡用于视频信号的采集、转换、合成和播放等，如图 2-3 所示。视频卡插在主机板的扩展插槽内，通过配套的驱动程序和视频处理程序工作，其任务是对来自录像机、摄像机、激光视盘的视频信号进行数字化转换、编辑和处理，最后形成数字化视频文件保存。

计算机在处理视频信号时数据量十分庞大，经常需要对数据进行压缩，而在回放时需要解压。MPEG 是常用的压缩标准，它是由国际标准化组织（ISO）于 1992 年组织动态影像专家组制定的。

图 2-3　视频卡

1. 视频卡的基本特性

视频卡具有以下几个基本特性。

1）视频输入特性

应支持 PAL 制式、NTSC 制式和 SECAM 制式模拟视频信号的输入，可选择视频输入端口。

2）图像与视频混合特性

以像素点为基本单位，精确定义编辑窗口的尺寸和位置，将各种模式的图像与视频进行叠加混合。

3）图像采集特性

将活动的视频信号采集下来，生成静止的图像画面。图像可采用多种格式的文件，主要有 JPG、PCX、TIF、BMP、GIF、TGA 等，其中除 GIF 为 256 色图像文件外，其余均为真彩色图像文件。

4）画面处理特性

对画面中显示的图像或视频信号进行多种形式的处理，如按比例进行缩放、对视频图像定格、保存或调入图像、对画面内容进行各种修改和编辑，也可调整图像色调、饱和度、亮度及对比度等。

2. 视频卡的工作原理

视频卡的芯片分两类：一是专用固定功能芯片，主要围绕数据压缩标准 JPEG、MPEG 等开发；二是可编程多媒体处理器，如 Intel750 系列、TMs320 系列高效可编程的多媒体处理器等。

视频卡主要由 A/D 转换器、帧缓冲存储器、D/A 转换器、视频采集控制器与视频显示控制器几部分组成，如图 2-4 所示。

视频信号源输入的视频信号首先经 A/D 转换变成数字视频，然后在视频采集控制器的控制下对其进行剪裁、改变比例后存入帧缓冲存储器，帧缓冲存储器存储的数字视频在视频显示控制器的控制下再经 D/A 转换就可以实现视频重放。

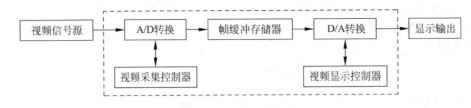

图 2-4　视频卡的结构

2.2.3　显卡

　　显卡又称显示适配器,用于控制文字或图形的显示,能够将主机要显示的数据转换成模拟信号,然后驱动显示器显示。通常显卡以独立插卡的形式安装在计算机主板的扩展槽中,但现代微机有时也把显卡集成在主板上。与集成在主板上的显卡相比,独立显卡性能优越、工作稳定,如图 2-5 所示。

　　早期的 VGA 显卡只起到 CPU 与显示器之间的接口作用,而现代微机的显卡其作用大大增强,不仅具有更快的图形图像处理速度和更高的显示缓存,有的还具有三维图形图像处理能力,而且可以起到加速图形显示等作用。图形显示的核心部分是图形加速芯片,在其中固化一定数量的常用基本图形程序模块,如控制光标、光栅操作以及块传输、线条、图形填充颜色等。图形加速芯片从图形设备接口接受指令流,并把它们转变为一幅图画,然后将数据写到帧缓存中,以 RGB 数据格式传递给显示器进行显示,因而图形加速芯片大大减轻了 CPU 的负担,加速了图形操作的速度。

图 2-5　显卡

　　显卡的主要作用是执行图形函数、对图形函数进行加速和控制计算机的图形输出。在早期的计算机中,CPU 和标准的 EGA 或 VGA 显卡以及帧缓存可以对大多数图像进行处理,但它们只起一种传递作用,看到的内容是 CPU 所提供的。这对早期的 DOS 操作系统以及文本文件的显示是足够的,但是对复杂的图形和高质量的图像进行处理就显得不够了,特别是在 Windows 操作环境下 CPU 已经无法对众多的图形函数进行处理,而采用图形加速卡是行之有效的解决方法。图形加速卡拥有自己的图形函数加速器和显存,专门用来执行图形加速任务,从而大大减少了 CPU 所必须处理的图形函数,这样 CPU 就可以执行其他更多的任务,提高了计算机的整体性能。

1. 显卡的基本组成

显卡主要由以下 3 个部分组成:

1) ROM(BIOS)芯片

该芯片存储固化的只读驱动程序,显卡的特征参数、基本操作均保存在其中。驱动程序对于显卡来说是极其重要的,它指挥芯片集对每个绘图函数进行加速。用户可以通过软件对 BIOS 进行升级,不断更新的驱动程序使显卡日趋完美。

2) RAM 显存芯片

RAM 显存芯片也称帧缓存,是图形加速卡的重要组成部分,通常用来存储要显示的数据信息。当显示芯片处理完数据后将数据输送到显存中,然后由数/模转换器(D/A 转换器)从显存中读取数据并将数字信号转换为模拟信号,最后将信号输出到显示屏进行显示。

显卡的速度在很大程度上受所使用的显存速度、数据传输带宽以及 BIOS 中的驱动程序影响。数据传输带宽是指显存一次可以读入的数据量,它决定了显卡是否可以支持更高的分辨率、更大的色深和合理的刷新率。显存容量大小则决定了显卡颜色数量和分辨率,目前高档独立显卡的显存容量已达 1GB。

3)控制电路芯片集

控制电路芯片集用于控制显示状态、进行显示指令的处理。芯片集可以通过它们的数据传输带宽来划分,最近的芯片多为 256 位,而早期的显卡芯片为 64 位或 128 位。更多的带宽可以使芯片在一个时钟周期中处理更多的信息。但是 256 位芯片不一定就比 128 位芯片快两倍,更大的带宽带来的是更高的解析度和色深。

2. 显卡的分类

1)图形加速卡

目前以 PCI-E 显卡为主,带有图形加速器,显示复杂图像、三维图像快。

2)3D 图形卡

3D 图形卡是专为带有 3D 图形的应用(如高档游戏)开发的显卡,三维坐标变换速度快,图形动态显示反应灵敏、清晰。

3)显示/TV 集成卡

在显卡上集成了 TV 电视高频头和视频处理电路,使用该显卡既可显示正常多媒体信息,又可收看电视节目。

4)显示/视频输出集成卡

显卡集成了视频输出电路,在把信号送到显示器显示正常信号的同时,还可以把信号转换为视频信号,送到视频输出端,供电视、录像机接收、录制和播放。

2.2.4 扫描仪

扫描仪是一种光机电一体化的图像采集设备,可将静态图像输入到计算机里,例如可以将照片通过扫描仪输入到计算机。另外,还可以将文件、报刊或各种文稿扫描到计算机中,然后进行加工处理、存储、输出等操作。

目前,扫描仪作为计算机的重要输入设备已被广泛应用于图形图像处理、报纸、书刊、出版印刷、广告设计、办公自动化、工程技术、金融业务等领域之中,极大地促进了这些领域的技术进步,甚至使一些领域的工作方式发生了革命性的变革。它有强大的功能,不仅能迅速实现大量的文字录入、计算机辅助设计、文档制作、图文数据库管理,而且能逼真快速地输入各种图像,特别是在网络和多媒体技术迅速发展的今天,扫描仪的应用领域还将得到进一步的拓展。

图 2-6 扫描仪

1. 扫描仪的基本组成

扫描仪由顶盖、玻璃平台和底座构成,如图 2-6 所示。玻璃平台用于放置被扫描的对象,塑料上盖内侧有一黑色(或白色)的胶垫,其作用是在顶盖放下时压紧被扫描文件,当前大多数扫描仪采用了浮动顶盖,以适应扫描不同厚度的对象。透过扫描仪的玻璃平台可以看到底座上的扫描头(包括光源、光学镜头、感光器件等)、机械传动机构和电路系统等。机械传动机构的功能是带动扫描头沿扫描仪纵向移动;扫描头的功能是发出可见光,并通过感光器件将光信号转换为电信号;电路系统的功能是处理、传输图像。

2. 扫描仪的工作过程

扫描仪扫描图像的工作步骤如下:

(1) 将要扫描的原稿正面朝下铺在扫描仪的玻璃板上,原稿可以是文字稿件或者图纸照片。

(2) 启动扫描仪驱动程序后,安装在扫描仪内部的可移动光源开始扫描原稿。为了均匀地照亮稿件,扫描仪光源为长条形,并沿 Y 方向扫过整个原稿;照射到原稿上的光线经反射后穿过一个很窄的缝隙,形成沿 X 方向的光带,又经过一组反光镜,由光学透镜聚焦并进入分光镜,经过棱镜和红绿蓝三色滤色镜得到的 RGB 三条彩色光带分别照到各自的电荷耦合器件 CCD 上,CCD 将 RGB 光带转变为模拟电子信号,此信号又经过 A/D 变换器把当前"扫描线"的图像转换成电平信号。至此,反映原稿图像的光信号转变为计算机能够接受的二进制数字电子信号,最后通过串行或者并行等接口送至计算机。

(3) 扫描仪每扫一行就得到原稿 X 方向一行的图像信息,经过扫描仪 CPU 处理后,图像数据暂存在缓冲器中,为输入计算机做好准备工作。

(4) 步进电机驱动扫描头移动,读取下一行的图像数据。

(5) 随着可移动光源沿 Y 方向不断移动,按照先后顺序把图像数据传输至计算机并存储起来,在计算机内部逐步形成原稿的全图。

使用适当软件重新处理图像数据,使之再现至计算机屏幕上。扫描仪扫描图像的过程示意图如图 2-7 所示。

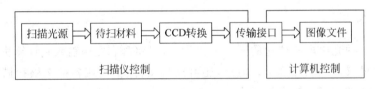

图 2-7　扫描过程示意图

3. 扫描仪的种类

扫描仪的种类很多,按基本构造和操作方式可分为平板式、台式、手持式、立式、多功能式和滚筒式;按色彩方式分为灰度扫描仪(扫描黑白图像)和彩色扫描仪(扫描彩色图像);按扫描原理还可分为反射式和透射式等。

1) 平板式扫描仪

平板式扫描仪是最常见的扫描仪,因其优良的性能价格比而受人们的青睐。平板式扫描仪的工作面是平面(透明玻璃),扫描时,图片和文稿放在工作面上,扫描仪内部的扫描部件在驱动程序控制下进行扫描。随着新技术的采用,平板式扫描仪新产品不断推出,在性能提高的同时价格大幅度下降,成为家用扫描仪的首选。

2）台式扫描仪

该类扫描仪以 A4 和 A3 幅面为主,分辨率通常为 1200dpi,彩色位数一般为 24。其扫描速度快、精度高。有些台式扫描仪还可加上透明胶片适配器,使其既可以扫反射稿,又可以扫透明胶片,实现一机两用。台式扫描仪可广泛应用于各类图形、图像处理、电子出版、印前处理、广告制作等领域。

3）手持扫描仪

手持扫描仪体积小、价格低,其扫描图像的最大宽度是 105mm,长度不限,使用时由手推动扫描仪从图稿上移过。扫描图像质量与操作有关,在扫大幅图时可用软件实现拼接。手持扫描仪的分辨率通常为 400dpi 左右,主要用于名片、桌面排版、图文数据库、计算机刻字、字符识别等方面。由于手持扫描仪幅面小、精度低,通常适合初学者、家庭和对幅面精度要求不高的用户。

4）滚筒式扫描仪

滚筒式扫描仪是体积较大的专业扫描仪,属高档设备。滚筒式扫描仪具有扫描清晰度高、彩色还原逼真、大幅面、超高分辨率等优良性能,但价格贵,主要用于专业扫描。

5）多功能扫描仪

多功能扫描仪把多种功能集于一身,除扫描外还可收发传真和打印,是一种集成设备,主要用于办公环境。

4. 衡量扫描仪的主要性能指标

1）扫描分辨率

扫描分辨率是指扫描对象每英寸可以被表示的像素点数,单位是 dpi。扫描分辨率越高,则扫描的图像越清晰。它的表示方式是用垂直分辨率和水平分辨率相乘。如某款产品的分辨率标识为 600×1200dpi,就表示它可以将扫描对象每平方英寸的内容表示成水平方向 600 点、垂直方向 1200 点,两者相乘共 720 000 个点。

2）扫描灰度

扫描灰度是指进行灰度扫描时对图像由纯黑到纯白整个色彩区域进行划分的级数,级数越多图像层次越丰富。

3）色彩精度

色彩精度指彩色扫描仪支持的色彩范围,用像素的数据位数表示。色彩精度位数多就可以保证扫描仪反映的图像色彩与实物的真实色彩尽可能一致,而图像色彩会更加丰富。例如,用户经常提到的真彩色是指每个像素以 24 位表示,共可以产生超过 16M 种颜色。扫描仪的色彩精度值一般有 24b、30b、32b、36b 几种,一般 300×600dpi 的扫描仪其色彩深度为 24b、30b,而 600×1200dpi 的扫描仪为 36b,最高可达 48b。

4）扫描速度

扫描速度是指扫描仪从预览开始到图像扫描完成后光头移动的时间。扫描速度的表示方式一般有两种:一种用扫描标准 A4 幅面所用的时间来表示,另一种使用扫描仪完成一行扫描的时间来表示。

5）扫描幅面

扫描幅面是指扫描仪支持的幅面大小,如 A4、A3、A1 和 A0。大幅面扫描仪指的是A1、A0 幅面的扫描仪,主要用于大幅面工程图纸的输入,所以又称为工程图扫描仪。这种扫描仪由于图稿幅面大,大多采用了滚筒式走纸机构。

6)内置图像处理能力

内置图像处理能力是指不同扫描仪的内置图像处理能力不同。内置图像处理能力主要体现在对色彩偏差的补偿和校正、亮度调整、优化扫描等。高档扫描仪的内置图像处理能力很强,无须人为干预。

2.2.5 数字照相机

数字照相机是光、机、电一体化的产品,是一种新型的图像捕捉设备,它集成了影像信息的转换、存储、传输等部分,是一种与计算机配套使用的照相机,简称数码相机,如图 2-8 所示。它在外观和使用方法上与普通的全自动照相机很相似,两者之间最大的区别在于数码相机是用数字成像技术通过电荷耦合器件 CCD 接收镜头透镜成像,经 A/D 转换器转换形成数字图像数据,将被扫描对象以数字方式记录在存储器中,而后者是把镜头透镜的成像投到胶片上,通过胶片曝光来保存图像。传统相机中的胶卷被数字相机中的电子存储卡(或称记忆棒)取代,故数码相机又称无胶片照相机。

图 2-8　数码相机

由于数码相机中存储的是数字图像信息,故可以直接与计算机连接,将影像数据输入计算机进行编辑加工,然后用彩色喷墨打印机或彩色激光打印机印制出照片,效果与保存性是光学相机无法相比的,还可以实时远程传送照片。

1. 数码相机的工作原理

数码相机的心脏是电荷耦合器件 CCD,它由很多微小的半导体光敏元件构成,一个光敏元件对应一个像素。CCD 把光线转换成电荷,其强度随被捕捉影像上反射的光线强度而改变。

数码相机不需要胶卷,在拍摄时图像被聚焦到 CCD 上,CCD 将图像信息转换成电信号,然后 CCD 把这些电信号送到 A/D 转换器,对光线数据进行编码,再以二进制数字方式存储于相机的存储器中。只要将存储器与计算机连接,即可在显示器上显示所拍摄的图像,并进行加工处理或打印机输出。

2. 数码相机的基本组成

数码相机主要由以下几部分组成。

(1)快门:用来控制相机的成像时间,通过调节快门速度可以控制照片的曝光程度。

(2)镜头:相机的光学部分,决定了相机的质量。数码相机通过 CCD 将镜头取得的光信号转换为数字信号,并用数字信号来记录图像。

(3)机身:用来承接数码相机的各个组成部件。

(4)取景器:用来帮助用户选取所要拍摄的景物,一般是彩色液晶显示屏。

(5)闪光灯:用来辅助照明,以达到所要求的拍摄效果。

3. 数码相机的性能指标

数码相机的性能指标可分为两部分,一部分指标是数码相机特有的,而另一部分指标与传统相机的指标类似,如镜头形式、快门速度、光圈大小以及闪光灯工作模式等,下面简单介绍数码相机特有的性能指标。

1) CCD 像素数量

像素数量越多,图像清晰度越高,色彩越丰富。一般数码相机的 CCD 在 800 万像素以上。

2) 光学镜头的规格和性能

光学镜头的规格和性能有焦距、变焦范围、调焦方式、光圈范围。

3) 照片分辨率

照片分辨率是数码相机重要的性能指标,它是指拍出照片的水平方向和垂直方向的像素数,如 3888×2592 就是指水平方向 3888 个像素,垂直方向 2592 个像素。拍照时有最高分辨率和普通分辨率的选择,在最高分辨率下生成的照片文件的数据量较大,照相机能存储的照片较少。普通分辨率也叫标准分辨率,能拍的照片较多,适合在一般场合使用。

相机的分辨率还直接反映打印出的照片大小。分辨率越高,在同样的输出质量下可打印的照片尺寸越大。

4) 存储卡类型和容量

在数码相机中感光与保存图像信息是由两个部件来完成的。虽然这两个部件都可反复使用,但在一个拍摄周期内相机可保存的数据却是有限制的,故数码相机内存的存储能力以及是否具有扩充功能就成为重要的指标。

5) 数据记录类型

数据记录类型指数码相机以什么格式的图像文件存储。一般数码相机采用 JPEG 格式,专业数码相机既可采用 JPEG 格式,又可采用 TIFF 图像文件格式。

6) 数据输出方式

数据输出方式指数码相机都提供哪种类型的数据输出接口。数码相机常用的接口形式有 USB 接口、Video 输出接口和 IEEE 1394 高速接口。

此外能否连续拍摄、有无液晶显示屏也是选择数码相机时要考虑的指标。彩色液晶显示屏类型的区别主要是尺寸和像素数量不同。大的彩色液晶显示屏虽观看方便,但耗电量大。

2.2.6 触摸屏

触摸屏是一种坐标定位装置,是通过触摸屏幕来进行人机交互的指点式输入设备。它是在计算机显示器屏幕上安装一层或多层透明感应薄膜,或在屏幕外框四周安装感应元件,再加上接口控制电路和软件之后,就可以使用户直接在加载触摸屏的显示器上向计算机输入指令或图文消息。当用户的手指触及到触摸屏时,所触的位置就被检测出来,并将该点的坐标信息通过通信接口送给 CPU,然后系统根据手指触摸的图标或菜单位置进行相应的操作。这样,用户就可以通过触摸屏与计算机进行交互,使信息的输入变得非常直观、方便。

1. 触摸屏的基本组成

触摸屏由触摸检测装置、触摸控制器及控制软件等部分组成。

触摸检测装置安装在显示器屏幕前面,通常包括很多特别层和经过处理的透明玻璃片,用于检测用户触摸位置,并将该信息送至触摸屏的触摸控制器。

触摸控制器的主要作用是控制模拟传感器,从触摸点检测装置上接收触摸信息,并将它转换成数字式的触点坐标送给 CPU,它同时能接收 CPU 发来的命令并加以执行。触摸控制器有的放在显示器内部,有的在显示器外部或插在主机箱内,通过 RS-232 串口与主机通信。其主要功能如下。

(1) 检测并计算触摸点的坐标,经缓冲后送给主机。

(2) 接收和执行主机的命令。一般包括设定触摸模式(触入时数据有效,离开时数据无效,在行列位置信号变化的上沿或下沿报告,定时报告或连续报告坐标信息等触摸模式),设定行工作模式,设置屏幕窗口。

(3) 触摸屏一般都提供一个标准程序,可交互地定义显示区的尺寸和位置,进行有效位置的校准或其他控制。

控制软件主要是驱动器软件,使转换后的数据适用于应用程序。

2. 触摸屏的分类

触摸屏可分为红外线式、电阻式、电容式等几种。

1) 红外线触摸屏

红外线触摸屏是利用红外线传感技术的触摸屏。它是在普通显示器的前面安装一个外框,靠藏在外框中的电路板在屏幕四边排列红外线发射管和红外线接收管,使得显示器表面形成一个纵横交错的光线网络,构造红外线矩阵。不触摸时,X、Y 方向的光线均不受阻;当用户触摸屏幕时,手指就会挡住经过该位置的横、竖两条红外线,则与触摸点坐标对应的 X、Y 方向上的光敏元件就会接收不到水平方向和垂直方向的光线。因此,利用 X、Y 方向上密布的红外线矩阵来检测并定位用户的触摸位置。

红外线触摸屏清晰度高、不易磨损,价格便宜,安装容易,但触摸次数受制约,对环境要求较高,外界光线变化或表面的尘埃会导致误动作,分辨率低,而且要避强光使用。

2) 电容触摸屏

电容触摸屏利用人体可改变电容量的原理,使用电容传感器的触摸屏,即用透明的金属层涂在玻璃板上,导电层的四周各有一个狭长的电极,在导电层上形成一个低电压交流电场。当用手指触摸时,距离触摸位置远近的不同会产生电容量的变化,使与之相连的振荡器频率也发生变化,从而获得位置信息。

触摸屏触摸次数可达两千万次,清晰度一般,但怕硬性碰撞和金属导体靠近,当较大面积的手掌或手持导体物靠近电容屏而不是触摸时就能引起电容屏的误动作,抗干扰性差。

3) 电阻触摸屏

电阻触摸屏是用两层高透明的导电层(电阻膜传感器)组成触摸屏,在两层导电层之间有许多细小的透明隔离点把它们隔开绝缘,最外面再覆上一层透明、耐磨损的塑料层。当手指触摸屏幕时,相互绝缘的两层导电层在触摸点位置由于外表面受压,与另一导电层就有了一个接通点,导致触摸点电阻发生阻值变化,在 X、Y 两方向产生的信号送到控制器中而感知触摸位置,这就是电阻触摸屏的基本工作原理。

电阻触摸屏分辨率较高,价格也较贵,对环境要求不太苛刻,不怕灰尘、水汽和油污,它可以用任何物体来触摸,触摸次数达百万次,不要日常维护,适合工业控制领域使用。缺点是因为复合薄膜的外层采用塑胶材料,易划伤整个触摸屏而导致损坏,不能用有腐蚀性的液体擦拭,清晰度一般。

2.2.7 打印机

打印机是多媒体计算机常用的输出设备,利用它可以打印字符和图像。

按照打印机的工作原理,打印机分为击打式和非击打式两大类。击打式打印机是一种通过打印头以机械撞击方式撞击色带,从而在纸上打印计算机输出结果的设备,如果打印机内装汉字库,则可构成中文点阵打印机。击打式打印机的打印速度较慢,噪声大,于是非击打式打印机应运而生。非击打式打印机没有击打动作,种类较多,如激光打印机、喷墨打印机、热敏式打印机、喷蜡打印机等。其中喷墨打印机是将墨滴直接喷到纸上印出字符或图形;激光打印机是利用激光感光技术印出字符或图形;热敏式打印机是利用电流经过发热元件产生热量,使色带上的油墨溶化印出字符或图形;喷蜡打印机是将融化的蜡喷射到纸上形成色点印出字符或图形。非击打式印字机具有较高的打印速度与打印质量,且具有彩色打印功能,易于进行文字、图形处理,能够满足多媒体应用领域(如广告、影印等行业)的特殊需求。

1. 针式打印机

针式打印机是以字符或图形点阵方式由打印头上的打印针在纸上打印小点,构成字符或图形。针式打印机如图 2-9 所示。

1)基本工作原理

针式打印机也称撞击式打印机,其基本工作原理类似于我们用复写纸复写资料一样。针式打印机中的打印头由多支金属撞针组成,撞针排列成一直行,打印头在纸张和色带之上行走。当指定的撞针到达某个位置时便会弹射出来,在色带上打击一下,让色素印在纸上做成其中一个色点,配合多个撞针的排列样式,便能在纸上形成文字或图画。如果是彩色的针式打印机,色带还会分

图 2-9 针式打印机

成四道色,打印头下带动色带的位置还会上下移动,将所需的颜色对正在打印头之下。

针式打印机以其便宜、耐用、可打印多种类型纸张等因素普遍应用在多种领域,在打印机历史的很长一段时间内曾经占有重要的地位。一般针式打印机分为宽行打印机和窄行打印机,宽行打印机可以打印 A3 幅面的打印纸;窄行打印机一般只能打印 A4 幅面的打印纸;同时针式打印机可以打印穿孔纸。另外,针式打印机有其他机型所不能代替的优点,就是它可以打印多层纸,这使之在报表处理中的应用非常普遍。但它的打印质量很低、工作噪声很大,也使它无法适应高质量、高速度的打印需要,所以在普通家庭及办公应用中被喷墨和激光打印机所取代。目前,在银行、超市等用于票单打印的地方还在使用它。

2)主要性能指标

- 打印机寿命:常用的有 9 针、24 针的打印头,打印寿命一般为两亿点/针。
- 打印速度:平均打印速度是评价打印机性能的一个重要指标,单位为字/秒。
- 打印宽度:常见的有 132 列和 80 列两种。
- 走纸速度:走纸速度影响打印平均速度,单位用英寸/秒表示。
- 字符集:只可供用户使用的字符种类。

- 噪声：通常低于 65dB。

2. 激光打印机

激光打印机如图 2-10 所示。它是用激光扫描主机送来的信息将要输出的信息在磁鼓上形成静电潜像，并转换成磁信号，使碳粉吸附在纸上，经显影后输出。这种打印机打印速度快，打印质量好、无噪声。近年来，彩色激光打印机已日趋成熟，其图像输出质量已达到照片级的质量水平。彩色激光打印机与普通黑白激光打印机相比原理相同，仅在结构上它是采用 4 个鼓（对应印刷色彩模式 CMYK 4 种颜色）进行彩色打印，打印处理复杂，尖端技术含量高，价格也贵，一般用于精密度很高的彩色样稿和图像输出。

图 2-10　激光打印机

1）基本工作原理

当计算机通过电缆向打印机发送数据时，打印机首先将接收到的数据暂存在缓存中，当接收到一段完整的数据后再发送给打印机的处理器，处理器将这些数据组织成可以驱动打印引擎动作的类似数据表的信号组，对于激光打印机而言，这个信号组就是驱动激光头工作的一组脉冲信号。

激光打印机中最重要的元件就是感光鼓，俗称"硒鼓"。激光打印机的核心技术就是电子成像技术，这种技术融合了影像学与电子学的原理和技术以生成图像。

激光打印的整个过程可以概括为充电、曝光、显影、转像、定影、清除及除像七大步骤。详细地说，当使用者在应用程序中下达打印的指令后，整个激光打印流程的序幕就由"充电"动作开始，也就是先在感光鼓上均匀地充满负电荷或正电荷；然后再将打印机处理器处理好的影像资料转变成激光发射器产生的激光束，即把打印信息转变成光学影像由激光发射器发射出去，照射在一个棱柱形反射镜上。随着反射镜的转动，光线从硒鼓的一端到另一端依次扫过。光线照射的部位会产生放电现象，将感光鼓上储存的电荷放掉，未照射到的地方则不放电，保留电荷，形成静电潜像；接着让墨粉盒中的墨粉颗粒带电，则快速转动的感光鼓上的静电潜像经过墨粉盒时便会吸附带电的墨粉颗粒，这样就会在感光鼓的表面真正"显影"出一幅图文影像；然后再将打印机进纸匣牵引进来的纸张透过"转像"的步骤让纸面带上与感光鼓极性相同但电场强度更大的正电荷或负电荷，由于异性相吸的缘故，使感光鼓上的墨粉颗粒吸附到纸张上，从而把感光鼓上生成的图文影像转印到打印纸上；为使墨粉更紧密地吸附在打印纸上，接下来要经过高温高压的处理，将墨粉颗粒熔化"定影"在纸纤维中，在冷却过程中固着在纸张表面；然后再以刮刀将感光鼓上残留的碳粉"清除"；最后的动作即为"除像"，也就是除去静电潜像，使感光鼓表面的电位回复到初始状态，以便展开下一个循环动作。

2）主要性能指标

彩色激光打印机种类很多，原理基本相同，差异是性能指标的技术参数、着色剂和外观尺寸的不同，其主要性能指标如下。

- 打印速度：打印整幅样稿速度，以每分钟平均打印的页数（ppm）作为计量单位，如 35ppm（A4）表示每分钟打印 35 页 A4 纸，目前产品一般在 12～50ppm 之间。
- 打印分辨率：即打印精度，它是衡量激光打印机打印质量的一个最重要的指标，以

dpi 为计量单位,一般产品在 600×600dpi 以上,高档机型在 1200×1200dpi 以上。

- 内存容量:指打印机自带内存,一般在 2～512MB 之间,内存容量大可大幅度减少主机负担,提高打印速度。
- 接口形式:目前大多数激光打印机采用 USB 接口,有些采用 IEEE 1284 并口通信接口。

3. 喷墨打印机

喷墨打印机采用非击打工作方式,是利用特殊技术的换能器将带电的墨水喷出,由偏转系统控制很细的喷嘴喷出微粒射线在纸上扫描,并绘出文字与图像。喷墨打印机的外形如图 2-11 所示。

喷墨打印机体积小、重量轻,打印噪音低,操作简单方便,打印精度较高,适应性强,特别是其彩色印刷能力很强,使用专用纸张时可以打出几乎和照片相媲美的图片质量,但打印成本较高,适合于小批量打印。

近年来,彩色喷墨技术发展很快,新型彩喷打印机不断面世,价格也不断下跌,家用彩喷打印机价格多在千元以下,因此被广泛应用,成为多媒体计算机的基本配置。

图 2-11　喷墨打印机

1) 基本工作原理

喷墨打印机使用四色或六色墨水,利用超微细墨滴喷在纸张上形成彩色图像。打印机的关键设备是喷墨打印机头,它的顶部是墨盒,墨盒中的墨水靠重力作用流进墨仓,但不会自动从墨嘴喷出,需将打印数据经过译码和驱动电路在微压电压片上施加微电压才能使墨滴从喷嘴喷出。虽然喷出的墨滴体积小,但不会产生雾状扩散,而是精确地定位在打印位置上,使图像的分辨率得以保证,提高了清晰度。在喷墨打印头上,每一种颜色对应一组喷嘴,因此喷嘴数量很多。

喷墨打印机分为机械机构和电路系统两大部分。机械机构通常包括墨盒和喷头、清洗部分、字车机械、输纸机构和传感器等几个组成部分。墨盒和喷头有两种类型,一种是二合一的一体化结构,另一种是分离式结构,两种方式各有好处。清洗系统是喷头的维护装置。字车机械用于实现打印位置定位。输纸机构提供纸张输送功能,运动时它必须和字车机械很好地配合才能完成全页的打印。传感器是为检查打印机各部件的工作状况而特设的。

2) 主要性能指标

- 打印头规格:规定喷嘴数量和颜色数量,如规格标识是 256 喷嘴×5 色。
- 打印速度:打印速度与打印纸张的规格、打印模式(彩色/黑白)、打印分辨率及文字/图像内容等因素有关,有时可能还受驱动程序影响。
- 打印分辨率:衡量打印质量的一个重要指标,用每英寸范围内喷墨打印机可打印的点数来表示。单色打印时 DPI 值越高打印效果越好,彩喷打印分辨率已标准化,例如 4800×1200dpi。
- 接口形式:大多采用 USB 接口。
- 墨盒规格:包括数量、墨水容量、打印页数等几项参数。其中,打印页数是在一定墨水覆盖率和标准分辨率前提下标准纸样的页数。如彩色:220 页(A4 幅面、360dpi 分辨率、每色 5%、总 25%覆盖率打印)。

- 色彩调和能力：对于使用喷墨打印机的用户而言，它是一个非常重要的指标。传统的喷墨打印机，在打印彩色照片时若遇到过渡色，就会在 3 种基本颜色的组合中选取一种接近的组合来打印，即使加上黑色，这种组合一般也不能超过 16 种，对色阶的表达能力是难以令人满意的。为了解决这个问题，早期的喷墨打印机又采用了调整喷点疏密程度的方法来表达色阶。但对于当时彩色分辨率只有 300dpi 左右的产品，调整疏密程度的结果是过渡色效果很差，看上去会有很多斑点。现在的喷墨打印机一方面通过提高打印分辨率使打印出来的点变细，从而使图变得更为细腻；另一方面，它们都在色彩调和方面改进了技术，常见的有增加色彩数量、改变喷出墨滴的大小、降低墨盒的基本色彩浓度等几种方法，其中增加色彩数量最为行之有效。目前通常采用五色的彩色墨盒，加上原来的黑色墨盒，形成所谓的六色打印。这样一来排列组合得到的色彩组合数一下子提高了好多倍，效果的改善自然非常明显。

2.2.8　DVD 刻录机

　　DVD 的诞生和标准的确立和娱乐业的迅猛发展有直接的关系，DVD 的前身 CD 光盘和 VCD 光盘都是因此孕育而生的。1994 年 12 月 16 日，索尼公司率先发表了"单面双层 12cm(5.25 英寸)高密度多媒体 CD 的格式与技术指标"，简称多媒体光盘系统(Multi Media Compact Disc，MMCD)，这也是第一个 DVD 技术规格。在 DVD 诞生伊始就充满了竞争，索尼-飞利浦集团的 MMCD(单面双层结构)和东芝公司的 SD(双层双面结构)展开了激烈的竞争，并一直延续到 DVD 刻录机的规格之争。DVD 刻录机如图 2-12 所示。

1. 主要标准

1) DVD-RAM

DVD-RAM 是最初的一种 DVD 刻录格式，由 Panasonic 创建的 DVD 格式，其被淘汰的最大原因就是兼容性差，其刻录的盘片只能由 DVD-RAM 驱动器识别，普通的 DVD 光驱和 DVD 影碟机都无法读取。

2) DVD-R/RW

DVD-R/RW 是一种被 DVD 国际论坛所认可的标准，它克服了 DVD-RAM 的缺点，兼容性好，能够以

图 2-12　DVD 刻录机

DVD 视频格式来保存数据，可以在影碟机上进行播放，其刻录采取的盘片价格非常便宜。

3) DVD+R/RW

DVD+R/RW 是由 DVD 联盟(Philips、HP、Sony 等 7 家公司，简称 7C)所推出的一种规格，同时也是唯一为微软所支持的 DVD 刻录标准。DVD+R/RW 除刻录 DVD+RW 外，也可刻录 CD-R 和 CD-RW，通用性强，而且提高了 DVD-RW 光驱的兼容性，从刻录开始即可在后台进行格式化，因此一分钟以后就可以开始刻录数据。

4) DVD Multi

DVD Multi 是一种兼容 DVD-RAM 和 DVD-R/RW 的标准，不支持 DVD+R/RW。

5) DVD Dual

DVD Dual 是一种全面兼容 DVD-R/RW 和 DVD+R/RW 两种格式的标准，它很好地解决了兼容性问题。DVD Dual 超越了 DVD+RW 或 DVD-RW 单一规格刻录的门槛，可

以刻录 DVD＋RW 和 DVD-RW 两种规格的 DVD 盘片,而且由于刻录芯片所具有的弹性设计,即使以后由于权利金或者两种规格趋势而产生变化,在设计上都可以进行灵活调整,从而避免了重复开发的资源和时间上的浪费。

2. 主要技术

1）无损连接技术

DVD 刻录机刻录时遇到缓存欠载运行或机体震颤等系统问题,无损连接技术会被激活并暂时停止刻录,同时自行将刻录断点记录下来。当数据流量恢复正常时,再延续上次录入的位置继续进行刻录。其刻录断点之间的间隙被控制在了 1 微米以内,足以确保刻录的品质。

2）废片终结技术

废片终结技术可充分保障盘片的刻录品质,同时散热孔设计可方便地将热空气排出,避免因机器内部工作温度过高而对机器本身或光盘片造成不良的影响。废片终结技术不仅可以稳定光盘的运作,更可确保良好的刻录品质。

3）激光智导技术

激光智导技术作用是自行调整激光读写功率,从而保障盘片刻录过程的一致性。在理想情况下,盘片与刻录机主轴马达之间应该以 90 度保持垂直。而在实际刻录操作中,由于刻录盘本身选用的材质不同、制程等方面的原因,会造成刻录盘从里到外的倾斜角不同,进而导致激光传导到盘片表面的功率产生波动。而配备了激光智导技术的刻录机,则可以根据盘片品质以及运转状态智能地调整激光功率,从而保证整个刻录过程的一致性。

4）智能化纠错系统技术

智能化纠错系统技术是对光盘上存在瑕疵的部分进行有效侦测,一旦发现有问题的点便会将它们记录下来。在读取和刻录光盘的过程中,刻录机自动跳过这些被记录的区域,从而确保读盘以及刻录的品质。这样即使用户使用了品质较差的盘片,也不用为读不出盘或刻录效果差而担心。

5）快速格式化技术

快速格式化技术是 DVD＋RW 刻录机的独有技术,相比 DVD-RW 刻录机必须在刻录前完成整张盘片的格式化(耗时 20～30 分钟),DVD＋RW 刻录机可以进行快速后台格式化功能,在刻录盘片被放入刻录机之后,自动在后台对盘片进行快速格式化,如果在放入光盘的同时开始刻录也可以同时进行,完全不必等到整张盘片格式化完成再开始刻录。

2.3 习 题

一、单选题

1. 多媒体计算机系统由硬件系统和(　　　)两大部分构成。

 A. 操作系统   B. 非硬件系统   C. 软件系统   D. 多媒体软件

2. 对于 CD-ROM 驱动器,它属于多媒体计算机系统的(　　　)层次。

 A. 多媒体外部设备   B. 多媒体计算机基本硬件

 C. 多媒体辅助设备   D. 多媒体驱动程序

3. (　　　)是多媒体软件系统的核心。

A. 多媒体操作系统　　　　　　　　　B. 多媒体素材制作软件

C. 多媒体创作软件　　　　　　　　　D. 多媒体应用软件

4. 以下( )不属于视频卡的基本特性。

A. 图像与视频混合特性　　　　　　　B. 图像采集特性

C. 画面处理特性　　　　　　　　　　D. 视频特效特性

5. 以下对于扫描仪的说法不正确的是( )。

A. 扫描仪的分类包括平板式扫描仪、台式扫描仪、手动扫描仪、滚筒式扫描仪等

B. 扫描速度是指扫描仪从预览开始到图像扫描完成后光头移动的时间

C. 扫描分辨率是指扫描对象每英寸可以被表示的像素点数

D. 扫描仪由顶盖、玻璃平台和底座构成

6. 数码相机是用数字成像技术通过( )接收镜头透镜成像。

A. 电荷耦合器件 CCD　　　　　　　　B. 取景器

C. 液晶屏　　　　　　　　　　　　　D. 快门

7. 以下不属于触摸屏组成部分的是( )。

A. 触摸检测装置　　B. 触摸控制器　　C. 控制软件　　D. 液晶屏

8. 以下不属于 DVD 刻录机主要标准的是( )。

A. DVD Multi　　B. DVD-ROM　　C. DVD Dual　　D. DVD-RAM

二、简答题

1. 简述多媒体计算机系统的概念及其层次结构。

2. 简述声卡的结构及主要性能。

3. 简述视频卡的工作原理。

4. 简述显卡的基本组成和分类。

5. 简述扫描仪的工作过程。

6. 简述打印机的分类及其各自的工作原理。

7. 简述 DVD 刻录机的主要技术。

第 3 章 数据压缩技术

3.1 数据压缩技术概述

多媒体技术要想达到令人满意的视频画面质量和高保真的听觉效果,必须对视频和音频信息做到实时处理,而实时处理的首要问题便是如何解决多媒体计算机系统对庞大的视频和音频信息的存储、处理和传输问题。

数字化视频、音频信号的数据量非常大,直接进行处理会给计算机造成很大的负担。例如,假设录制音频信息的采样频率为 44.1kHz,量化精度为 16 位,声道为双声道立体声,则 1 秒钟立体声音乐的数据量为 $44.1\text{kHz}\times16\times2/8 = 176.4\text{KB}$。

视频信息的数据量更大。假设视频的一帧画面分辨率为 400×400,色彩深度为 24 位,则一帧画面的数据量为 $400\times400\times24/8\approx480\text{KB}$,如果 1 秒钟播放 15 帧画面,则每秒钟的数据量约为 7.2MB,如果该视频长度为 90 分钟,在没有压缩以前需要约 40GB 的存储空间。

由此可见,多媒体巨大的数据量必然会给计算机的处理速度和存储空间带来很大的压力,不能单纯地用扩大存储容量、增加通信干线传输速率的办法来解决,所以必须对它们进行压缩,通过数据压缩技术把信息数据量降下来。对压缩以后的数据再进行存储和传输,既节约了存储空间,又提高了数据传输效率。

研究结果表明,选用合适的数据压缩技术有可能将原始文字量数据压缩1/2;语音数据量压缩到原来的 $1/10\sim1/2$;图像数据量压缩到原来的 $1/60\sim1/2$。

数据压缩的过程实际就是对数据进行编码的过程。从 1948 年 Oliver 提出脉冲编码调制(PCM)编码理论以后开始,数据压缩技术的发展大致经历了两个阶段,1984 年以前为基础理论研究阶段,1985 年至今为实用化阶段。1977 年发明了 Lempel Ziv 压缩技术,这是一种查找冗余字符串并将该字符串用较短的符号标记替代的技术。Lempel 技术开创了数据压缩技术的先河,此外,哈夫曼对数据压缩也做出了卓越的贡献,他提出了将固定量的字符转换为可变量的压缩输出字符的数据压缩方法。

目前,数据压缩技术广泛应用于以下领域:

- 图像、视频和音频信号的压缩编码。
- 文件存储和分布式系统。
- 数据的安全和保密。

3.1.1 数据压缩的概念

数据压缩是一种数据处理方法,是将一个文件的数据容量减少,同时基本保持原有文件的信息内容。数据压缩的目的就是减少信息存储的空间,缩短信息传输的时间。当需要使用这些信息时可以通过解压缩将信息还原回来。

数据压缩一般由两个过程组成:一是编码过程,即将原始数据经过编码进行压缩,以便存储和传输;二是解码过程,即对编码数据进行解码,将其还原为可以使用的数据。

显然,压缩了的信息经解压缩后信息的内容能否完全还原或基本还原是压缩的基本要求。如果还原后与原来相比变得面目全非,这种压缩就失去了意义。

1. 数据压缩的种类

随着数字通信技术和计算机技术不断发展,数据压缩技术日趋完善,各种数据压缩算法不断涌现。目前常用的压缩编码形式可分为两大类:一类是无损压缩,也称冗余压缩法;另一类是有损压缩,也称熵压缩法。

1) 无损压缩

无损压缩是一种可逆压缩,即经过压缩后可以将原来的多媒体信息完全保留下来,解压缩后的数据与原始数据完全一致(无失真)。一般来说,文本文件和程序文件是不允许在压缩和解压缩过程中丢失任何信息的。无损压缩由于不会产生数据丢失,故常用于文本、数据的压缩,它能保证完全地恢复原始数据。但这种方法压缩比较低,一般在 2:1~5:1 之间。

2) 有损压缩

有损压缩是不可逆压缩,即数据经压缩后允许有一定的损失,并不能把原来的数据信息完全保留下来。例如,电视信号和广播信号从电视台和广播电台发出后经过远距离传播会有一定程度的损失,但并不会对看电视、听广播造成太大影响;电话里的声音通常会有较大的畸变,利用传真得到的资料也远没有原稿清晰,但并不影响使用。所以,这些信号可以采用有损压缩。有损压缩的依据是在原始信息中存在一些对用户来说不重要的、可以忽略的信息,这些信息允许有一定程度的数据丢失,故可用于图片、声音、动态视频图像等数据的压缩,其中动态视频图像数据的压缩比可达 100:1~200:1。

2. 数据压缩主要有 3 个技术指标

1) 压缩比

压缩比是指压缩前后的数据量之比。如果文件的大小为 2MB,经过压缩后文件的大小为 1MB,则压缩比为 2:1。显然,在同样的压缩效果下压缩比越大越好。

2) 压缩/解压缩速度

多媒体数据的压缩/解压缩是在一定压缩算法的基础上通过一系列数学运算实现的。压缩算法的好坏直接影响压缩和解压缩速度,因此实现压缩的算法要简单,压缩/解压缩速度要快,尽可能做到实时压缩/解压缩。

3) 数据恢复效果

数据经解压缩后要尽可能完全恢复原始数据,保证好的数据恢复效果。对于文本等文件,特别是程序文件,是不允许在压缩和解压缩过程中丢失信息的,因此需要采用无损压缩,不存在压缩后恢复质量的问题。对于图像、声音和视频影像,数据经过压缩后允许信息部分丢失。在这种情况下,信息经解压缩后不可能完全恢复,压缩/解压缩质量就不能不考虑。

好的恢复质量和高的压缩比是一对矛盾,高的压缩比是以牺牲好的恢复质量为代价的。无损压缩的压缩比通常较小,一般用于无损压缩的文件数据量较小。对于图像和声音,特别是视频影像,数据量特别大,希望压缩比也要尽量大。通常,压缩质量的评价采用的是主观评价。

4）通用性强

数据压缩的通用性有两层含义：

（1）所有同类型的文件应当采用一个通用的压缩方法，否则用 A 方法压缩的文件用 B 方法解压缩就解不出来，因此压缩方法的标准化十分重要。

（2）同一个压缩软件应当能提供多种压缩比和压缩质量的选择，以适应不同场合的需要。

3.1.2　数据冗余的基本概念及种类

人们研究发现，多媒体数据中存在大量的冗余。例如，我们经常使用的书籍为了排版和装饰的需要留有许多空白的地方，对书籍所要传达的信息而言这些空白处就是多余的，在技术上称为"冗余"。再如一幅图像，其大部分区域是蓝色的背景，当连续出现 1000 个蓝色像素时，原始信息要连续记录 1000 个"蓝色像素"；如果改用一个简单的词组"1000 个蓝色像素"来描述这 1000 个"蓝色像素"，则信息量会大大减少。

数据压缩技术就是研究如何利用原始信息中存在的大量冗余信息来减少数据量的方法，通过去除那些冗余数据可以使原始数据极大地减少。这些冗余信息具有相关性是数据可以压缩的重要原因，利用信息相关性就可以进行数据压缩。

数据冗余大致可以分为以下几种。

1. 空间冗余

规则物体和规则背景的表面物理特性都具有相关性，数字化后表现为"空间冗余"。例如一幅图像记录了可见景物的颜色。同一景物表面上各采样点的颜色之间往往存在着空间连贯性，可利用空间连贯性达到减少数据量的目的。某图片的画面中有一个规则物体，其表面颜色均匀，各部分的亮度、饱和度相近，因此数据有很大的空间冗余。把该图片做数字化处理，生成点阵图后，很大数量的相邻像素的数据是完全一样或十分接近的。完全一样的数据当然可以压缩，而十分接近的数据也可以压缩，因为恢复后人眼也分辨不出它与原来有什么区别。图像的冗余信息会产生生理视觉上的多余度，去掉这部分图像数据并不影响视觉上的图像质量，甚至对图像的细节也无多大影响，这说明数据具有可压缩性。正因为如此，可以在允许保真度的范围内压缩图像数据，以大大节省存储空间，同时在图像传输时也会大大减少信道的负荷。

2. 时间冗余

序列图像（如电视图像和运动图像）和语音数据的前后有着很强的相关性，例如运动图像一般为一段时间轴区间内的一组连续画面，其中的相邻帧往往包含相同的背景和移动物体。在播出该序列图像时，时间发生了推移，只不过移动物体所在的空间位置略有不同，变化的只是其中的某些地方，所以后一帧的数据与前一帧的数据有许多共同的地方，这种共同性是由于相邻帧记录了相邻时刻的同一场景画面，这就形成了时间冗余。同理，语音数据中也存在着时间冗余。

例如有一个表现小车在路上行驶的序列图像，播出时每秒钟显示 25 帧，则在连续的若干帧画面上路标、田野及远山等背景均几乎无变化，可见前后帧有很大的相关性。在连续的若干帧内，每帧画面与时间有关，时间推延了，但背景基本上无坐标和结构的变化，小车与时间相关,但小车本身的外形无结构变化,只是处于图像中的坐标有变化。所以,只需完整地传输第一帧图像,在以后的若干帧中,其描述路标、背景和小车外形结构的数据均为冗余,只需传输小车的运动矢量即可。

空间冗余和时间冗余是把图像信号看作概率信号时所反映出的统计特性,因此,这两种冗余也被称为"统计冗余"。

3. 视觉冗余

人类的视觉系统在观看图像时是非均匀和非线性的,但是在记录原始的图像数据时人们通常又习惯于假定视觉系统近似为线性的和均匀的,即对视觉敏感和不敏感的部分同等对待。事实上,视觉系统并不是对图像的任何细微变化都能感知,这些图像的局部细节变化可能并不会被视觉系统所察觉,这些图像的局部细节变化对于人类的视觉系统来说完全是多余的,我们完全可以忽略这些变化,即把图像中对视觉不敏感的部分去掉,并且去掉这些细节之后我们仍认为图像是完好的,这样的冗余称为视觉冗余。

以常见的位图图像存储格式为例,在这种形式的图像数据中,像素与像素之间无论在行方向还是在列方向上都具有很大的相关性,因而整体上数据的冗余度很大,在允许一定限度失真的前提下能够对图像数据进行很大程度的压缩。这里所说的失真一般都在人眼允许的误差范围内,压缩前后的图像如果不做细致的对比是很难察觉出两者之间的差别的。

此外还有结构冗余、编码冗余等。随着对人类视觉系统和图像模型的进一步研究,人们会发现更多的冗余,使图像数据压缩编码的可能性越来越大,从而推动了图像压缩技术的发展。

3.1.3 典型压缩算法

1. 行程编码法

行程编码法是一种直观、通用的图像压缩技术。它的基本思想是把表征图像的每个像素的数据(如亮度和颜色等)按照图像的像素位置从左到右、从上到下排列成一个一维数据序列,然后按这一序列顺序编码。每当遇到相同数据时就用该数据及其重复的次数来代替原有数据。例如,字符串"AAABCDDDDDDDDBBBBB"可以压缩为"3ABC8D5B",数据由18 个字符变成了 8 个字符。再比如图像中有 500 个连续的像素,像素颜色值为 01,就可以压缩为"500 个 01"。

这种压缩方法对背景变化不大的图像文件能获得较高的压缩比,简单、直观,压缩/解压缩速度快,因此常用于计算机绘制的图像,许多图形和视频文件(如 BMP、TIFF 及 AVI 等格式文件)的压缩均采用此方法。

2. 哈夫曼编码

赫夫曼(Huffman)编码是一种对统计独立信源能达到最小平均码长的编码方法。其原理是先统计数据中各字符出现的概率,再按字符出现频率高低的顺序分别赋以由短到长的代码,对于出现频率高的信息,编码的长度较短,而对于出现频率低的信息,编码的长度较长,从而保证了文件的整体的大部分字符是由较短的编码构成的。

3. 四叉树编码

四叉树编码属于位映射图像的压缩技术,如果图像中包括大块的亮度及颜色值相同的区域,可采用这种方法。它的基本思想是先将整个图像划分为 4 个象限,对于象限中像素数值(亮度和颜色值)不相同的象限再进一步细分区域,直到每一个区域像素的数值都一样为止,这样将产生一个树状结构,树的每一个端点标出相应区域的像素数值。

4. 算术编码

算术编码是将被编码的信源消息表示成实数轴 0~1 之间的一个间隔,消息越长,编码表示它的间隔就越小,表示这一间隔所需的二进制位数就越多。信源中的连续符号根据某一模式生成概率的大小来缩小间隔,可能出现的符号要比不太可能出现的符号缩小范围少,只增加了较少的比特。该方法实现较为复杂,常与其他有损压缩结合使用,并在图像数据压缩标准(如 JPEG)中扮演重要的角色。

5. LZW 编码

LZW 压缩使用字典库查找方案。它读入待压缩的数据,并与一个字典库(库开始是空的)中的字符串对比,如有匹配的字符串,则输出该字符串数据在字典库中的位置索引,否则将该字符串插入字典中。

LZW 压缩法兼有效率高、实现简单的优点,许多商品压缩软件(如 ARJ、PKZIR、ZOO、LHA 等)采用了该方法。另外,GIF 和 TIF 格式的图形文件也是按这一编码存储的。

此外,常用的压缩算法还有 PCM(脉冲编码调制)、预测编码、变换编码、插值与外推等。新一代的数据压缩方法,如矢量量化和子带编码,基于模型的压缩、分形压缩及小波变换等已经接近实用水平。

3.2　静态图像压缩标准

静态图像压缩技术主要是对空间信息进行压缩,具有广泛的应用。新闻图片、生活图片、文献资料等都是静态图像,静态图像也是运动图像的重要组成部分。因此,非常需要一种标准的图像压缩算法,使不同厂家的系统设备可以相互操作,使各个应用之间的图像交换更加容易。

国际标准化组织(ISO)和国际电报电话咨询委员会(CCITT)联合成立的"联合照片专家组"JPEG(Joint Photographic Experts Group)负责制定静态的数字图像数据压缩编码标准。该专家组于 1991 年提出了"多灰度静止图像的数字压缩编码"(简称 JPEG 标准),并且成为国际上通用的标准。这是一个适用于彩色和单色多灰度或连续色调静止数字图像的压缩标准,既可用于灰度图像又可用于彩色图像,可支持很高的图像分辨率和量化精度,具有较高的压缩比(一张 1000KB 的 BMP 图片压缩成 JPEG 格式后可能只有 20~30KB),在压缩过程中的失真程度很小,是一个适用范围很广的静态图像数据压缩标准。

JPEG 标准包含两种基本的压缩算法:第一部分是无损压缩,基于差分脉冲编码调制(DPCM)的预测编码,不失真,但压缩比很小;第二部分是有损压缩,基于离散余弦变换(DCT)和 Huffman 编码,有失真,但压缩比大。使用有损压缩算法时,在压缩比为 25∶1 的情况下,缩后还原得到的图像与原始图像相比较人眼基本上看不出失真,非图像专家很难找出它们之间的区别,因此得到了广泛的应用。例如,在 VCD 和 DVD-Video 电视图像压缩技术中就使用了 JPEG 的有损压缩算法来取消空间方向上的冗余数据。

JPEG 压缩是有损压缩,它利用了人的视角系统的特性,使用量化和无损压缩编码相结合来去掉视角的冗余信息和数据本身的冗余信息。JPEG 算法框图如图 3-1 所示。

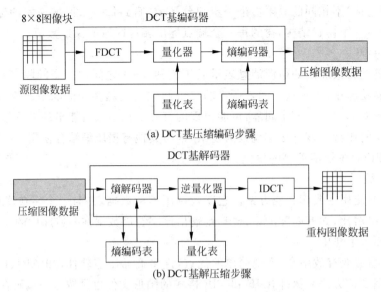

图 3-1　JPEG 压缩/解压缩算法示意框图

JPEG 压缩编码算法的主要计算步骤如下:

(1) 使用正向离散余弦变换(FDCT)把空间域表示的图变换成频率域表示的图。

(2) 使用加权函数对 DCT 系数进行量化,这个加权函数对于人的视觉系统是最佳的。根据人眼对低频分量敏感、对高频分量不太敏感的生理特点,对 DCT 变换后系数的低频分量采用较细量化、高频分量采用较粗量化,这样会使大多数高频分量的系数为零。

(3) Z 字形编码:读出数据时按 Z 字的形态读出。由于经 DCT 变换以后系数大多数集中于左上角,即低频分量区,因此 Z 字形读出是按二维频率的高低顺序读出系数的,这就为行程长度编码创造了条件。

(4) 使用差分脉冲编码调制(DPCM)对直流系数(DC)进行编码。

(5) 使用行程长度编码(RLE)对交流系数(AC)进行编码。

(6) 熵编码。

解压缩或者叫译码的过程与压缩编码过程正好相反。

目前,为了在保证图像质量的前提下进一步提高压缩比,JPEG 专家组已经制定了新的静态图像压缩标准 JPEG 2000,这个标准中将采用小波变换算法。

3.3　运动图像压缩标准

对于动态图像来说,除对空间信息进行压缩外,还要对时间信息进行压缩。运动图像压缩的一个重要标准是于 1990 年形成的 MPEG(Moving Picture Experts Group)标准,它兼顾了 JPEG 标准和 CCITT 专家组的 H.261 标准。

3.3.1　MPEG-1 标准

MPEG 是于 1988 年成立的一个专家组,该专家组在 1991 年制定了一个 MPEG-1 国际标准,其标准名称为"动态图像和伴音的编码——用于速率小于1.5Mb/s的数字存储媒体"，这里的数字存储媒体一般指 CD-ROM、硬盘和可擦写光盘等数字存储设备。CD-ROM 驱动器的数据传输率不会低于 150Kb/s（单倍速），而容量不会低于 650MB，MPEG-1 算法就是针对这个速率开发的。MPEG-1 标准是为了适应在数字存储媒体上有效地存取视频图像而制定的标准，是针对传输速率为 1Mb/s～1.5Mb/s 的普通质量电视信号的压缩，最大压缩比可约达 200∶1，其目标是要把目前的广播视频信号压缩到能够记录在 CD 光盘上，并能够用单速的光盘驱动器来播放。

MPEG-1 标准提供每秒 30 帧（352×240 分辨率）的图像，当使用合适的压缩技术时具有接近家用视频制式（VHS）录像带的质量和高保真立体伴音效果。MPEG-1 允许超过 70 分钟的高质量的视频和音频存储在一张 CD-ROM 盘上。VCD 采用的就是 MPEG-1 的压缩标准，该标准是一个面向家庭电视质量级的视频、音频压缩标准。由 MPEG 压缩产生的文件称 MPEG 文件，它以 .mpg 为文件扩展名。

MPEG-1 标准采用有损和不对称的压缩编码算法，基本方法是在单位时间内采集并保存第一帧信息，然后只存储其余帧相对第一帧发生变化的部分，以达到压缩的目的。MPEG 标准可实现帧之间的压缩，压缩率比较高，而且有统一的格式，兼容性好。压缩后的数据率为 1.2Mb/s～1.5Mb/s，因此可以实时播放存储在光盘上的数字视频图像。该标准详细地说明了视频图像的压缩/解压缩方法以及播放 MPEG 数据所需的图像与声音的同步。

MPEG-1 标准包括 3 个部分，即 MPEG 视频、MPEG 音频和 MPEG 系统。

3.3.2 MPEG-2 标准

1993 年制定的 MPEG-2 标准主要针对高清晰度电视（HDTV）的需要，提供每秒 30 帧（704×480 分辨率）的图像，是 MPEG-1 播放速度的 4 倍。MPEG-2 标准的传输速率为 10Mb/s，与 MPEG-1 兼容，适用于 1.5Mb/s～60Mb/s 甚至更高的编码范围，广泛应用于数字电视及数字声音广播、数字图像与声音信号的传输等领域。在扩展模式下，MPEG-2 可以对分辨率达 1440×1152 的高清晰电视（HDTV）的信号进行压缩。

MPEG-2 标准主要分成 MPEG 视频、MPEG 音频、MPEG 系统和一致性测试 4 个部分。MPEG 视频部分说明了视频数据的编码表示和重建图像所需的解码处理过程，是面向位速率为 1.5Mb/s 的视频信号的压缩；MPEG 音频部分说明了音频数据的编码表示，是面向通道速率为 64Kb/s、128Kb/s 和 192Kb/s 的数字音频信号的压缩；MPEG 系统部分说明了 MPEG-2 标准的系统编码层，定义了音频和视频数据的复合结构和实时同步的方法；一致性测试部分说明了检测编码比特流特性的过程以及测试与上述 3 个部分所要求的一致性。

MPEG-2 算法除了对单幅图像进行编码外（帧内编码），还利用图像序列的相关特性去除帧间图像冗余，大大提高了视频图像的压缩比。在保持较高的图像视觉效果的前提下压缩比可达到 60～100 倍。

3.3.3 其他 MPEG 标准

随着网络和通信技术的迅猛发展、交互式电视的逐步应用和视频/音频数据综合服务业务的不断扩大，对多媒体数据压缩编码的要求越来越高，其中有很多要求 MPEG-1 和 MPEG-2 难以满足，因此相继产生了 MPEG-4、MPEG-7 和 MPEG-21 标准。

数据压缩技术

MPEG-4 标准于 1999 年 5 月形成国际标准,是一种基于对象的可视化音频/视频编码标准,用于传输速率低于 64Mb/s 的实时图像传输,它不仅可覆盖低频带,也向高频带发展。较之前两个标准而言,MPEG-4 为多媒体数据压缩提供了一个更为广阔的平台。它更多定义的是一种格式、一种架构,而不是具体的算法。它可以将各种各样的多媒体技术充分用进来,包括压缩本身的一些工具、算法,也包括图像合成、语音合成等技术。MPEG-4 更加注重多媒体系统的交互性和灵活性,通过语音与图像的合成,利用人工智能技术以最少量的数据、极低的音频/视频压缩率来显示精确的画面。

MPEG-7 于 2000 年 6 月提出,2000 年 11 月成为正式的国际标准。它不是信息的压缩编码技术,而是一种多媒体内容描述标准,它为各种类型的多媒体信息规定了一种标准化的描述,定义了描述符、描述语言和描述方案,便于对多媒体等内容进行处理。该标准可应用于数字图书馆、多媒体目录业务、广播媒体的选择以及多媒体编辑(个性化新闻)等领域。

MPEG-21 标准的正式名称是多媒体框架,其制定工作于 2000 年 6 月开始,在 2001 年 12 月完成。MPEG-21 将创建一个开放的多媒体传输和消费的框架,通过将不同的协议、标准和技术结合在一起,使用户可以通过现有的各种网络和设备透明地使用网络上的多媒体资源。MPEG-21 中的用户可以是任何个人、团体、组织、公司、政府和其他主体,在 MPEG-21 中,用户在数字项的使用上拥有自己的权力,包括用户出版/发行内容的保护、用户的使用权和用户隐私权等。

3.4　视频通信编码标准

多媒体通信中的电视图像编码标准都采用 H.261 和 H.263。

H.261 标准主要支持基于 ISDN 电话线的视频会议、可视电话等,该标准由国际电报电话咨询委员会(CCITT)于 1988～1990 年间制定,并于 1992 年开始应用于综合业务数字网络(ISDN)。

1984 年国际电报电话咨询委员会的第 15 研究组成立了一个专家组,专门研究电视电话的编码问题,所用的电话网络为综合业务数据网络 ISDN。ISDN 的基本速率为 64Kb/s,可以使用多路复用($P×64$Kb/s)。当时的研究目标是推荐一个图像编码标准,其传输速率为 $m×384$Kb/s(其中 $m=1～5$),384Kb/s 在综合业务数据网络 ISDN 中称为 Ho 通道。另有基本通道 B 的速率为 64Kb/s($6×B=384$Kb/s)。$5×Ho=30×B=1920$Kb/s 为窄带 ISDN 的最高速率。后来因为 384Kb/s 速率作为起始点偏高,广泛性受限制,另外跨度也太大,灵活性受影响,所以改为 $P×64$Kb/s(其中 $P=1～30$)。最后又把 P 扩展到 32,因为 $32×64$Kb/s$=2084$Kb/s,其中 $2084=2^{11}$,基本上等于 2Mb/s,实际上已超过了窄带 ISDN 的最高速率 1920Kb/s,最高速率也称通道容量。

因此,电视图像数据压缩后的数据速率为 $P×64$Kb/s,其中 P 是一个可变参数,取值范围是 1～30,故 H.261 建议的最低传输率是 64Kb/s。

经过 5 年以上的精心研究和努力,终于在 1990 年 12 月完成和批准了 CCITT 推荐书 H.261,即"采用 $P×64$Kb/s 的声像业务的图像编解码",简称 $P×64$ 标准。

H.261 标准有两种帧编码类型,即帧内编码(I-frames)和帧间编码(P-frames)。帧内编码的 I-frames 主要使用基于 DCT 的有损压缩技术,帧间编码的 P-frames 使用与前一帧(预测帧)的差值进行编码,因此当前帧依赖于前一帧,I-frame可以作为随机读取点。H.261标准的压缩技术可使用硬件或软件来执行。

由于H.261标准是用于电视电话和电视会议,所以推荐的图像编码算法必须是实时处理的,并且要求最小的延迟时间,因为图像必须和语音密切配合,否则必须延迟语音时间。当P取1或2时,速率只能达到128Kb/s,由于速率较低只能传清晰度不太高的图像,所以适合于面对面的电视电话。当$P>6$时,速率>384Kb/s则速率较高,可以传输清晰度尚好的图像,所以适用于电视会议。

H.263是在H.261的基础上开发的电视图像编码标准,适用于低速率通信的电视图像编码,目标是改善在调制解调器上传输的图像质量,并增加了对电视图像格式的支持。

H.263使用户可以扩展带宽利用率,可以用低达128Kb/s的速率实现全运动视频(每秒30帧)。H.263以其灵活性以及节省带宽和存储空间的特性,成本低。H.263是为以低达20Kb/s到24Kb/s带宽传送视频流而开发的,基于H.261编解码器来实现。但是,原则上它只需要一半的带宽就可取得与H.261同样的视频质量。

H.263已经基本上取代了H.261。由于其能够以低带宽传送高质量视频而变得流行的过程中,这项标准扩展和升级了9次。IT管理员可以方便地将它安装到他们的数据网络中,无须增加带宽和存储费用,或中断已经运行在网络上的其他关键语音和数据应用。

H.263算法还可以为开发人员所二次开发,以产生更好的结果和更佳的压缩方案,这反过来为最终用户在选择最适合他们业务应用的H.263实现中提供了更多的选择。

3.5 习   题

一、单选题

1. 选用合适的数据压缩技术有可能将原始文字量数据压缩(   )左右。
   A. 1/20   B. 1/10   C. 1/30   D. 1/2
2. 选用合适的数据压缩技术有可能将语音数据量压缩到原来的(   )。
   A. 1/10~1/2   B. 1/30~1/20   C. 1/50~1/40   D. 1/40~1/30
3. 选用合适的数据压缩技术有可能将图像数据量压缩到原来的(   )。
   A. 1/100~1/20   B. 1/60~1/2   C. 1/120~1/30   D. 1/90~1/40
4. 数据压缩包括两个过程,分别是编码过程和(   )。
   A. 编译过程   B. 解码过程   C. 运算过程   D. 存储过程
5. 下列不属于数据冗余范畴的是(   )。
   A. 空间冗余   B. 结构冗余   C. 视觉冗余   D. 颜色冗余
6. 静止图像压缩标准的英文简称为(   )。
   A. MPEG   B. H.263   C. JPEG   D. GIF
7. 运动图像压缩标准的英文简称为(   )。
   A. MPEG   B. H.263   C. JPEG   D. GIF
8. 以下不属于MPEG-1标准组成部分的是(   )。
   A. MPEG视频   B. MPEG系统   C. MPEG音频   D. MPEG测试

二、简答题

1. 简述数据压缩技术的应用领域。
2. 简述衡量数据压缩的技术指标。
3. 简述多媒体数据能够进行压缩的原因。
4. 简述行程编码的工作原理。
5. 简述哈夫曼编码的工作原理。

第4章　音频数据处理技术

4.1　音频数据处理概述

4.1.1　音频数据处理的基本概念

在外力的作用下引起空气中的分子振动，人耳对这种振动的感觉就是声音。声音可以用声波来表示，它是一条随时间变化的连续曲线。

声波有两个基本属性，即频率和振幅。频率(f)是指声波波形在单位时间内变化的次数，以赫兹(Hz)为单位。频率低于 20Hz 的声音称为次声；频率在 20～20 000Hz 的声音称为可听声，又称音频；频率在 20 000Hz 以上的称为超声。平时人们说话的声音频率范围在 300～3000Hz 之间。振幅是指声波波形的最高(低)点与时间轴之间的距离，它反映了声音信号的强弱程度，一般用分贝(dB)来表示声波的振幅。

声音一般由多种振动频率的声波组成。只含一种频率的声音称为纯音；由多种纯音组成的声音称为复音。在复音中具有最低频率的声音称为基音；基音以外的纯音称为泛音。音调、音强、音色是声音的三要素。

音调与频率有关；音强与振幅有关；音色与混入基音的泛音有关。计算机中的音频信号主要有 3 种，即语音、音乐和效果音。

声音信号是时间和幅度上都连续的模拟信号，而计算机只认识 0 和 1，或者说计算机只能处理一个个数据，尽管数据量可以是巨大的。所以，计算机处理声音的第一步就是音频数字化，即将模拟信号转换成数字信号。

1. 音频的数字化

数字化就是将连续信号转换成离散信号。对音频信号来说，按一定的时间间隔(T)在模拟信号上截取一个振幅值得到离散信号的过程称为采样(Sampling)，在幅度上离散，将在有限个时间点上取到的幅度值限制到有限个值上的过程称为量化(Quantization)，将量化得到的数据表示成能被计算机识别的格式的过程称为编码(Coding)。

PCM(Pulse Code Modulation)即脉冲编码调制，它是一种把模拟信号转换成数字信号的最基本的编码方法，主要包括采样、量化和编码 3 个过程。采样是每隔一定的时间测量一次声音信号的幅值，把时间连续的模拟信号转换成时间离散、幅度连续的采样信号。如果采样的时间间隔相等，这样的采样称为均匀采样(Uniform Sampling)，如图 4-1 所示；量化是按"四舍五入"或其他方法将采样得到的数值限定在几个有限的数值中，将采样信号转换成时间离散、幅度离散的数字信号，如图 4-2 所示；编码是将量化后的信号转换成一个二进制码组输出,如图 4-3 所示。例如,量化得到的数据中只会出现两个数值 55 和 83,则只用一位二进制的数表示即可,用 0 表示 55,用 1 表示 83。若量化级别为 256(有 256 级量化数据),则可用 8 位二进制数表示,这种编码方法称为自然编码。

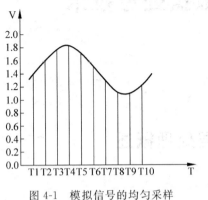

图 4-1 模拟信号的均匀采样

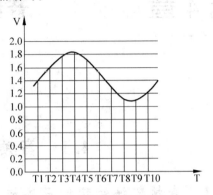

图 4-2 离散信号的量化

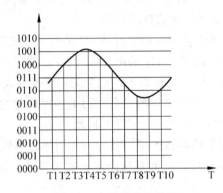

图 4-3 离散信号的编码

2. 数字音频的技术指标

1) 采样频率

采样频率是指每秒钟的音频采样次数,单位是 Hz(赫兹)。采样频率越高,数字化后的音频越接近原始声,但需要的存储空间越大。

根据奈奎斯特(Nyquist)采样定理,用两倍于一个正弦波的频率进行采样就能完全真实地还原该波形。也就是说采样频率一定要高于录制的最高频率的两倍才会产生失真,而人的听力范围是 20Hz~20kHz,所以采样频率至少要是 20kHz×2=40kHz,以保证不产生低频失真,这也是 CD 音质采用 44.1kHz(稍高于 40kHz 是为了留有余地)的原因。

一个数码录音波的采样频率直接关系到它的最高还原频率指标。常见的采样频率有 11.025kHz,适用于语音信号;22.05kHz,适用于要求不太严格的背景音乐;44.1kHz,适用于高保真音乐。目前,声卡的采样频率一般可以达到 96kHz,甚至是 192kHz。

2) 量化位数

对于每个采样,系统均会分配一定的存储位来存储采样点的声波振幅的数值,通常把采样数值所使用的二进制位数称为量化位数,也叫采样精度。量化位数越多,表示的数值范围越大,数字化后波形振幅的精度越高,音频的效果越好。作为多媒体计算机的一个关键部件的声卡,衡量其档次高低的主要参数就是量化位数。

每增加一个 bit 数,表达声波振幅的状态数就翻一番,并且增加 6dB 的动态范围(即音频从最弱到最强的变化范围)。以此类推,如果继续增加 bit 数则采样精度将以非常快的速度提高,可以计算出 16bit 能够表达 65 536 种状态,对应 96dB 的动态范围,而 24bit 可以表达多达 16 777 216 种状态,对应 144dB 的动态范围。由此可见,量化位数越高,声波的还原越细腻,当然需要的存储空间也就越多;位数越少,声音的质量越低,需要的存储空间越少。目前,主流声卡的量化位数是 24。

3)声道数

单声道(Mono)信号一次产生一组声波数据。如果一次产生两组声波数据,则称其为双声道或立体声(Stereo)。双声道在硬件中占两条线路,一条是左声道,另一条是右声道。立体声不仅音质、音色好,而且能产生逼真的空间感,但立体声数字化后所占的空间比单声道多一倍。

除采样频率、量化位数、声道数影响数字音频的质量外,音频录制的环境噪声、声卡内部噪声以及采样数据丢失等都会造成数字音频质量的下降。

3. 数字音频文件的数据量

对于未压缩的单声道音频文件,数字化后,文件数据量的计算公式为:

$$S = \frac{1}{8} fDrC$$

其中,S 为音频文件数据量,单位是字节;f 为采样频率,单位是 Hz;D 为录音时间,单位是秒;r 为量化位数;C 为声道数。

例如录制 5 分钟采样频率为 44.1kHz 的 16bit 立体声音频,所生成的音频文件的长度为:

$$S = \frac{1}{8} \times 44\,100 \times 300 \times 16 \times 2 \approx 50.5 (\text{MB})$$

4. 数字音频文件格式

音频文件可以用不同的格式存储在计算机中,常见的音频文件格式如下:

1)WAV 文件

WAV 文件又称为波形文件,它是 Windows 使用的标准数字音频文件,是由模拟音频信号进行数字化后所得到原始数字音频文件。WAV 文件需要的存储容量很大,故在实际应用中往往要对其进行压缩处理。WAV 文件的扩展名是.wav。

2)MIDI 文件

乐器数字化接口(Musical Instrument Digital Interface,MIDI)是由世界上主要电子乐器制造厂商建立起来的一个通信标准,以规定计算机音乐程序电子合成器和其他电子设备之间交换信息与控制信号的方法。MIDI 文件中包含多达 16 个通道的乐器定义、定时、键号、按键持续时间、按键力度以及音量等乐曲符号的描述信息。由于 MIDI 信息记录的不是波形数据而是一系列描述指令,因此,对于同一段音频的记录,MIDI 文件要比 WAV 文件的数据量小很多,如 1 分钟的立体声音乐,其 MIDI 文件的数据量仅 7KB 左右。MIDI 文件是目前最成熟的音乐格式,除交响乐 CD、Unplug CD 外,其他 CD 往往都是利用 MIDI 制作出来的,在众多 MIDI 标准中 General MIDI 是最常见的通行标准。MIDI 文件的扩展名是.mid。

3) MPEG Layer 3 文件

MPEG Layer 3 文件是现在最流行的音频文件格式,它是经过压缩的音频文件。MP3 格式压缩音乐的典型比例有 10∶1、17∶1,甚至 70∶1。也就是说,一首几十兆的波形文件压缩后的大小可以只有几兆。该文件的扩展名为.mp3。

4) Windows Media Audio 文件

Microsoft 公司的 Windows Media Audio 是另一种压缩的音频文件,音质要强于 MP3 格式,更远胜于 RA 格式,它以减少数据流量但保持音质的方法来达到比 MP3 压缩率更高的目的,WMA 的压缩率一般都可以达到 18∶1 左右,WMA 的另一个优点是内容提供商可以通过 DRM(Digital Rights Management)方案(如 Windows Media Rights Manager 7)加入防复制保护,这种内置了版权保护的技术可以限制播放时间和播放次数甚至于播放的机器等,这对被盗版搅得焦头烂额的音乐公司来说是一个福音。另外,WMA 还支持音频流技术,适合在网络上在线播放。该文件的扩展名为.wma。

5) CD Audio 文件

CD Audio 文件是唱片采用的格式,又叫"红皮书"格式,是以 16 位数字化、44.1kHz 采样频率、立体声存储的音频文件,可完全再现原始声音。一般情况下,每张 CD 唱片保存歌曲 14 首左右,可播放约 70 分钟,缺点是无法编辑、文件长度太大。该文件的扩展名为".cda"。

6) Real Audio 文件

Real Audio 文件可谓是网络音乐的灵魂,强大的压缩量和极小的失真使其在众多音频文件格式中脱颖而出。和 MP3 相同,它也是为了解决网络传输带宽资源而设计的,因此主要目标是较高压缩比和较好的容错性,其次才是音质。该文件的扩展名有.ra(Real Audio)、.rm(Real Media、Real Audio G2)、.rmx(Real Audio Secured)等。

7) AIFF 文件

AIFF 文件是由苹果公司开发的音频文件格式,可通过增加驱动程序而支持各种各样的编码技术,一般限于苹果电脑平台使用。该文件的扩展名为.aif。

4.1.2 音频数据处理软件简介

1. 音频编辑软件的基本功能

一个完整的数字化声音处理软件应包括以下功能。

(1) 数字化声音的录制:应能选择不同的录音参数,包括多种采样频率、多种采样精度、录音声道数以及它们的不同组合。

(2) 数字化声音的编辑和回放:对录制或通过打开声音文件得到的数字化声音数据进行播放和选块、复制、删除、粘贴、声音混合粘贴等多种编辑。

(3) 数字化声音的参数修改:包括采样频率的修改和格式转换。

(4) 效果处理:包括逆向播放、增减回声、增减音量、增减速度、声音的淡入/淡出、交换左右声道等。

(5) 图形化的工作界面:应能按比例把实际的声音波形显示成图形,在做了修改后应能实时显示其变化。

(6) 能以 WAVE 格式存储数字化声音数据。

2. Adobe Audition 软件简介

Adobe Audition 是 Adobe 公司开发的数字音频处理软件。Audition 的前身是美国 Syntrillium 公司开发的 Cool Edit Pro 软件,2003 年 Adobe 公司购买了 Syntrillium 公司的 Cool Edit Pro 软件。Audition 是一个非常出色的数字音乐编辑器和 MP3 制作软件。许多用户把 Audition 形容为音频"绘画"程序,通过它用户可以改变音调、降低噪音等,而且它还提供有多种特效为音频作品增色,例如放大、降低噪音、压缩、扩展、回声、失真、延迟等。在 Audition 软件环境下,用户可以同时处理多个文件,轻松地在几个文件中进行剪切、粘贴、合并、重叠声音操作。Audition 可以生成的声音有噪音、低音、静音、电话信号等。此外,该软件还包含有 CD 播放器。目前,Adobe Audition 软件主要有 1.5、2.0、3.0 几个版本,本章将以 Adobe Audition 3.0 为例介绍数字音频处理软件的基本操作。

3. GoldWave 软件简介

GoldWave 是 Chris Craig 先生于 1997 年开始开发的数字音频处理软件,具有录音、编辑、特效处理和文件格式转换等功能。GoldWave 是标准的绿色软件,不需要安装且体积小巧(压缩后只有 0.7MB),将压缩包的几个文件释放到硬盘下的任意目录里,直接单击 GoldWave.exe 就开始运行了。

4. Sound Forge 软件简介

Sound Forge 软件是著名的 Sonic Foundry 公司开发的一款功能极其强大的专业化数字音频处理软件。它能够非常方便、直观地实现对音频文件(WAV 文件)以及视频文件(AVI 文件)中的声音部分进行各种处理,满足从最普通用户到最专业的录音师的所有用户的各种要求,因此一直是多媒体开发人员首选的音频处理软件之一。需要注意的是,Sound Forge 是一个声音文件处理软件,它只能对单个的声音文件进行编辑,而不具备多轨处理能力。

5. WaveLab 软件简介

WaveLab 软件是德国的 Steinberg 公司开发的。WaveLab 具有处理速度快,能够进行实时效果处理,能够进行简单的多轨混音等优点。WaveLab 的效果实时处理是它的一大特色,它有一个主通道调音台,可以实时调节音量以及加各种效果。相对于其他软件,WaveLab 更多地应用于专业音乐制作领域。

4.2　Adobe Audition 基本操作

4.2.1　Adobe Audition 工作界面

Adobe Audition 提供了两种编辑方式,即单轨编辑和多轨编辑。单轨编辑模式用来对单个声音文件进行编辑和效果处理,多轨编辑模式主要用来合成多个声音文件。在单轨编辑模式中,声音文件以波形方式显示在编辑窗口的轨道中,软件的各种功能可以通过菜单命令实现,工具按钮提供执行命令的快捷方式,状态栏提供文件属性和编辑状态参数显示。

由于目的不同,多轨编辑模式和单轨编辑模式的菜单栏和工具栏也有所不同。编辑模式可以通过工具栏最左边的模式按钮随时切换。本章将以单轨编辑模式介绍 Adobe Audition 的操作方法。

1. Adobe Audition 界面简介

Adobe Audition 应用程序界面与 Windows 其他应用程序界面类似,主要由菜单栏、工具栏、状态栏、编辑区等组成，如图 4-4 所示。

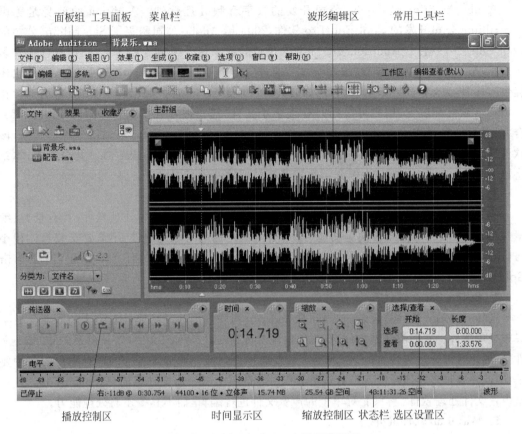

图 4-4 Adobe Audition 应用程序界面

1）波形编辑区

在波形编辑区中可以显示声音文件的波形，立体声音频显示两个波形，单声道的音频只显示一个波形。此外，利用菜单或面板组中的命令可以对波形编辑区的音频数据进行数字化编辑。

2）缩放控制区

在缩放控制区中可以对波形进行任意缩放，以便观察。水平缩放区的按钮用于时间轴上波形的缩放显示，当放大或缩小显示时，绿色显示范围将变大或变小。垂直缩放区的按钮用于垂直振幅轴上波形的缩放显示。

3）选区设置区

在选区设置区中可以确定指针所在的起始位置、音频文件的时长、当前选择数据范围长度、设置精确选区等。

4）播放控制区

在播放控制区中可以控制音频数据的录制、播放等操作。

2. Adobe Audition 的菜单结构

Adobe Audition 菜单包括 File、Edit、View、Transform、Generate、Analyze、Options 等菜单项。

1）文件(File)菜单

其主要包括 Adobe Audition 的文档操作命令,如建立、打开、存储文档、保存被选择的片段等。

2）编辑(Edit)菜单

其提供基本的音频编辑命令,如剪切、粘贴、混合粘贴(插入、合并、重叠声音)、删除、全选、自动静音检测和自动节拍查找等命令。

3）视图(View)菜单

其打开和关闭各种工具栏按钮、设置窗口显示格式、查看音频属性,包含用于改变显示的有关命令。

4）效果(Effects)菜单

其提供多种音频特效改变命令,如改变音量、静音、反转、降低噪音、延迟效果、失真处理、调整音调等。

5）生成(Generate)菜单

其提供生成噪音、低音、静音、电话信号等声音的命令。

6）收藏(Favorites)菜单

用户常用的效果命令列表。

7）选项(Options)菜单

其用于相关参数的设置。

8）窗口(Window)菜单

其用于显示或隐藏工具面板、切换文件等设置。

4.2.2 Adobe Audition 基础操作

1. 切换编辑模式

安装 Adobe Audition 程序后,首次启动 Adobe Audition 窗口采用多轨编辑模式。在图 4-4 所示的工具面板中, 为单轨模式按钮, 为多轨模式按钮,可以通过单击工具面板上的模式按钮切换编辑模式。

2. 新建文件

在 Adobe Audition 中选择的编辑模式不同,新建文件的参数设置也不同,其操作过程如下:

(1) 在工具面板中单击 按钮,选择单轨编辑模式。

(2) 打开【文件】菜单,选择【新建】命令,出现【新建波形】对话框,如图 4-5 所示。

图 4-5 【新建波形】对话框

音频数据处理技术

（3）在【新建波形】对话框中设置采样率、声道、采样精度等参数。

（4）单击【确定】按钮完成操作。

3. 打开文件

（1）打开【文件】菜单，选择【打开】命令，出现【打开】对话框，如图 4-6 所示。

（2）在【打开】对话框中选择要打开的音频文件。

（3）单击【打开】按钮完成操作。

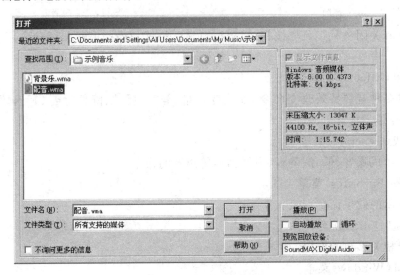

图 4-6 【打开】对话框

  📖 在【打开】对话框中选中 □ 自动播放 复选框，可以对选中的音频文件自动播放，以便在打开前试听。

4. 录制音频

在进行音频录制之前，需要将麦克风的插头插入声卡的 MIC 输入插孔内，然后利用 Adobe Audition 进行录音操作，其操作过程如下：

（1）打开【文件】菜单，选择【新建】命令，出现【新建波形】对话框，如图 4-5 所示，设置采样率、声道、采样精度等参数，单击【确定】按钮。

  📖 如果录制语音，一般设置采样率为 11025、声道为立体声、采样精度为 8 位。

（2）打开【选项】菜单，选择【录制调音台】命令，打开【录音控制】对话框，如图 4-7 所示，在麦克风选项下选中复选框，调整滑块，设置录音的音量大小，完成后单击【关闭】按钮退出。

（3）切换到播放控制区，单击【录音】按钮 ● 开始录音。

（4）录制完成后，单击播放控制区中的【停止】按钮 ■ 停止录音。

（5）打开【文件】菜单，选择【另存为】命令，出现【另存为】对话框，如图 4-8 所示，设置文件保存路径、格式等参数，单击【保存】按钮，录音结束。

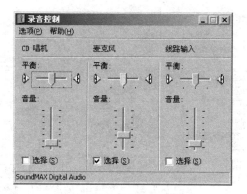

图 4-7 【录音控制】对话框

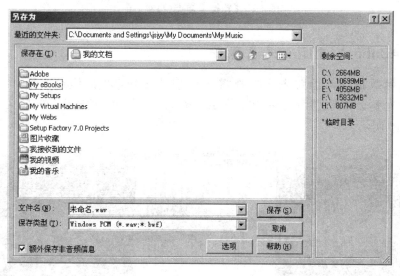

图 4-8 【另存为】对话框

5. 转换音频数据参数

音频文件在编辑过程中很多时候会遇到采样率、量化位数、声道数等参数的转换问题，Adobe Audition 提供了转换音频数据参数的操作，其操作过程如下：

(1) 打开【编辑】菜单，选择【转换采样类型】命令，出现【转换采样类型】对话框，如图 4-9 所示。

(2) 在【采样率】选项区域的列表框中选择需要转换的采样率。

(3) 在【通道】选项区域中通过单选按钮选择需要转换的声道类型。

(4) 在【位深度】选项区域的列表框中选择需要转换的量化位数。

   📖   选择好参数后，可以在【转换采样类型】对话框中单击【另存为】按钮，此时会出现【保存转换参数】对话框，保存设置好的参数。

(5) 单击【确定】按钮完成音频数据参数的转换，同时状态栏中将显示转换后的音频数据参数。

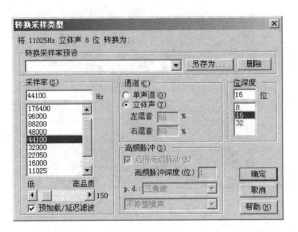

图 4-9 【转换采样类型】对话框

4.2.3 Adobe Audition 选区操作

在对音频数据编辑前首先要选择需要处理的区域,如果不选择音频区域,Adobe Audition 将对整个音频文件进行操作。在 Adobe Audition 中,被选择的音频区域呈高亮显示,如图 4-10 所示。

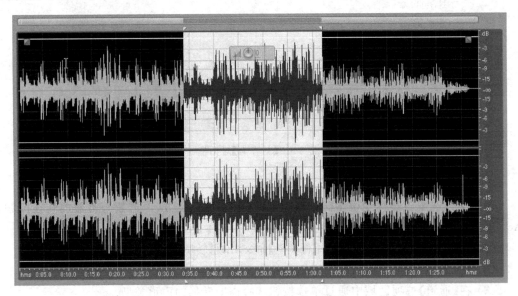

图 4-10 高亮显示的选择区域

1. 普通选区的设置

选择音频区域的几种常用方法如下:

- 在音频波形上单击并拖曳可以设置一个选择区域。
- 在按住 Shift 键的同时在波形上单击或拖曳可以扩展已经存在的选区。
- 在双声道波形的顶部或底部单击并拖曳可以设置单个声道的选区。

2．精确选区的设置

当多个音频文件进行混合时，经常利用选区设置区制作精确选区，以达到文件播放时间的吻合，其操作过程如下：

（1）在波形编辑区确定选区的起始位置，选区设置区的【开始】文本框中将显示其时间值，如图 4-11 所示。

（2）单击选区设置区中的【长度】文本框，输入要设置选区的长度，例如 20 秒。

（3）按 Enter 键确认，【结束】文本框中将显示选区的结束位置，如图 4-12 所示。

	开始	结束	长度		开始	结束	长度
选择	0:10.000		0:00.000	选择	0:10.000	0:30.000	0:20.000

图 4-11　选区起始时间值　　　　　　　图 4-12　显示选区的结束位置

3．剪切选区数据

设置好选区后打开【编辑】菜单，选择【剪切】命令，选区数据将被剪切到剪贴板上。

　　📖　Adobe Audition 提供了 5 个内部剪贴板和 1 个 Windows 系统剪贴板。打开【编辑】菜单，选择【剪贴板设置】命令，在打开的级联菜单中选择剪贴板命令，例如剪贴板 3，进行剪切操作后的选区数据将存放在剪贴板 3 中。

4．复制选区数据

设置好选区后打开【编辑】菜单，选择【复制】命令，选区数据将被复制到剪贴板上。

5．粘贴选区数据

在波形编辑区中设置插入点，打开【编辑】菜单，选择【粘贴】命令，选区数据将被粘贴到插入点后。

4.2.4　Adobe Audition 混合粘贴

在音频数据编辑过程中很多时候需要将剪贴板数据和当前选区的数据进行混合，以实现音频数据的叠加，而不是简单的插入操作。利用 Adobe Audition 中的混合粘贴功能可以轻松解决以上问题。

打开【编辑】菜单，选择【混合粘贴】命令，出现【混合粘贴】对话框，如图 4-13 所示。

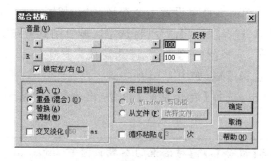

图 4-13　【混合粘贴】对话框

音频数据处理技术

1. 音量选项

在【音量】选项区域中,L 代表左声道,R 代表右声道。调节左、右声道上的滑块可以设置被粘贴选区数据的音量大小。【锁定左/右】复选框用来设置左、右声道的音量大小是否同步。如果当前文件为单声道,右声道和【锁定左/右】复选框将无法使用。

2. 混合方式选项

- 【插入】单选按钮:插入剪贴板中的数据或音频文件到当前插入点,原插入点之后的数据后移。

- 【重叠(混合)】单选按钮:剪贴板中的数据不会取代当前选区数据,而是与当前选定的数据叠加。若剪贴板中数据的时间长度大于当前选区数据,则超出时间的部分将继续被粘贴。

- 【替换】单选按钮:剪贴板中的数据将覆盖当前选区数据或文件中相等时间长度的数据。

- 【调制】单选按钮:剪贴板中的数据与选区数据一起调制,与【重叠(混合)】单选按钮功能相似,只是音量要相乘混合后输出。

3. 交叉淡化选项

选中【交叉淡化】复选框可以设定一个时间值,使剪贴板中的数据粘贴到当前文件后产生淡入淡出的效果。

4. 数据来源选项

- 【来自剪贴板】单选按钮:混合粘贴数据来源于内部剪贴板。

- 【从 Windows 剪贴板】单选按钮:混合粘贴数据来源于 Windows 剪贴板。这个选项只有在用户使用 Windows 剪贴板时才被激活。

- 【从文件】单选按钮:混合粘贴数据来源于其他音频文件,单击【选择文件】按钮可以选择要粘贴的文件。

5. 循环粘贴选项

选中【循环粘贴】复选框可以设定数据被粘贴的次数。

> 练习一:音频数据的混合粘贴

将素材文件 s01.mp3 和 m01.mp3 的音频数据进行混合粘贴,其操作过程如下:

(1) 打开【文件】菜单,选择【打开】命令,打开音频素材文件 m01.mp3。

(2) 在波形编辑区中单击并拖曳设置一个选择区域,如图 4-14 所示。

(3) 打开【编辑】菜单,选择【复制】命令,将选定区域复制到剪贴板上。

(4) 打开【文件】菜单,选择【打开】命令,打开音频素材文件 s01.mp3,在其波形编辑区中单击并拖曳设置一个选择区域,如图 4-15 所示。

(5) 打开【编辑】菜单,选择【混合粘贴】命令,出现【混合粘贴】对话框,设置参数如图 4-16 所示。

📖 在图 4-16 所示【混合粘贴】对话框的参数设置中,m01.mp3 被粘贴选区数据的音量将被调小,同时产生淡出淡入的效果。

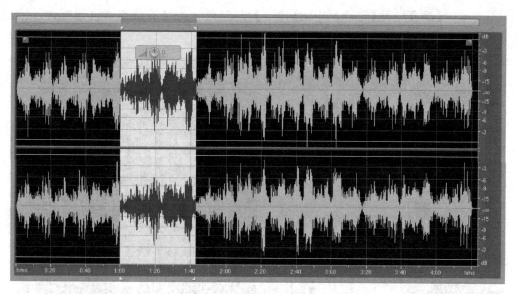

图 4-14　m01.mp3 文件选定区域

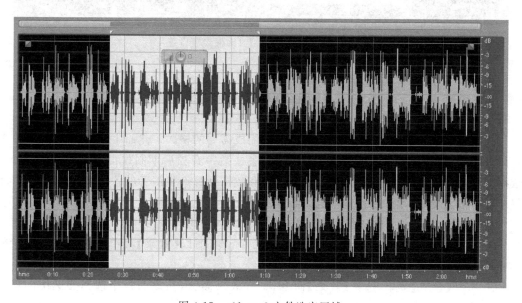

图 4-15　s01.mp3 文件选定区域

图 4-16　【混合粘贴】对话框的参数设置

（6）单击【混合粘贴】对话框中的【确定】按钮，两个选区的数据将进行叠加，混合后 s01.mp3 文件的波形如图 4-17 所示。

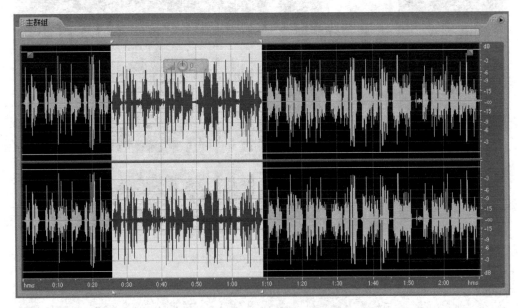

图 4-17 【混合粘贴】对话框参数设置

4.3 Adobe Audition 音频特效

制作数字音频的简单办法是录制，然后压缩成需要的格式。然而由于条件的限制，有些效果可能无法直接录制出来，只能通过电子设备或数字音频后期制作出来。音频特效处理依据自然声音效果的产生原理，通过数学模型和数据计算产生声音的各种特殊效果，这样不仅节省了很大费用，用户制作起来也得心应手。

在 Adobe Audition 中提供了以下两种方法来实现音频特效的操作。

- 打开【效果】菜单，选择要选用的特效命令。本书以【效果】菜单为例讲解音频特效操作。
- 打开【窗口】菜单，选择【效果】命令，打开效果面板，在该面板中选择要选用的特效命令。

音频特效操作的前期步骤基本相同，只是在选择特效命令时要根据需要单击具体的特效命令，其操作过程如下：

（1）在波形编辑区中设置要添加特效的选区。

（2）打开【效果】菜单，选择要选用的特效命令，出现特效命令的对话框，设置特效参数，单击【确定】按钮。

（3）在播放控制区中单击【播放】按钮，播放添加好的音频特效，完成操作。

1. 振幅/淡化效果

振幅/淡化效果主要用于完成产生淡入/淡出效果和调整数据音量大小。"淡入"和"淡出"指声音的渐强和渐弱，通常用于音频的开始、结束，两个音频素材的交替切换，产生渐进渐远的音响效果等场合。淡入效果使声音从无到有、由弱到强。淡出效果正好相反,声音逐渐消失。淡入与淡出的过渡时间长度由编辑区域的宽窄决定。

打开【效果】菜单,选择【振幅和压限】级联命令,然后选择【振幅/淡化】命令,出现【振幅/淡化】对话框,【渐变】选项卡如图4-18所示。

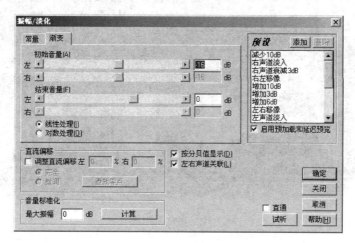

图4-18 【振幅和压限】对话框

- 【初始音量】选项:设置选区数据起始部分的音量值。当音量值为0dB时,保持原数据起始部分音量大小;音量值小于0dB时,原数据起始部分音量变低;音量值大于0dB时,原数据起始部分音量调高。
- 【结束音量】选项:设置选区数据结束部分的音量值。当音量值为0dB时,保持原数据结束部分音量大小;音量值小于0dB时,原数据结束部分音量变低;音量值大于0dB时,原数据结束部分音量调高。

📖 【初始音量】数值设置小于0dB,产生淡入音频特效;【结束音量】数值设置小于0dB,产生淡出音频特效。

- 【左/右声道关联】复选框:锁定左/右声道的音量值是否同步。
- 【预设】列表框:系统内部提供的已经设置好参数的预设方案。
- 【试听】按钮:在单击【确认】按钮完成特效设置之前可以单击该按钮试听设置效果,如果不满意,可以继续修改参数。

练习二:为一首乐曲添加淡入/淡出效果

(1) 打开【文件】菜单,选择【打开】命令,出现图4-6所示的【打开】对话框,选择素材文件m02.mp3,单击【确定】按钮。

(2) 在波形编辑区中单击并拖曳一块起始区域,如图4-19所示。

(3) 打开【效果】菜单,选择【振幅和压限】级联命令,然后选择【振幅/淡化】命令,出现【振幅/淡化】对话框,将【初始音量】设置为－62dB、【结束音量】设置为0dB,单击【确定】按钮,完成淡入效果的添加,波形如图4-20所示。

音频数据处理技术

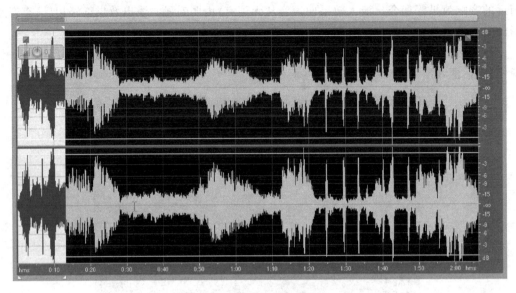

图4-19　选择起始区域

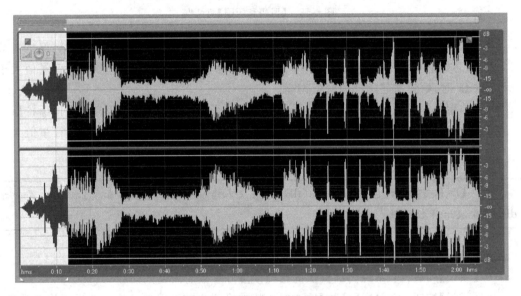

图4-20　添加淡入效果的波形

（4）在波形编辑区中单击并拖曳一块结尾区域，如图4-21所示。

（5）打开【效果】菜单，选择【振幅和压限】级联命令，然后选择【振幅/淡化】命令，出现【振幅/淡化】对话框，将【初始音量】设置为0dB、【结束音量】设置为－62dB，单击【确定】按钮，完成淡出效果的添加，波形如图4-22所示。

（6）单击播放控制区中的【播放】按钮，欣赏添加淡入/淡出效果后的钢琴曲。

（7）打开【文件】菜单，选择【保存】命令，完成操作。

2. 合唱效果

合唱效果指把一个人的声音变成两个人的声音，把两个人的声音变成4个人的声音等，

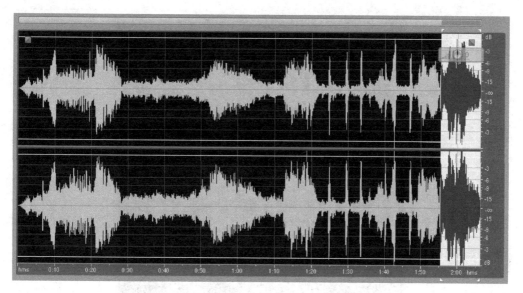

图 4-21 选择结尾区域

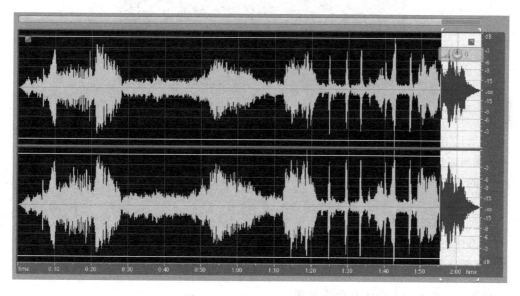

图 4-22 添加淡出效果的波形

从而产生合唱效果,或把小乐队的演奏变成大乐队的合奏效果。

打开【效果】菜单,选择【调制】级联命令,然后选择【合唱】命令,出现【合唱】对话框,如图 4-23 所示。

- 【人声】文本框:模拟合唱效果的音频数量,多的音频显得丰富而饱满,但计算时间会稍长。

- 【延迟时间】标尺:合唱效果的重要组成是长度不同的短延迟(一般是 15ms～35ms)的引入,该参数控制延迟音频的音量。通过标尺上的滑块可以调整数值的大小,需要注意,如果该值过小,所有的音频将融入原始音,并且会有不自然的边缘效果。如

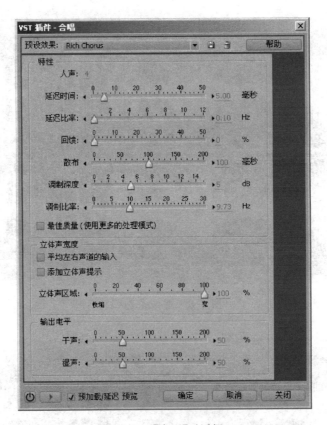

图 4-23 【合唱】对话框

果该值过大,每个音频的区分会显得明显,更像录音机轧带的声音。

· 【延迟比率】标尺:该值决定单位时间内产生延迟的最大频率。如果该值过小,独立的音频在步调上没有差别;如果设置较大的值,各音频变化较快,可以听到明显的效果。

· 【回馈】标尺:将合唱处理过的一部分音频混合进原音频再进行合唱处理,这是一个合唱处理的循环处理,所以只要一个很小的百分比就可以达到明显的效果。

· 【散布】标尺:为每个音频设置一个附加的延迟,间隔可达 200ms。

【练习三:为一首歌曲添加合唱效果】

(1) 打开【文件】菜单,选择【打开】命令,出现图 4-6 所示的【打开】对话框,选择素材文件 g01. mp3,单击【确定】按钮。

(2) 打开【编辑】菜单,选择【选取全部波形】命令,选择整个波形,如图 4-24 所示。

(3) 打开【效果】菜单,选择【调制】级联命令,然后选择【合唱】命令,出现【合唱】对话框,在【人声】文本框中输入 8,将【延迟时间】标尺设置为 8.00 毫秒、【延迟比率】标尺设置为 0.2Hz、【回馈】标尺设置为 2%、【散布】标尺设置为 60 毫秒,其他参数设置如图 4-25 所示,单击【确定】按钮,完成合唱效果的设置。

(4) 单击播放控制区中的【播放】按钮,欣赏添加合唱效果后的钢琴曲。

(5) 打开【文件】菜单,选择【保存】命令完成操作。

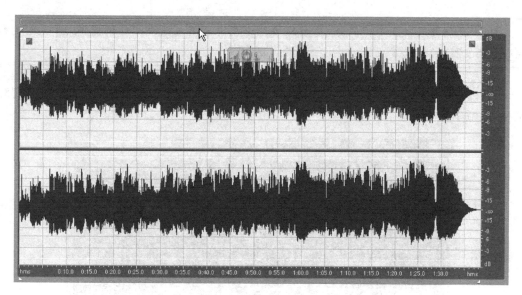

图 4-24　选定整个波形

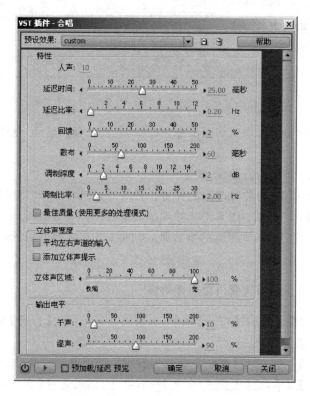

图 4-25　【合唱】对话框参数设置

3. 变调效果

通过变调效果可以调节音频数据的音调,例如将女声转变为男声。

　　📖　变调效果在改变音调时,音频的播放速度也会随之改变。音调变高,播放速度加快;音调变低,播放速度减慢。

　　打开【效果】菜单,选择【变速/变调】级联命令,然后选择【变调器】命令,出现【变调器】对话框,如图 4-26 所示。

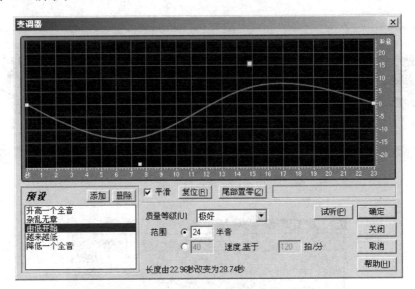

图 4-26　【变调器】对话框

- 【曲线】编辑区:可以用鼠标画出变调曲线,越往上音调越高,越往下音调越低。
- 【平滑】复选框:产生平滑曲线。
- 【复位】按钮:用于拉直曲线,恢复原声。
- 【尾部置零】按钮:将曲线两端的伴音设置为零,保证开始和结尾的音调没有变化。
- 【质量等级】下拉列表:用来调节处理的质量,共有 6 个选择。
- 【范围】单选按钮:调节变调的半音数,有两种方式。调节后,数值会在纵坐标上显示出来。

练习四:将女声诗朗诵转变为男声诗朗诵

　　(1) 打开【文件】菜单,选择【打开】命令,出现图 4-6 所示的【打开】对话框,选择素材文件 g02.mp3,单击【确定】按钮。

　　(2) 打开【编辑】菜单,选择【选取全部波形】命令,选择整个波形,如图 4-27 所示。

　　(3) 打开【效果】菜单,选择【变速/变调】级联命令,然后选择【变调器】命令,出现【变调器】对话框,如图 4-28 所示,单击【范围】单选按钮后的【半音】文本框,输入 6,在【曲线】编辑区中将曲线开始和结束点的纵坐标调整到—4 的位置,如图 4-29 所示。

　　(4) 单击【试听】按钮,可以试听变调后的效果,这时女声诗朗诵已经变成了男声诗朗诵,单击【确定】按钮完成变调设置。

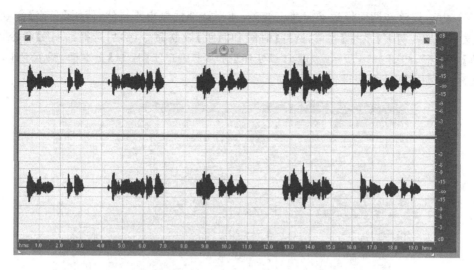

图 4-27 选定整个波形

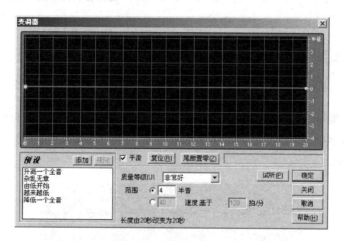

图 4-28 【变调器】对话框

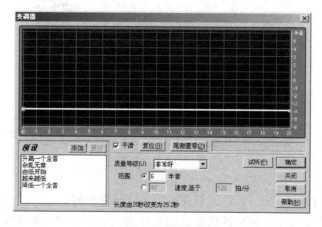

图 4-29 调整后的曲线

第
4
章

音频数据处理技术

（5）由于调整音调而导致播放速度变慢，使得诗朗诵显得不自然，使用【变速】命令可以解决这一问题。打开【效果】菜单，选择【时间和间距】级联命令，然后选择【变速】命令，出现【变速】对话框，如图 4-30 所示。在【常量变速】选项卡中单击【比率】文本框，输入 210，单击【确定】按钮完成变速参数设置。

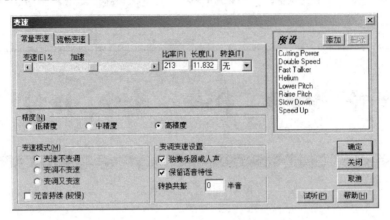

图 4-30 【变速】对话框

（6）单击播放控制区中的【播放】按钮，欣赏转换后的男声诗朗诵。

（7）打开【文件】菜单，选择【保存】命令完成操作。

4. 延迟效果

通过延迟效果可以创建回声以及混响效果，合适的延迟还可以产生合唱效果。

打开【效果】菜单，选择【延迟和回声】级联命令，然后选择【延迟】命令，出现【延迟】对话框，如图 4-31 所示。

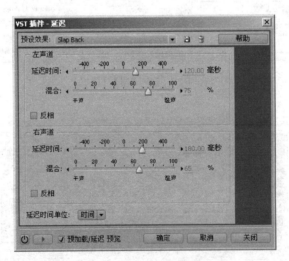

图 4-31 【延迟】对话框

- 【延迟时间】标尺：拖动该标尺滑块可以设定延迟时间。
- 【混合】标尺：拖动该标尺滑块设定加入混响声音的比例。如果比例过小，声音会显得很干涩；如果比例过大，声音会显得过于模糊而不自然。

4.4　Adobe Audition 音频处理实例

4.4.1　"古诗配乐"实例

1. 打开素材文件

(1) 打开【文件】菜单,选择【打开】命令,出现图 4-6 所示的【打开】对话框,选择诗朗诵素材文件 mother. mp3、背景乐素材文件 m03. mp3,单击【确定】按钮。

(2) 单击播放控制区中的【播放】按钮试听文件。

2. 设置选区

(1) 在面板组的文件面板中双击素材文件 g03. mp3,在波形编辑区中显示其波形数据,如图 4-32 所示。

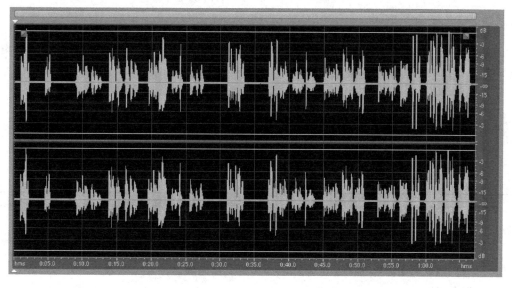

图 4-32　g03. mp3 文件波形

(2) 查看选区设置区中的【查看】行,可知 g03. mp3 文件的音频时间长度为"1:07.151",如图 4-33 所示。

	开始	结束	长度
选择	0:00.000		0:00.000
查看	0:00.000	1:07.151	1:07.151

图 4-33　g03. mp3 文件的选区设置区

(3) 在面板组的文件面板中双击素材文件 m03. mp3,波形编辑区中显示其波形数据,如图 4-34 所示。

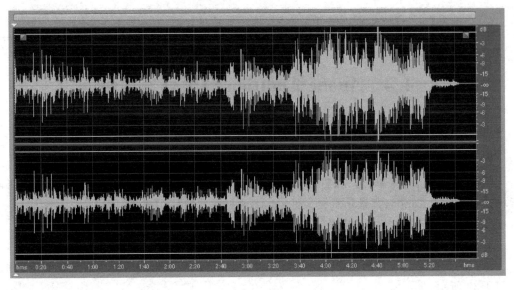

图 4-34　m03.mp3 文件波形

（4）单击选区设置区的【选择】行中的【开始】文本框，输入选区开始的时间值"1:00.000"，然后单击【长度】文本框，输入选区的时间长度"1:07.151"，按 Enter 键，【结束】文本框中自动生成选区时间值"2:07.151"，如图 4-35 所示。

	开始	结束	长度
选择	1:00.000	2:07.151	1:07.151
查看	0:00.000	5:56.153	5:56.153

图 4-35　m03.mp3 文件的选区设置区

📖　背景乐尽量从文件比较舒缓（即波形幅度比较低）的数据区域选择，因此将选区开始位置定位在"1:00.000"。

（5）打开【文件】菜单，选择【复制】命令，选区设置完成。

3. 混合粘贴

（1）在面板组的文件面板中双击素材文件 g03.mp3，打开【编辑】菜单，选择【选择整个波形】命令。

（2）打开【编辑】菜单，选择【混合粘贴】命令，打开【混合粘贴】对话框，设置参数，如图 4-36 所示。

（3）单击【确定】按钮，g03.mp3 文件的波形与选区数据的波形混合，如图 4-37 所示。

4. 保存文件

（1）单击播放控制区中的【播放】按钮，欣赏制作完成的作品。

（2）打开【文件】菜单，选择【保存】命令，操作完成。

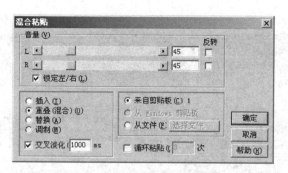

图 4-36 【混合粘贴】对话框参数

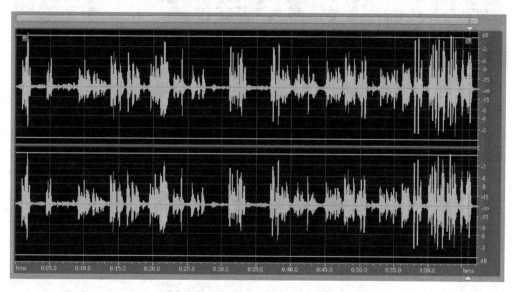

图 4-37 混合粘贴后 g03.mp3 文件的波形

4.4.2 "温室效应"多媒体应用系统音频实例

单击"温室效应"多媒体应用系统"轻松一下界面"中的【音频欣赏】按钮,可以欣赏到著名作家老舍的配乐散文"我的母亲",下面介绍该配乐散文的制作过程。

1. 打开素材文件

(1) 打开【文件】菜单,选择【打开】命令,出现图 4-6 所示的【打开】对话框,选择散文朗诵素材文件 g03.mp3,背景乐素材文件 h01.mp3、h02.mp3、h03.mp3,单击【确定】按钮。

(2) 单击播放控制区中的【播放】按钮试听文件。

2. 处理背景乐文件

在试听 3 个背景乐素材文件的过程中我们发现,波形数据有波形振幅比较高的区域,需要将其振幅调低,以保证整个音频音调平缓。这里以 h01.mp3 为例介绍操作过程,对于其他不再赘述。

(1) 在面板组的文件面板中双击素材文件 h01.mp3,在波形编辑区中显示其波形数据,如图 4-38 所示。

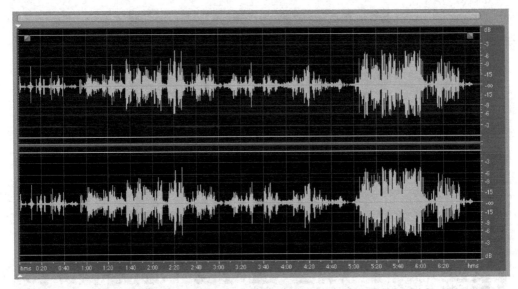

图 4-38　h01.mp3 文件波形

（2）在选区设置区中的【选择】行设置选区的开始和结束值，如图 4-39 所示，按 Enter 键设置好选区，如图 4-40 所示。

	开始	结束	长度
选择	5:04.561	6:02.520	0:57.959
查看	0:00.000	6:53.152	6:53.152

图 4-39　选区设置区的时间值

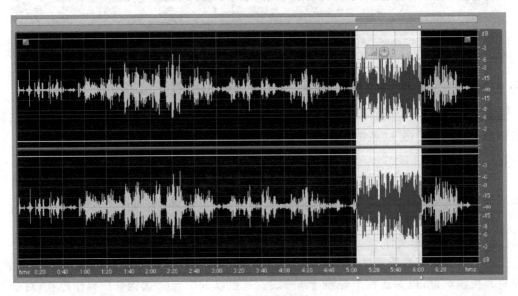

图 4-40　选定区域

（3）打开【效果】菜单，选择【振幅和压限】级联命令，然后选择【振幅/淡化】命令，出现【振幅/淡化】对话框，切换到【常量】选项卡，在【左】标尺中拖动滑块到－5dB，如图4-41所示，单击【确定】按钮，降低选区的振幅，波形如图4-42所示。

（4）单击播放控制区中的【播放】按钮试听文件。

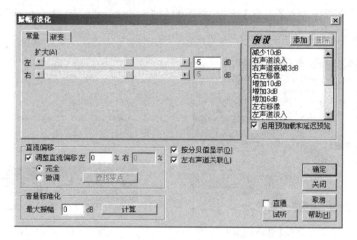

图 4-41　【振幅/淡化】对话框参数设置

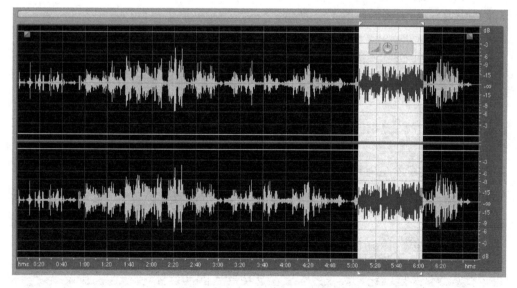

图 4-42　降低振幅后的波形

3. 合成背景乐文件

在和 mother.mp3 文件混合之前，为了方便确定背景乐文件的时间长度，可以将 3 个文件连接在一起。

（1）打开【文件】菜单，选择【新建】命令，打开【新建波形】对话框，设置采样率、声道、采样精度等参数，如图 4-43 所示。

（2）打开【文件】菜单，选择【保存】命令，打开【保存】对话框，保存为 back.mp3。

（3）在面板组的文件面板中双击素材文件 h01.mp3，打开【编辑】菜单，选择【选择整个波形】命令,全选音频数据,然后打开【编辑】菜单,选择【复制】命令,将音频数据放置到剪贴板上。

（4）在面板组的文件面板中双击 back.mp3 文件,打开【编辑】菜单,选择【粘贴】命令,将 h01.mp3 的音频数据粘贴到 back.mp3 的波形编辑区。

（5）在选区设置区中的【选择】行设置开始值"6:53.152",如图 4-44 所示,将波形编辑区的插入点位置定位在文件结束处。

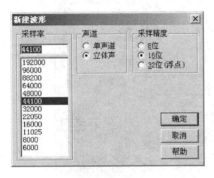

图 4-43 【新建波形】对话框参数设置   图 4-44 开始时间值

（6）重复上述操作步骤,分别将 h02.mp3 和 h03.mp3 文件的音频数据复制到 back.mp3 文件中,合成后的波形如图 4-45 所示。

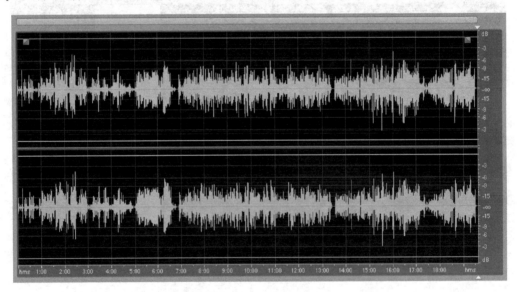

图 4-45 背景乐文件的合成波形

4. 删除背景乐静音区域

从图 4-45 中的波形图可以看出,3 个背景乐文件连接处有较长时间的静音,这样将造成散文朗诵过程中音乐较长时间的停顿。

（1）在面板组的文件面板中双击 back.mp3 文件,在选区设置区中的【选择】行设置选区的开始和结束值,如图 4-46 所示,按 Enter 键设置好选区,如图 4-47 所示。

图 4-46　选区设置区的时间值

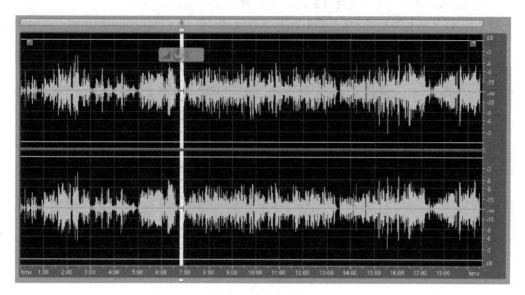

图 4-47　选定区域

  📖　当波形编辑区中显示音频数据的时间长度较长时,设定选区比较困难,可以使用缩放控制区中的【水平放大】工具,以方便音频数据的选择。

(2) 打开【编辑】菜单,选择【删除所选】命令,将选定的静音区域删除。

(3) 重复上述操作,将 back.mp3 文件中的其他静音区域删除。

5. 混合粘贴

(1) 在面板组的文件面板中双击 mother.mp3 文件,在选区设置区的【查看】行中记录【长度】文本框显示的时间值"19:07.271",如图 4-48 所示。

(2) 在面板组的文件面板中双击 back.mp3 文件,输入选区开始的时间值"0:00.000",然后单击【长度】文本框,输入选区的时间长度"19:07.271",按 Enter 键,【结束】文本框中自动生成选区时间值"19:07.271",如图 4-49 所示。

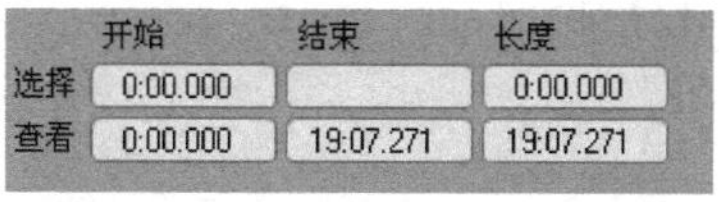

图 4-48　mother.mp3 时间长度 　　　　　图 4-49　back.mp3 时间长度

(3) 打开【编辑】菜单,选择【复制】命令,将设定好的选区复制到剪贴板上。

(4) 在面板组的文件面板中双击 mother.mp3 文件,打开【编辑】菜单,选择【选择整个波形】命令。

(5) 打开【编辑】菜单,选择【混合粘贴】命令,设置音量、混合方式等参数,如图 4-50 所示,单击【确定】按钮。

6. 保存文件

(1) 单击播放控制区中的【播放】按钮,欣赏制作完成的作品。

(2) 打开【文件】菜单,选择【保存】命令,操作完成。

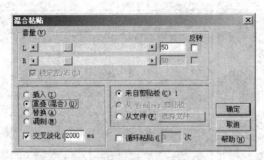

图 4-50 【混合粘贴】对话框参数设置

4.5 习 题

一、单选题

1. 声波的振幅一般用(   )来表示。

    A. dB(分贝)   B. Hz(赫兹)   C. V(伏特)   D. s(秒)

2. 奈奎斯特(Nyquist)采样定理规定用(   )于一个正弦波的频率进行采样能完全真实地还原该波形。

    A. 三倍   B. 四倍   C. 两倍   D. 五倍

3. Windows 使用的标准数字音频文件格式是(   )。

    A. MP3   B. WAV   C. WMA   D. CDA

4. 在 Adobe Audition 中用来对单个声音文件进行编辑和效果处理的模式是(   )。

    A. 多轨模式   B. 双轨模式   C. 音频模式   D. 单轨模式

二、简答题

1. 简述采样、量化和编码的概念,简述其工作过程。

2. 影响数字音频质量的主要因素有哪些?

3. 简述音频编辑软件的基本功能。

4. 简述 Adobe Audition 主要工作区的组成及其功能。

5. 简述 Adobe Audition 中设置选区的几种方法。

6. 简述混合粘贴的操作步骤。

第 5 章　图像数据处理技术

5.1　图像数据处理概述

5.1.1　图像数据处理的基本概念

1. 色彩三要素

世界上的色彩千差万别,在使用色彩的时候,任何一个色彩都有色相、饱和度和亮度 3 个方面的性质,所以色相、饱和度和亮度称为色彩的三要素。

1) 色相

色相是指色彩的种类,是各种色彩种类之间的主要区别。色相的区别是由波长决定的,波长不同,色相就不相同。如红、橙、黄、绿、青、蓝、紫等都代表某一类具体的色相,它们之间的差别就是色相的差别。

2) 饱和度

饱和度是指色彩的纯净程度,即掺入白光的程度。对于同一色调的彩色光,饱和度越深颜色越鲜明,或称颜色越纯。例如当红色加进白光之后,由于饱和度降低,红色被冲淡成粉红色。饱和度的增减还会影响到颜色的亮度,例如在红色中增加白光成分后会变得更亮了。所以在某色调的彩色光中掺入其他彩色光会引起色调的变化,而掺入白光仅引起饱和度的变化。

3) 亮度

亮度是指光所产生的明暗感觉。它是视觉系统对可见物体辐射或者发光多少的感知属性。就白、黑、灰色而言,白色最亮,黑色最暗,灰色居中。

2. 位图和矢量图

静态图像在计算机中可以由两种方法产生:一种是位图,另一种是矢量图。

1) 位图

位图是按图像点阵形式存储各像素的颜色编码或灰度级。位图图像与屏幕上的像素有着密不可分的关系。图像的大小取决于这些像素点数目的多少,图像的颜色取决于像素的颜色。位图适于表现含有大量细节的画面,并可直接、快速地显示或打印。位图存储量大,一般需要压缩存储,在 Photoshop 中处理的图像都属于位图。

2) 矢量图

矢量图用一组指令或参数来描述其中的各个成分,易于对各个成分进行移动、缩放、旋转和扭曲等变换。矢量图根据几何特性来绘制图形,矢量可以是一个点或一条线,矢量图只能靠软件生成,文件占用内存空间较小,因为这种类型的图像文件包含独立的分离图像,可以自由、无限制的重新组合。

3. 图像的分辨率

对于位图而言,当图像放大到一定程度时会出现色块,如图 5-1 所示,色块的专业名称叫像素(Pixel)。在计算机世界里,所有的位图均由许多像素构成。这些像素以矩阵的方式排列,矩阵中的每一个元素都对应图像中的一个像素,存储这个像素的颜色信息。

分辨率是指每一英寸所包含的像素值,用像素/英寸(dpi)表示,分辨率越高,图像越清晰。分辨率一般分为输入分辨率、屏幕分辨率、图像分辨率和输出分辨率 4 种。

图 5-1　色块现象

1) 输入分辨率

输入分辨率是指数码相机或扫描仪扫描时的分辨率。一般的平板扫描仪实际分辨率在几百 dpi 至几千 dpi 之间。一般人眼对 300dpi 以上的分辨率反应不敏感,因此扫描的最佳分辨率大多在 300~350dpi 之间,如果图片要放大,则要相应地提高分辨率。

2) 屏幕分辨率

屏幕分辨率是指显示器的分辨率。当用户的显示器调整为 640×480 的时候,显示分辨率只有 72dpi,当为 800×600 时,也只有 120dpi。所以当用户用只有 120dpi 的屏幕来显示一幅 300dpi 的图像时会觉得十分庞大。

3) 图像分辨率

图像分辨率是指每个图像所储存的信息量,用 dpi 来度量。图像分辨率和文件参数决定了文件的整体尺寸,图像分辨率越高,图像所包含的信息量越大,所需的磁盘空间相应也越大。

4) 输出分辨率

输出分辨率是指打印机和照排机输出胶片的分辨率。激光打印机和喷墨打印机的输出分辨率为 360~720dpi,照排机的输出分辨率为 2400~3600dpi。

4. 色彩模式

在进行图像处理时经常会涉及用几种不同色彩模式(或颜色模式)来表示图像的颜色。使用色彩模式的目的是尽可能多地、有效地描述各种颜色,以便需要时能方便地加以选择。各个应用领域一般使用不同的色彩模式,如计算机显示时采用的是 RGB 模式,打印输出时用 CMYK 模式。

1) RGB 模式

自然界中常见的各种颜色都可以由红(Red)、绿(Green)、蓝(Blue)3 种颜色光按不同比例相配而成。同样,绝大多数颜色光也可以分解成红、绿、蓝 3 种色彩。由于人眼对这 3 种色光最为敏感,R、G、B 3 种颜色相配所得到的彩色范围也最广,所以一般都选这 3 种颜色作为基色,这就是色度学的基本原理——三基色原理。

在多媒体计算机技术中,因为计算机的彩色监视器的输入需要 R、G、B 3 个彩色分量,通过 3 个分量的不同比例,在显示屏幕上合成所需的任意颜色,所以不管多媒体系统中采用什么形式的色彩模式表示,最后输出一定要转换成 RGB 彩色表示。

RGB 模式产生色彩的方式称为加色法,因为没有光是全黑的,各色光加入后才产生色

彩,同时越加越高,加到极限时成为白色。在 RGB 模式中,对于任意彩色光 F,其配色方程可写成

$$F = r[R] + g[G] + b[B]$$

其中 r、g、b 为三色系数,r[R]、g[G]、b[B] 为 F 彩色光的三色分量。

现在使用的彩色显示器和电视机都是利用三基色混合原理来显示彩色图像,而把彩色图片输入到计算机的彩色扫描仪则是利用它的逆过程。扫描是把一幅彩色图片分解成 R、G、B 3 种基色,每一种基色的数据代表特定颜色的强度,当这 3 种基色的数据在计算机中重新混合时又显示出它原来的颜色。

自然界中的色彩几乎都可以用 RGB 模式来表达,所以 RGB 模式也称为"真彩色"模式。

2）CMYK 模式

当阳光照射到一个物体上时,这个物体将吸收一部分光线,并将剩下的光线进行反射,反射的光线就是我们所看见的物体的颜色。这是一种减色色彩模式,同时也是与 RGB 模式的根本不同之处。不但我们看物体的颜色时用到了这种减色模式,在印刷领域应用的也是这种减色模式。按照这种减色模式就衍变出了适合印刷的 CMYK 色彩模式。

CMYK 代表印刷上用的 4 种颜色,C 代表青色,M 代表洋红色,Y 代表黄色,K 代表黑色。在实际应用中,青色、洋红色和黄色很难叠加形成真正的黑色,最多不过是褐色而已,这才引入了 K——黑色。黑色的作用是强化暗调,加深暗部色彩。

CMYK 模式是最佳的打印模式。

3）HSB 模式

HSB 模式是使用 H、S 和 B 3 个参数来生成颜色。H 为颜色的色相,改变它的数值可生成不同的颜色表示;S 为颜色的饱和度,改变它可使颜色变亮或变暗;B 为颜色的亮度参数。

用 HSB 模式描述颜色更加自然,更加符合人眼对颜色的感知方式。

4）Lab 模式

Lab 模式是由国际照明委员会(CIE)于 1976 年公布的一种色彩模式。

Lab 模式既不依赖光线,也不依赖于颜料,它是 CIE 组织确定的一个理论上包括了人眼可以看见的所有色彩的色彩模式。Lab 模式弥补了 RGB 和 CMYK 两种色彩模式的不足。

Lab 模式由 3 个通道组成,但不是 R、G、B 通道。它的一个通道是亮度,即 L。另外两个是色彩通道,用 a 和 b 来表示。a 通道包括的颜色是从深绿色(底亮度值)到灰色(中亮度值)再到亮粉红色(高亮度值);b 通道则是从亮蓝色(底亮度值)到灰色(中亮度值)再到黄色(高亮度值),因此这种色彩混合后将产生明亮的色彩。

Lab 模式所定义的色彩最多,与光线及设备无关并且处理速度与 RGB 模式同样快,比 CMYK 模式快很多,因此用户可以放心大胆地在图像编辑中使用 Lab 模式。而且,Lab 模式在转换成 CMYK 模式时色彩没有丢失或被替换,因此避免色彩损失的最佳方法是应用 Lab 模式编辑图像,再转换为 CMYK 模式打印输出。

在表达色彩范围上,处于第一位的是 Lab 模式,第二位的是 RGB 模式,第三位是 CMYK 模式。

5）Index 模式

Index 模式就是索引颜色模式,也叫映射颜色。在这种模式下只能存储一个 8bit 色彩

图像数据处理技术

深度的文件,即 256 种颜色,而且颜色都是预先定义好的。一幅图像所有的颜色都在它的图像文件里定义,也就是将所有色彩映射到一个色彩盘里,这叫色彩对照表。

6) 位图模式

位图模式也称为黑白模式,采用 1bit 来表示一个像素,只能显示黑色和白色。黑白模式无法表示层次复杂的图像,但可以制作黑白的线条图。

7) 灰度模式

灰度模式用 8bit 来表示一个像素,即将纯黑和纯白之间的层次等分为 256 级就形成了 256 级灰度模式,可以用来模拟黑白照片的图像效果。

5. 位深度

图像的位深度是指描述图像中每个像素所占的二进制位数。对于每一个像素如果用一位二进制数表示该点的颜色,则这样的数字图像只能表示两种颜色。如果每个像素用 4 位二进制数记录颜色,就可以表示出 16 种颜色,相应的图像称为 16 色图像。像素深度值越大,图像能表示的颜色数越多,色彩越丰富逼真,占用的存储空间越大。常见的像素深度有 1 位、4 位、8 位和 24 位,分别用来表示黑白图像、16 色或 16 级灰度图像、256 色或 256 级灰度图像和真彩色(2^{24} 即 16 777 216 种颜色)图像。

6. 图像数据的容量

图像数字化后在保存时要占用一定的内存或磁盘空间,图像中的像素越多,色彩深度越大,则存储数据量也就越大。一幅未压缩的数字图像的数据量可用以下公式计算:

$$图像数据量=图像像素总数×图像位深度÷8$$

例如,一幅 1024×768 像素的真彩色图像保存在计算机中所占用的空间约为:

$$1024×768×24÷8≈2.36\ \text{MB}$$

5.1.2 常见的图像文件格式

因为不同领域对图像的需求不尽相同,加之开发与加工软件众多,所以图像文件的格式也有很多种。这里仅介绍当前较为常用的一些图像格式。

1. PSD 格式

PSD(Photoshop Document)格式是著名的 Adobe 公司的图像处理软件 Photoshop 自身生成的文件格式,是唯一能支持全部图像色彩模式的格式。以 PSD 格式保存的图像可以包含图层、通道及色彩模式、调节层和文本层。由于以 PSD 格式保存的图像通常含有较多的数据信息,所以用该格式保存的图像文件比用其他格式保存的图像文件占用更多的磁盘空间。

2. JPEG 格式

JPEG 格式由联合照片专家组(Joint Photographic Experts Group)开发。JPEG 格式的压缩技术十分先进,它用有损压缩方式去除冗余的图像和彩色数据从而取得极高的压缩率,同时能展现十分丰富、生动的图像,也就是说可以用最少的磁盘空间得到较好的图像质量。此外,JPEG 格式还是一种很灵活的格式,具有调节图像质量的功能,允许用不同的压缩比例进行文件压缩,比如最高可以把 1.37MB 的 BMP 位图文件压缩至 20.3KB。

由于 JPEG 优异的品质和杰出的表现,它的应用非常广泛,特别是在网络和光盘读物上都能找到它的影子,目前各类浏览器均支持 JPEG 这种图像格式。因为 JPEG 格式的文件尺寸较小,下载速度快,使得 Web 页有可能以较短的下载时间提供大量美观的图像,JPEG 同时也就顺理成章地成为网络上最受欢迎的图像格式。

3. BMP 格式

BMP 是英文 Bitmap(位图)的简写,它是 Windows 操作系统中的标准图像文件格式,能够被多种 Windows 应用程序所支持。随着 Windows 操作系统的流行与丰富的 Windows 应用程序的开发,BMP 位图格式被广泛应用。这种格式的特点就是包含的图像信息较丰富,几乎不进行压缩,由此也导致了它与生俱来的缺点,即占用的磁盘空间较大。

4. GIF 格式

GIF 是英文 Graphics Interchange Format(图形交换格式)的缩写。在 20 世纪 80 年代,美国一家著名的在线信息服务机构 CompuServe 针对当时网络传输带宽的限制开发出了这种 GIF 图像格式。GIF 格式的特点是压缩比高,磁盘空间占用较少。最初的 GIF 只是简单地用来存储单幅静止图像,后来随着技术的发展,可以同时存储若干幅静止图像进而形成连续的动画,使之成为当时支持二维动画为数不多的格式之一(称为 GIF89a),而在 GIF89a 图像中可指定透明区域,使图像具有非同一般的显示效果。目前,Internet 上大量采用的彩色动画文件多为这种格式的文件,也称为 GIF89a 格式文件。

此外,考虑到网络传输中的实际情况,GIF 图像格式还增加了渐显方式,也就是说,在图像传输过程中用户可以先看到图像的大致轮廓,然后随着传输过程的继续逐步看清图像中的细节部分,从而适应了用户的"从朦胧到清楚"的观赏心理。GIF 文件的缺点是不能存储超过 256 色的图像。

5. TIFF 格式

TIFF(Tag Image File Format)是 Mac 中广泛使用的图像格式,它由 Aldus 和 Microsoft 联合开发,最初是由于跨平台存储扫描图像的需要而设计的。它的特点是图像格式复杂、存储的信息多。正因为它存储的图像细微层次的信息非常多,图像的质量也得以提高,故非常有利于原稿的复制。该格式有压缩和非压缩两种形式,其中压缩可采用 LZW 无损压缩方案存储。目前在 Mac 和 PC 机上移植 TIFF 文件也十分便捷,因此,TIFF 现在也是计算机上使用最广泛的图像文件格式之一。

6. PNG 格式

PNG(Portable Network Graphics)是一种新兴的网络图像格式。在 1994 年底,由于 Unysis 公司宣布对 GIF 的压缩方法拥有专利权,要求开发 GIF 软件的作者缴纳一定的费用,由此促使免费的 PNG 图像格式诞生。PNG 一开始便结合 GIF 及 JPEG 两家之长,打算一举取代这两种格式。1996 年 10 月 1 日由 PNG 向国际网络联盟提出并得到推荐认可,并且大部分绘图软件和浏览器开始支持 PNG 图像浏览。

PNG 是目前最不失真的图像压缩格式,它汲取了 GIF 和 JPEG 二者的优点,存储形式丰富,兼有 GIF 和 JPEG 的色彩模式;它的另一个特点能把图像文件压缩到极限以利于网络传输,但又不能保留所有与图像品质有关的信息,因为 PNG 是采用无损压缩方式来减少文件的大小,这一点与牺牲图像品质以换取高压缩率的 JPEG 有所不同;它的第 3 个特点是显示速度很快,只需下载 1/64 的图像信息就可以显示出低分辨率的预览图像;第四,PNG 同样支持透明图像的制作,透明图像在制作网页图像的时候很有用,可以把图像背景设置为透明,用网页本身的颜色信息来代替设置为透明的色彩,这样可以让图像和网页背景很和谐地融合在一起。

PNG 的缺点是不支持动画应用效果,如果在这方面能有所加强,简直就可以完全替代 GIF 和 JPEG。Macromedia 公司的 Fireworks 软件的默认格式就是 PNG。

7. PCX 格式

PCX 格式是 ZSOFT 公司在开发图像处理软件 Paintbrush 时开发的一种格式,这是一种经过压缩的格式,占用磁盘空间较少。由于该格式出现的时间较长,并且具有压缩及全彩色的能力,所以现在仍比较流行。

8. EPS 格式

EPS 是 PC 机用户较少见的一种格式,而苹果 Mac 机的用户用得较多。它是用 PostScript 语言描述的一种 ASCII 码文件格式,主要用于排版、打印等输出工作。

5.2 Photoshop 概述

Photoshop 是目前非常流行且功能非常强大的图像制作和图像处理软件之一,其应用领域已深入到广告、影视娱乐、建筑、教育以及企事业等各专业领域。Adobe Photoshop CS3 Extended(Extended 意为拓展)软件除了包含 Adobe Photoshop CS3 的所有功能外,还增加了一些特殊的功能,如支持 3D 和视频流、动画、深度图像分析等,它可以帮助用户提高工作效率,尝试新的创作方式,创造出最佳品质的图像。本章将以 Photoshop CS3 Extended 版本为例介绍 Photoshop 的基本功能和用法。

Photoshop CS3 Extended 软件的获取可以通过在软件经销商处购买安装光盘或从网上下载安装程序实现。

5.2.1 Photoshop 工作界面

Photoshop CS3 Extended 的工作界面由标题栏、菜单栏、工具属性栏、工作区、工具箱、状态栏、控制面板 7 个部分组成,如图 5-2 所示。

1. 标题栏

Photoshop CS3 Extended 的标题栏与其他应用程序一样,用于控制 Photoshop CS3 Extended 的工作界面。单击标题栏左上角的 Ps 按钮将弹出一个快捷菜单,用于对 Photoshop 的视窗进行移动、最小化、最大化和关闭等操作。标题栏右上角的按钮从左至右依次为最小化按钮、最大化/还原按钮和关闭按钮。

2. 菜单栏

菜单栏位于标题栏的下方,它包括【文件】、【编辑】、【图像】、【图层】、【选择】等 10 个菜单项,各个菜单项的作用如下。

- 【文件】菜单:主要用于对图像文件进行操作,包括文件的建立、保存和打开等操作。
- 【编辑】菜单:主要用于对图像进行编辑操作,包括剪切、复制、粘贴、撤销以及定义画笔等操作。
- 【图像】菜单:主要用于对图像的分辨率、画布、色调、对比度等进行编辑。
- 【图层】菜单:主要用于对图像中的图层进行控制和编辑。
- 【选择】菜单:主要用于选取图像区域和对选区进行编辑。

图 5-2　Photoshop CS3 Extended 的工作界面

- 【滤镜】菜单：主要用于对图像或图像的某个部分进行扭曲、模糊、渲染等特殊效果的制作和处理。
- 【视图】菜单：主要用于对 Photoshop CS3 Extended 的工作界面进行设置，包括控制文档视图的大小、缩小或放大图像的显示比例、显示或隐藏标尺和网格等。
- 【窗口】菜单：主要用于对界面工作环境进行控制，包括切换文件窗口、隐藏和显示图层等各种面板。
- 【帮助】菜单：主要用于为用户提供使用 Photoshop CS3 Extended 的帮助信息。

3. 工具箱

Photoshop CS3 Extended 的工具箱包含了选择及编辑图像的各种工具，理解并掌握每一种工具的功能及其使用方法是学习 Photoshop CS3 Extended 的关键。

4. 工具属性栏

工具属性栏主要用于对当前工具进行参数设置，当用户从工具箱中选择了某个工具后，工具属性栏就变为相应的工具属性参数。

工具属性栏主要由工具预置栏、参数设置区和工作区设置区 3 个部分组成，如图 5-3 所示。

图 5-3　工具属性栏组成部分

- 工具预置栏：单击其右侧的·按钮，其下拉列表框中显示出当前选定工具的图标。
- 参数设置区：用于设置当前工具的各种参数。
- 工作区设置区：该区用于设置切换不同的工作区，如图 5-4 所示。

图 5-4 【工作区】下拉菜单

5. 控制面板

控制面板一般显示在界面的右侧，其作用是帮助用户设置和修改图像。在默认状态下 Photoshop CS3 Extended 的控制面板分为 5 组，每一组由数个面板组合在一起。

当用户需要切换到所需的面板中时，只需单击相应的面板名称项或选择窗口菜单下相应的面板名称命令即可。

6. 工作区

工作区用于显示图像文件，是对图像进行浏览和编辑操作的主要场所。图像窗口标题栏主要显示了该图像文件的文件名、显示比例以及图像色彩模式等信息，如图 5-5 所示。

文件名　　显示比例　　色彩模式/位深度

图 5-5　图像窗口标题栏的组成部分

7. 状态栏

Photoshop CS3 Extended 状态栏主要显示当前图像的显示比例、图像文件的大小以及当前工具等提示信息。

5.2.2　Photoshop 基础操作

1. 新建文件

打开【文件】菜单，选择【新建】命令，出现【新建】对话框，如图 5-6 所示。

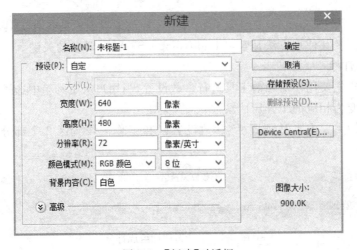

图 5-6　【新建】对话框

1）【名称】文本框

其主要用于输入要保存的文件名。

2）【预设】下拉列表框

其提供了常用的一些图像尺寸，如 A4、B5 等。

3）【宽度】/【高度】文本框

其设置图像的宽度和高度的大小。

📖　单击【宽度】/【高度】文本框右侧的下三角按钮▾可以设置宽度或高度的单位。

4）【分辨率】文本框

其设置图像打印分辨率的大小。创建或编辑显示器中浏览的图像文件，一般将分辨率设置为 72 像素/英寸。

5）【颜色模式】下拉列表框

其设置图像的色彩模式以及位深度。

6）【背景内容】下拉列表框

为图像的背景图层或第一个图层的内容选择以下某个选项。

- 白色：用白色（默认背景色）填充背景图层或第一个图层。
- 背景色：用当前的背景色填充背景图层或第一个图层。
- 透明：使第一个图层透明，没有颜色值。

2. 保存文件

打开【文件】菜单，选择【存储为】命令，出现【存储为】对话框，如图 5-7 所示。

图 5-7　【存储为】对话框

第 5 章

图像数据处理技术

1)【文件名】文本框

其用于输入保存的文件名。

2)【格式】下拉列表框

其用于设置文件保存的格式。

3)【存储选项】选项区域

- 【Alpha 通道】复选框：用于存储带有 Alpha 通道的图像文件。
- 【图层】复选框：用于将图层和文件同时进行保存。
- 【批注】复选框：用于存储带有批注的图像文件。
- 【专色】复选框：用于存储带有专色通道的图像文件。

3. 设置快捷键

Photoshop 软件中包含的大部分操作都可以通过快捷键来实现,使用快捷键可以大大提高处理图像数据的效率。

Photoshop CS3 Extended 中提供了设置快捷键的命令。打开【编辑】菜单,选择【键盘快捷键】命令,出现【键盘快捷键和菜单】对话框,如图 5-8 所示。对于快捷键,全部选取用 Ctrl＋A,取消选择用 Ctrl＋D,重新选择用 Ctrl＋Shift＋D。

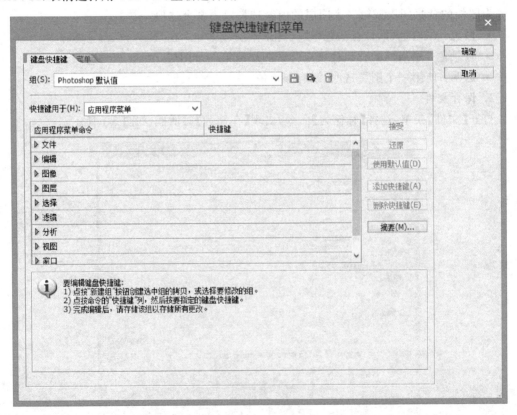

图 5-8 【键盘快捷键和菜单】对话框

练习一：设置撤销和重做操作的快捷键

在 Photoshop 软件操作过程中经常要撤销或重做一些操作步骤,利用鼠标操作历史记录面板降低了工作效率。通过【键盘快捷键和菜单】对话框设置撤销或重做操作的快捷键可以解决这一问题，其操作过程如下：

（1）打开【编辑】菜单，选择【键盘快捷键】命令，出现【键盘快捷键和菜单】对话框，如图 5-8 所示。

（2）切换到【键盘快捷键】选项卡，单击【快捷键用于】下拉列表框中的下三角按钮，选择【应用程序菜单】选项。

（3）在【键盘快捷键】列表框中单击【编辑】水平按钮 ▶，展开【编辑】菜单快捷键列表，如图 5-9 所示。

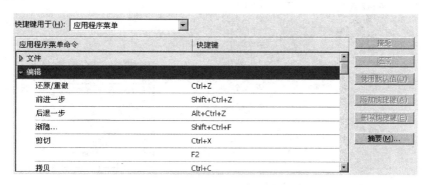

图 5-9 【编辑】菜单快捷键列表

（4）单击【后退一步】文本框，按 Ctrl＋Z 组合键，因为该组合键已被【编辑】菜单的【还原/重做】命令占用，系统会给出"Ctrl＋Z 已经在使用，如果接受，它将从'编辑＞还原/重做'移去。"的提示，单击【接受】按钮，【还原/重做】文本框中的快捷键将被自动删除，而【后退一步】文本框中出现 Ctrl＋Z 组合键，如图 5-10 所示。

（5）单击【确定】按钮，完成快捷键设置。

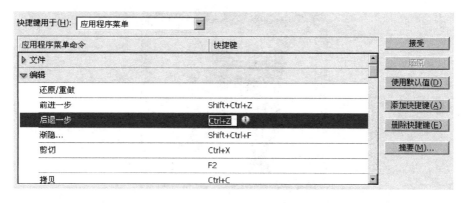

图 5-10 【后退一步】文本框

4. 转换色彩模式

在实际应用中经常会将一种色彩模式转换为另一种色彩模式。Photoshop CS3 Extended 提供了色彩模式的转换操作，打开【图像】菜单，选择【模式】命令，在级联菜单中单击相应的模式命令即可，如图 5-11 所示。

图像数据处理技术

5. 显示标尺

在大多数情况下,Photoshop 中不显示标尺,但有时利用标尺可以精确地观察光标当前的位置,特别是参考线的设置,必须在标尺显示的状态下才能完成。

打开【视图】菜单,选择【标尺】命令,或者使用 Ctrl＋R 组合键,即可在工作区中显示标尺,标尺由水平标尺和垂直标尺组成,如图 5-12 所示。

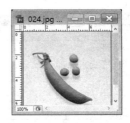

图 5-11　【模式】级联菜单　　　　图 5-12　工作区标尺的显示

6. 创建参考线

参考线对于精确对齐目标有很好的辅助作用。创建参考线的方法是先显示出标尺,然后在标尺上单击鼠标并向图像窗口拖动,这样即可创建一条参考线。

从水平标尺上拖动创建的是水平参考线,从垂直标尺上拖动创建的是垂直参考线,如图 5-13 所示。

图 5-13　添加参考线

如果要移动某条参考线,可将光标移至参考线上,按住 Ctrl 键并拖动即可。打开【视图】菜单,选择【清除参考线】命令,即可删除参考线。

7. 显示比例控制

对于当前图像窗口,用户可以根据需要对图像的显示比例进行控制,包括放大或缩小图像。Photoshop 中提供了缩放工具、视图菜单以及导航器面板等多种方法来完成显示比例控制操作。

以下 4 种是控制图像显示比例的常用操作方法：

- 在工具箱中单击缩放工具 🔍，然后在工作区中单击，可将图像放大 1 倍显示。
- 在工具箱中单击缩放工具 🔍，然后在按住 Alt 键的同时在工作区中单击，可以将图像缩小 1/2 显示。
- 在工具箱中单击缩放工具 🔍，然后在工作区拖出一个区域，可将选定区域放大至整个窗口。
- 打开【视图】菜单，选择【按屏幕大小缩放】命令，将通过调整工作区窗口大小来显示整体图像，也称为满画布显示。

📖 【按屏幕大小缩放】命令的快捷键是 Ctrl＋0。

练习二：设置图像的显示比例

在 Photoshop 实际操作中经常要利用放大选定区域和满画布显示来进行图像局部放大和整体显示，以方便数据处理和查看数据处理后的图像整体效果。其操作过程如下：

（1）打开【文件】菜单，选择【打开】命令，出现【打开】对话框，选择 004.jpg 素材文件，单击【打开】按钮，在工作区中显示图像数据，如图 5-14 所示。

（2）在工具箱中单击缩放工具，用缩放工具在工作区中的眼睛区域拖动鼠标，如图 5-15 所示。

图 5-14　004.jpg 工作区

图 5-15　设置选定区域

（3）松开鼠标，选定的数据区域将放大至整个工作区窗口，如图 5-16 所示，这样对处理眼睛区域的数据提供了方便。

（4）按 Ctrl＋0 组合键，将图像恢复至满画布显示，如图 5-17 所示。

（5）打开【文件】菜单，选择【关闭】命令，将文件关闭，结束操作。

图像数据处理技术

图 5-16 　放大后的选定区域　　　　图 5-17 　图像满画布显示

8. 设置绘图颜色

在 Photoshop 中,无论是用画笔工具还是用矩形、椭圆等形状工具绘制图像,或对图像进行编辑操作,都必须首先设置前景/背景色。前景色用于显示当前绘图工具的颜色,背景色用于显示图像的底色。

工具箱中的前景色和背景色设置区如图 5-18 所示。在该设置区中,前景色框显示的是当前的前景色,背景色框显示的是当前背景颜色,切换图标用于在当前前景色和背景色之间进行切换,默认色图标用于恢复系统默认的前景色与背景色,即前景色为黑色、背景色为白色。

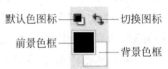

图 5-18 　前景/背景色设置区

1) 用拾色器设置颜色

在工具箱中单击前景色框或背景色框,出现【拾色器】对话框,如图 5-19 所示。

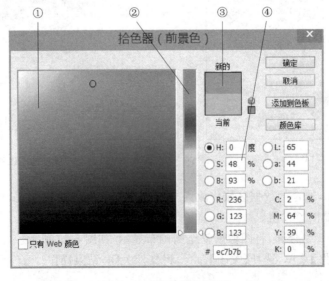

图 5-19 　【拾色器】对话框

【拾色器】对话框中的①区域称为色彩区域,用于选择颜色;②区域称为彩色滑杆,用于选择不同的颜色;③区域的上半部分显示的是当前新选取的颜色,下半部分显示原来设置的颜色;④区域用于设置拾色器的色彩模式,有 HSB、RGB、Lab、CMYK 几种模式,①区域和②区域会根据色彩模式的选择发生变化。

📖 HSB 色彩模式符合人眼对颜色的感知方式,在 Photoshop 选取颜色的操作中使用最为广泛。

在【拾色器】对话框中选取颜色后单击【确定】按钮,完成颜色设置。

2)用吸管工具设置颜色

利用吸管工具可以获取当前工作区中的颜色,使其成为前景色或背景色。

在工具箱中单击吸管工具 ✐,在工具属性栏中出现吸管工具的选项,如图 5-20 所示。

【取样大小】下拉列表框中有 7 个选项,含义如下。

- 取样点:表示将取样颜色精确到一个像素,它是系统默认的取样方式。

图 5-20 吸管工具的选项

- 3×3 平均:表示按 3×3 个像素的平均值进行颜色取样。
- 5×5 平均:表示按 5×5 个像素的平均值进行颜色取样。
- 11×11 平均:表示按 11×11 个像素的平均值进行颜色取样。
- 31×31 平均:表示按 31×31 个像素的平均值进行颜色取样。
- 51×51 平均:表示按 51×51 个像素的平均值进行颜色取样。
- 101×101 平均:表示按 101×101 个像素的平均值进行颜色取样。

练习三:将前景色设置为玫瑰花花瓣颜色

(1)打开【文件】菜单,选择【打开】命令,出现【打开】对话框,选择 008.jpg 素材文件,单击【打开】按钮,在工作区中显示玫瑰花图像,如图 5-21 所示。

(2)在工具箱中单击吸管工具,然后在工具属性栏单击【取样大小】下拉列表框,选择【取样点】选项。

(3)将鼠标指针移动到 008.jpg 工作区的玫瑰花花瓣区域,如图 5-22 所示,单击前景色框设置为花瓣颜色。

图 5-21 008.jpg 工作区

图 5-22 鼠标指针位置

图像数据处理技术

　　📖　按住 Alt 键单击,将背景色设置为花瓣颜色。

9. 设置图像分辨率

设置图像的显示比例只是对工作区视图进行放大或缩小,而不能改变图像文件的大小。如果要改变图像文件的大小,则需要重设图像分辨率。

打开【图像】菜单,选择【图像大小】命令,出现【图像人小】对话框,如图 5-23 所示。

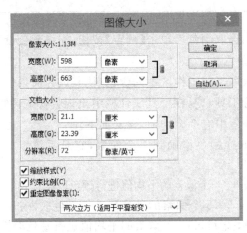

图 5-23 　【图像大小】对话框

在【像素大小】选项区域中,【宽度】/【高度】文本框用于设置像素值。若选中【约束比例】复选框,则限定【宽度】/【高度】文本框中的像素值比率,保证图像宽/高比不变。

在【图像大小】对话框中输入新的像素值后单击【确定】按钮,完成图像分辨率更改设置。

　　📖　当新设置的图像分辨率大于原分辨率时,图像将会失真。

10. 填充颜色

在编辑图像的过程中经常要为选定区域或图层设置颜色,Photoshop 中提供了填充颜色的操作。

打开【编辑】菜单,选择【填充】命令,出现【填充】对话框,如图 5-24 所示。

图 5-24 　【填充】对话框

- 【使用】下拉列表框：指定填充颜色时所使用的对象。其中，【前景色】表示使用前景色进行填充，【背景色】表示使用背景色进行填充，【图案】表示使用事先定义的图案内容进行填充。
- 【自定图案】下拉列表框：当在【使用】下拉列表框中选择【图案】选项后，在该下拉列表框中用户可以选择所需的图案样式进行填充。
- 【模式】下拉列表框：可以选择填充的着色模式。
- 【不透明度】文本框：用于设置填充内容的不透明度。

📖　在 Photoshop 中，按 Alt＋Delete 组合键填充前景色，按 Ctrl＋Delete 组合键填充背景色。

5.3　Photoshop 选区设置

5.3.1　规则选区工具

在工具箱中单击并按住矩形选框工具不放，打开规则选区工具列表，如图 5-25 所示。规则选区工具列表包括矩形选框、椭圆选框、单行选框、单列选框等工具。

图 5-25　规则选区工具列表

1. 规则选区工具选项

规则选区工具的属性栏如图 5-26 所示（以矩形选框工具为例）。

图 5-26　矩形选框工具属性栏

- 选区按钮：指定矩形选框工具的选区类型。　是【新选区】按钮，用于创建一个新选区，取消现有选区；　是【添加到选区】按钮，用于将新建选区添加到现有选区；　是【从选区减去】按钮，用于删除原有选区被新建选区包围的选区部分；　是【与选区交叉】按钮，用于保留新建选区和原有选区相交的选区部分，将其余没有相交的部分删除。
- 【羽化】文本框 羽化:0px ：为新建选区设置羽化效果。对于单行选框/单列选框工具此选项不可用。

📖　羽化的作用主要是通过建立选区和选区周围像素之间的转换边界来模糊边缘，羽化值越大，则选区的边缘越模糊，矩形选区的直角处也就越圆滑。

- 【消除锯齿】复选框 消除锯齿 ：用于消除选区锯齿边缘，只能在椭圆选框工具中可用。

图像数据处理技术

- 【样式】下拉列表框 样式: 正常 ▼：用于设置新建选区的比例。【正常】选项是指通过拖动鼠标可以任意确定选框比例；【固定长宽比】选项用于设置高宽比，例如，若要绘制一个宽是高的两倍的选区，在【宽度】文本框中输入 2，在【高度】文本框中输入 1；【固定大小】选项用于为选区的高度和宽度指定固定值。对于单行选框/单列选框工具此选项不可用。

2. 创建规则选区

1）创建矩形/椭圆选区

单击矩形选框/椭圆选框工具，将鼠标指针移到图像中要选取区域的一个角点，按住鼠标左键不放，拖动鼠标直到选取图像的另一角点，释放鼠标，即可创建矩形或椭圆形选区。矩形选区如图 5-27 所示，椭圆形选区如图 5-28 所示。

    📖   在创建矩形/椭圆形选区时，按住 Shift 键不放，拖动鼠标可创建正方形或正圆形选区；按住 Alt 键不放，拖动鼠标可创建以鼠标起点为中心的矩形或椭圆形选区。

图 5-27　矩形选区　　　　　　　　　图 5-28　椭圆形选区

2）创建单行/单列选区

单击单行选框/单列选框工具，在图像中单击，即可得到单行/单列选区。单行选区如图 5-29 所示，单列选区如图 5-30 所示。

图 5-29　单行选区　　　　　　　　　图 5-30　单列选区

📖　单行选框/单列选框工具只能创建宽度或高度为 1 像素的选区,在使用时可以利用缩放工具将图像的显示比例放大以便对数据进行处理。

　　| 练习四:创建一个机器人选区 |

　　(1)打开【文件】菜单,选择【新建】命令,出现【新建】对话框。在【新建】对话框中单击【名称】文本框,输入"机器人选区";单击【预设】下拉列表框,选择【640×480】选项;单击【颜色模式】下拉列表框,选择【RGB 颜色/8 位】选项;单击【背景内容】下拉列表框,选择【白色】选项,完成设置后单击【确定】按钮。

　　(2)在工具箱中打开规则选区工具列表,单击椭圆选框工具,然后将鼠标指针移到工作区中间位置,按住 Shift 键不放并拖动鼠标,创建如图 5-31 所示的正圆形选区,释放鼠标,建立机器人的头部选区。

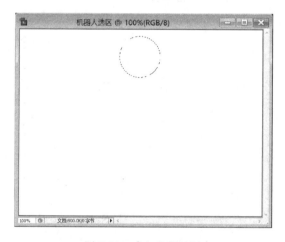

图 5-31　建立头部选区

　　📖　在按住 Shift 键不放并拖动鼠标的过程中,按住 Backspace 键可以移动选区,以便调整正在创建选区的位置。

---

　　(3)在工具箱中打开规则选区工具列表,单击矩形选框工具。在矩形选框工具的属性栏中单击【选区按钮】中的【添加到选区】按钮，将鼠标指针移到工作区,按住 Shift 键不放并拖动鼠标,创建如图 5-32 所示的矩形选区,释放鼠标,建立机器人的躯干选区。

　　📖　为了便于头部选区和躯干选区的位置对齐,可以借助参考线。

---

　　(4)重复上述第(3)步的操作,分别建立机器人的上肢和下肢选区,如图 5-33 所示。

　　(5)在工具箱中打开规则选区工具列表,单击椭圆选框工具。在椭圆选框工具的属性栏中单击【选区按钮】中的【从选区减去】按钮，将鼠标指针移到已创建好的头部选区内,拖动鼠标,创建如图 5-34 所示的椭圆形选区,释放鼠标,建立机器人的眼睛选区。

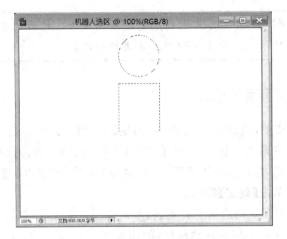

图 5-32　建立躯干选区

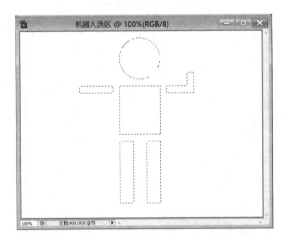

图 5-33　建立四肢选区

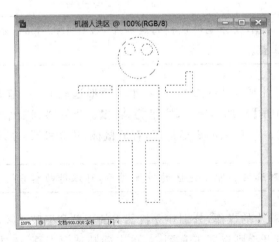

图 5-34　建立眼睛选区

（6）重复上述第（5）步的操作，建立机器人嘴部的选区，如图 5-35 所示。在矩形选框工具的属性栏中单击【选区按钮】中的【添加到选区】按钮 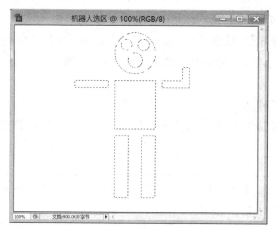，将鼠标指针移到嘴部选区，拖动鼠标并释放，将机器人的嘴部形状调整为微笑状，如图 5-36 所示。

（7）打开【文件】菜单，选择【存储】命令，出现【存储为】对话框，如图 5-7 所示，设置好文件保存路径，单击【保存】按钮，完成文件的保存操作。

图 5-35　建立嘴部选区

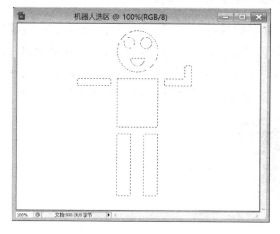

图 5-36　调整嘴部选区

5.3.2　魔棒工具

魔棒工具主要用于选取图像窗口中颜色相同或相近的图像区域。在工具箱中单击 按钮，选择魔棒工具。

1. 魔棒工具的选项

魔棒工具的工具属性栏如图 5-37 所示。该工具部分参数与规则选区工具相同，在此不再赘述，其他主要参数含义如下。

- 【容差】文本框 容差：10 ：用于设置选取的颜色范围，默认值为 32，取值范围是 0～
  255。输入的数值越大，选取的颜色范围越大；输入的数值越小，选取的颜色越接

图 5-37　魔棒工具的选项

近,选取的范围就越小。

- 【连续】复选框 ☑连续 :选中该复选框,可以只选取相邻的区域。当选中该复选框时,可以将不相邻的区域也纳入选区。
- 【对所有图层取样】复选框 ☐对所有图层取样 :该复选框用于具有多个图层的图像文件,如果不选中该复选框,只能对当前图层起作用;如果选中该复选框,将对图像中所有的图层起作用。

2. 用魔棒工具创建选区

在用魔棒工具创建选区时单击图像中的任意一点,附近与它颜色相同或相似的区域便会被自动选取。

　　📖　用魔棒工具创建选区,其他参数不变,当单击图像中的一点时应注意单击的位置不同所得到的选区也会不同。

　　练习五:选取素材文件的蓝色背景区域

(1)打开【文件】菜单,选择【打开】命令,出现【打开】对话框。在【打开】对话框中选择素材文件 009.jpg,单击【打开】按钮,素材文件 009.jpg 的工作区窗口如图 5-38 所示。

(2)在工具箱中单击魔棒工具,在工具属性栏中单击【容差】文本框,输入数值 40;选中【连续】复选框,单击【选区按钮】中的【新选区】按钮,如图 5-39 所示。

图 5-38　009.jpg 工作区

图 5-39　魔棒工具参数设置

(3)在工作区左侧的蓝色背景区域中单击创建选区,如图 5-40 所示。

(4)在工具属性栏中单击【选区按钮】中的【添加到选区】按钮,在工作区右侧的蓝色背景区域中单击添加选区,如图 5-41 所示。

(5)素材文件 009.jpg 的蓝色背景区域被全部选取,为今后选择图像中的人物做好了准备。

　　📖　对于上述操作,也可以不选中【连续】复选框,请读者自己练习。

图 5-40　创建新选区

图 5-41　添加选区

5.3.3　多边形套索工具

多边形套索工具主要用于选取边界多为直线或边界曲折的复杂图像。多边形套索工具的参数选项与规则选择工具的相同,在此不再赘述。

在工具箱中打开套索工具列表,如图 5-42 所示,这里以多边形套索工具为例,单击多边形套索工具 ,将鼠标指针移至图像窗口中要选取图像的边界位置上并单击,然后沿着需要选取的图像区域移动鼠标,并在多边形的转折点处单击作为多边形的一个顶点;当回到起点时,光标右下角将出现一个小圆圈,单击封闭并完成选区设置。

图 5-42　套索工具列表

5.3.4　选区的基本操作

1. 移动选区

在工具箱中单击选区工具,如矩形选框工具、魔棒工具等,然后在选区工具的工具属性栏中单击【新选区】按钮,将鼠标指针移到工作区的选区内,待光标变成 形状时拖动鼠标即可移动选区,如图 5-43 所示。此外,使用键盘上的光标键也可以移动选区。

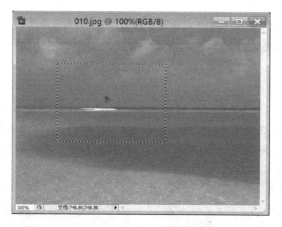

图 5-43　移动选区

图像数据处理技术

2. 取消选区

打开【选择】菜单,选择【取消选择】命令可以取消选区,然后打开【选择】菜单,选择【重新选择】命令,可以重新进行选取并与第一次选取的状态相同。

📖 按 Ctrl＋D 组合键可以快速取消选区的选择。

3. 反选选区

打开【选择】菜单,选择【反选】命令,可以选取工作区中除选区以外的图像区域。该命令常配合魔棒工具等选区工具使用,以便对图像中复杂的区域进行间接选取。

练习五中素材文件 009.jpg 的蓝色背景区域被全部选取的选区设置如图 5-41 所示,打开【选择】菜单,选择【反选】命令,整个人物轮廓被选择,如图 5-44 所示。按 Ctrl＋Shift＋I 组合键可以快速反选选区。

4. 扩展选区

打开【选择】菜单,选择【修改】级联命令,然后选择【扩展】命令,出现【扩展选区】对话框,如图 5-45 所示。在【扩展量】文本框中输入 1～100 之间的数值,单击【确定】按钮即可将选区扩大。

图 5-44　选取人物轮廓　　　　　　图 5-45　【扩展选区】对话框

5. 缩小选区

打开【选择】菜单,选择【修改】级联命令,然后选择【收缩】命令,出现【收缩选区】对话框,如图 5-46 所示。在【收缩量】文本框中输入 1～100 之间的数值,单击【确定】按钮即可将选区缩小。

6. 羽化选区

创建选区后打开【选择】菜单,选择【羽化】命令,可以使选区边缘变得柔和、平滑,并可以使选区边缘柔和地过渡到背景色中。执行该命令后将出现【羽化选区】对话框,如图 5-47 所示。在【羽化半径】文本框中输入 0.2～250 之间的数值,然后单击【确定】按钮即可。

图 5-46　【收缩选区】对话框　　　　　图 5-47　【羽化选区】对话框

7. 保存选区

对于创建好的选区,如果后期需要使用或在其他图像中使用,可以将其保存。打开【选择】菜单,选择【存储选区】命令,出现【存储选区】对话框,如图 5-48 所示。在【名称】文本框中输入保存选区的名称,单击【确定】按钮即可。

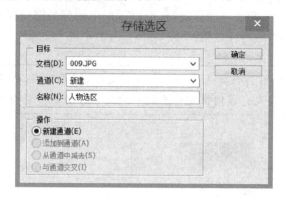

图 5-48　【存储选区】对话框

8. 载入选区

对于曾经保存过的选区如果后期需要使用,可以将其载入。打开【选择】菜单,选择【载入选区】命令,出现【载入选区】对话框,如图 5-49 所示。在【通道】列表框中单击保存过的通道名称,单击【确定】按钮即可。

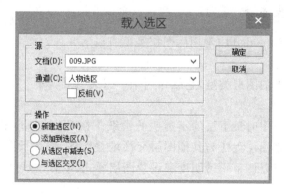

图 5-49　【载入选区】对话框

5.4　Photoshop 图层

5.4.1　图层的基本概念

当在 Photoshop 中处理一幅较为复杂的图像时经常要对图像进行调整和修改,如果是常规的绘画方式,修改和调整复杂图像会非常困难,往往会因小失大——因为如果对一部分图像修改错误,会使整个图像创作失败。Photoshop 提供的图层功能使这一难题迎刃而解。图层功能极大地方便了图像的处理,在处理一幅复杂图像时用户可以一点点、一步步地进行处理,在调整图像局部时不用担心图像的其他部分被破坏(当然这些不同部分放置在不同的

图像数据处理技术

图层上),对其中一层进行编辑不会影响到其他的图层。

用户可以将每个图层理解为一张透明的纸,将图像的各部分绘制在不同图层上。通过这层纸可以看到纸后面的东西,如图 5-50 所示。而且无论在这层纸上如何涂画,都不会影响到其他图层中的图像,也就是说每个图层可以进行独立的编辑或修改。同时,Photoshop 提供了多种图层混合模式和透明度的功能,可以将两个图层的图像通过各种形式很好地融合在一起,从而产生出许多特殊效果。

📖 Photoshop 的图层个数是由系统内存决定的,图层越多,保存的 PSD 格式文件占用的空间越大,所以一般在完成图像制作后把一些可以合并的图层合并。

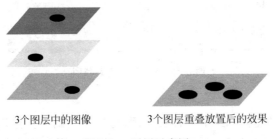

3个图层中的图像　　　　3个图层重叠放置后的效果

图 5-50　图层示意图

5.4.2　图层的基本类型

Photoshop CS3 Extended 中常用的图层类型有以下 8 种。

1) 普通图层

普通图层是最基本的图层类型,它就相当于一张透明纸。

2) 背景图层

背景图层相当于绘图时最下层的不透明的画纸。在 Photoshop 软件中,一幅图像只能有一个背景图层。背景图层无法与其他图层交换堆叠次序,但背景图层可以与普通图层相互转换。背景图层不可以调节不透明度和设置图层样式、蒙版,但可以使用画笔、渐变、图章和修饰工具。

3) 文本图层

使用文字工具在图像中创建文字后,Photoshop 软件自动新建一个图层。在图层面板中,如果图层的最左侧有一个 T 图标,则该图层为文本图层。文本图层主要用于编辑文字的内容、属性和取向。文本图层可以进行移动、调整堆叠、复制等操作,但大多数编辑工具和命令不能在文本图层中使用。如果要使用这些工具和命令,首先要将文本图层转换为普通图层。文本图层不可以进行滤镜、图层样式等操作。

4) 调整图层

在图层面板中,调整图层的右侧有一个调整图层图标 ◐。通过调整图层可以调节其下所有图层中图像的色调、亮度、饱和度等。

5) 效果图层

当为图层应用图层效果后,在图层面板上该层的右侧将出现一个效果图层图标 *fx*,表示该图层是一个效果图层。

6）蒙版图层

在图层面板上有一个蒙版图标 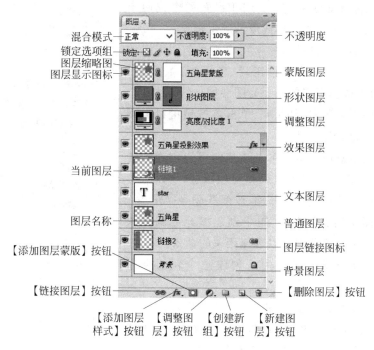，蒙版是一种灰度图像，其作用就像一张布，可以遮盖住处理区域中的一部分，当对处理区域内的整个图像进行滤镜、替换颜色等操作时，被蒙版遮盖起来的部分不会受到影响。

7）形状图层

用户可以通过形状工具和路径工具来创建形状图层，内容被保存在它的蒙版中。

8）图层组

在图层面板最下方有一个像文件夹的图标 ，单击就能创建图层组。图层组的作用就像文件夹一样把同类的图层归类放在一起，便于管理。

5.4.3 图层面板

打开【窗口】菜单，选择【图层】命令，可以显示或隐藏图层面板。图层面板如图 5-51 所示。

图 5-51　图层面板

图层面板中列出了图像中所有的图层，从最上面的图层开始，图层内容的缩略图显示在图层名称的左边，它随用户的编辑而更新。使用滚动条或重新调整面板大小可查看其余图层。

图层面板中各部分的作用如下。

- 【混合模式】下拉列表框：用于选择当前图层与其他图层叠合在一起的效果。单击右侧的 图标，打开一个下拉列表框，从中可选择一种着色模式。

- 【不透明度】文本框：用于设置图层的不透明度。
- 锁定选项组 ⊠ ⁄ ✛ 🔒：其中，⊠ 表示锁定透明区域，按下该按钮后，对图像所做的所有编辑操作只对当前图层起作用，不选中时表示在当前图层中所做的任何图像处理等操作将对全部图像区域起作用；⁄ 表示锁定图层编辑和透明区域，按下该按钮后，对当前图层不能进行画图等图像编辑操作；✛ 表示锁定图层移动功能，按下该按钮后，不能对当前图层进行移动操作；🔒 表示锁定图层及图层副本的所有编辑操作，按下该按钮后，对当前图层进行的所有编辑均无效。
- 图层显示图标 👁：用于显示或隐藏图层。当在图层左侧显示此图标时，表示图像窗口将显示该图层的图像；单击此图标，图标消失并隐藏该图层的图像；再次单击，图标又会显示出来。
- 当前图层：在图层面板中以蓝色条显示的图层为当前图层，单击相应的图层可以改变当前图层。
- 图层链接图标 🔗：当在图层的右侧显示图标 🔗 时表示该图层与当前图层为链接图层，在编辑图层时可以一起进行编辑。
- 【链接图层】按钮 🔗：用于设置两个或两个以上的图层为链接图层或取消图层链接。
- 【添加图层样式】按钮 *fx.*：可以为当前图层添加图层样式效果，单击该按钮，打开一个下拉菜单，从中可以选择相应的命令为图层增加特殊效果。
- 【添加图层蒙版】按钮 🔲：单击该按钮可以为当前图层添加图层蒙版。
- 【创建新组】按钮 🗀：单击该按钮可以创建新的图层集。图层集用于组织和管理图层，可以对其进行查看、选择、复制、移动、改变顺序等操作。
- 【调整图层】按钮 ⚫.：用于创建填充或调整图层，在其下拉菜单中可以选择相关的命令。
- 【新建图层】按钮 🗋：用于创建一个新的空白图层。
- 【删除图层】按钮 🗑：用于删除当前图层。

另外，单击图层面板右上角的 ▶ 按钮将打开图 5-52 所示的下拉菜单，主要用于新建、删除、链接以及合并图层等操作。

新建图层...	Shift+Ctrl+N
复制图层(D)...	
删除图层	
删除隐藏图层	
新建组(G)...	
从图层新建组(A)...	
锁定图层(L)...	
转换为智能对象(M)	
编辑内容	
图层属性(P)...	
混合选项...	
创建剪贴蒙版(C)	Alt+Ctrl+G
取消图层链接(K)	
选择链接图层(S)	
合并图层(E)	Ctrl+E
合并可见图层(V)	Shift+Ctrl+E
拼合图像(F)	
动画选项	▶
调板选项...	

图 5-52 图层面板下拉菜单

5.4.4 图层的基本操作

1. 新建图层

创建新图层的方法很多，一般可以通过图层面板来完成。在图层面板中单击【新建图层】按钮即可创建一个新图层，新创建的图层位于图层面板中所选图层的最上面。

2. 删除图层

对于不需要的图层,用户可以将其删除,该图层中的图像内容将随之被删除。删除图层一般有以下两种方法:

- 在图层面板中选择需要删除的图层,单击【删除图层】按钮。
- 在图层面板中将需要删除的图层拖动到【删除图层】按钮 🗑 上。

3. 图层的显示和隐藏

利用图层显示图标可以进行图层的显示和隐藏,这样可以将不必要的图层暂时关闭,方便其他图层的编辑。

当背景层左侧有图层显示图标 👁 时,图层处于显示状态,如图 5-53 所示;当其左侧没有图层显示图标 👁 时,背景层处于隐藏状态,如图 5-54 所示。

图 5-53　显示背景层

图 5-54　隐藏背景层

4. 图层的复制

1)通过图层菜单复制

在图层面板中选择需要复制的图层,然后将其拖动到面板底部【新建图层】按钮 🖺 上,待鼠标指针变成 🖑 状时释放鼠标,即可复制一个该图层的副本到原图层的上方。复制前后的图层内容完全相同,并重叠在一起。

2)通过菜单命令复制

在图层面板中选择需要复制的图层,打开【图层】菜单,选择【复制图层】命令,出现【复制图层】对话框,如图 5-55 所示,在【为】文本框中输入复制后的图层名称,单击【确定】按钮,完成图层的复制。

图 5-55　【复制图层】对话框

5. 添加图层样式

在 Photoshop 中可以对图层应用各种样式效果，包括阴影、外发光、斜面和浮雕、描边等。添加图层样式主要有以下两种方法。

1）通过图层面板添加

在图层面板中单击【添加图层样式】按钮 **fx.**，在打开的下拉菜单中选择需要的效果命令，然后在出现的【图层样式】对话框中进行参数设置，单击【确定】按钮，完成图层样式的添加。

下面以【投影】图层样式为例介绍其主要参数选项的含义，如图 5-56 所示。

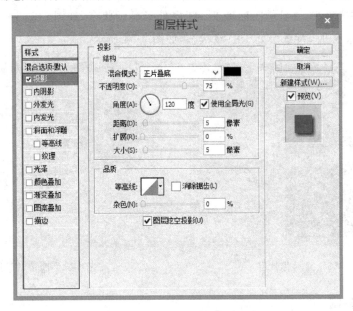

图 5-56　【投影】图层样式对话框

- 【混合模式】下拉列表框：指定所加投影与原图层图像合成的模式，单击其后面的颜色方块，在出现的【拾色器】对话框中可以设置投影的颜色。
- 【不透明度】文本框：用于设置投影的透明程度。
- 【角度】文本框：用于设置产生投影辉光的入射角度，可以直接输入角度值，也可以拖动指针进行旋转来设置角度值。
- 【距离】文本框：用于设置投影的偏移量，数值越大偏移越多。
- 【扩展】文本框：用于设置投影的扩散程度。
- 【大小】文本框：用于设置投影的模糊程度，数值越大越模糊。

2）通过样式面板添加

样式面板中提供了 Photoshop 预设的图层样式。在图层面板中单击预添加样式的图层，打开【窗口】菜单，选择【样式】命令，出现样式面板，如图 5-57 所示，在样式面板中单击所需的效果按钮即可为选中的图层添加预设样式。

图 5-57　样式面板

6. 调整图层的堆叠顺序

在图层面板中所有的图层都是按一定的顺序进行堆叠的,图层的堆叠顺序决定了一个图层是显示在其他图层之上还是之下。调整图层的堆叠顺序一般有以下两种方法。

1) 通过图层面板调整

在图层面板中选择需要移动的图层,用鼠标将其拖动到需要调整到的下一图层上,当出现一条粗线时释放鼠标,即可将图层移到需要的位置,如图 5-58 所示。

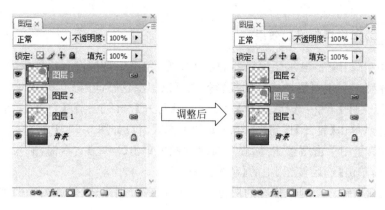

图 5-58　调整图层的排列顺序

 ⚲ 默认情况下不能对背景层的顺序进行调整,若要移动背景层,首先要将背景层转换为普通图层,其方法是在图层面板中双击背景层,在出现的【新图层】对话框中单击【确定】按钮。

2) 通过菜单命令调整

在图层面板中选择需要调整堆叠顺序的图层,打开【图层】菜单,选择【排列】命令,出现【排列】级联菜单,如图 5-59 所示,在级联菜单中选择相应的排列命令即可。

7. 图层的链接

通过链接图层操作可以将多个图层链接成一组,从而可以同时对一组中的多个图层进行移动、变形等编辑操作。

在图层面板中选择多个需要链接的图层,单击【链接图层】按钮 ,即可完成链接。

图 5-59　【排列】级联菜单

 ⚲ 在图层面板中,按 Shift 键选择连续的多个图层,按 Ctrl 键选择不连续的多个图层。

8. 合并图层

在一幅含多个图层的图像中可以将编辑好的几个图层合并成一个图层,这样可以减小文件的大小,便于存储和操作。单击图层面板右上角的 按钮,在弹出的菜单中有以下几个命令用于合并图层。

- 【合并链接图层】命令：用于将所有链接图层合并成一个图层。
- 【合并可见图层】命令：用于将图层面板中所有显示出来的图层进行合并，而被隐藏的图层不合并。
- 【向下合并】命令：用于将当前图层与它下面的一个图层进行合并，而其他图层保持不变。
- 【拼合图层】命令：用于将图层面板中所有的图层进行合并，并放弃图像中隐藏的图层。

练习六：为图像添加投影效果

素材文件 020.jpg 是显示琵琶乐器的一幅图像，但由于琵琶没有添加光影效果，从而使图像缺少立体感。利用图层样式中的投影效果可以解决这一问题。

（1）打开【文件】菜单，选择【打开】命令，出现【打开】对话框。在【打开】对话框中选择素材文件 020.jpg，单击【打开】按钮。020.jpg 的工作区窗口如图 5-60 所示。

（2）在工具箱中单击魔棒工具，在工具属性栏中单击【容差】文本框，输入数值 40；选中【连续】复选框，单击【选区按钮】中的【新选区】按钮。

（3）将鼠标指针移动到工作区的白色背景区域，单击创建选区，如图 5-61 所示。

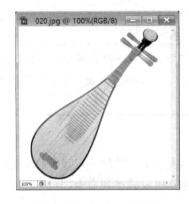 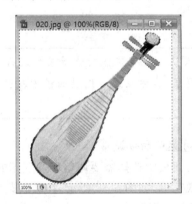

图 5-60　020.jpg 工作区　　　　　　　图 5-61　选择白色背景

（4）按 Ctrl+Shift+I 组合键反选选区，选择工作区中的琵琶图像。

（5）打开【编辑】菜单，选择【复制】命令，复制琵琶图像。然后按 Ctrl+D 组合键，取消选区。

（6）在图层面板中单击【新建图层】按钮，则在背景层上创建新图层，如图 5-62 所示。

（7）打开【编辑】菜单，选择【粘贴】命令，将琵琶图像粘贴到新建图层上，如图 5-63 所示。

（8）选择新图层，在图层面板中单击【添加图层样式】按钮，在打开的下拉菜单中选择【投影】命令，出现【图层样式】对话框。设置【角度】文本框的数值为 135，【距离】文本框的数值为 8，【扩展】文本框的数值为 10，【大小】文本框的数值为 16，其他参数如图 5-64 所示，单击【确定】按钮完成投影效果设置。新建图层中琵琶图像的投影效果如图 5-65 所示。

（9）打开【文件】菜单，选择【存储】命令，保存文件。

图 5-62　新建图层

图 5-63　粘贴琵琶图像

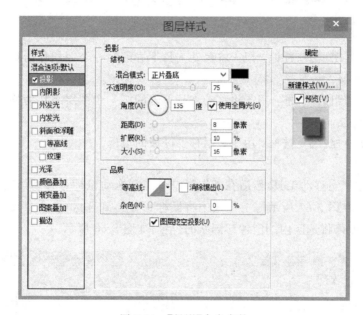

图 5-64　【投影】命令参数

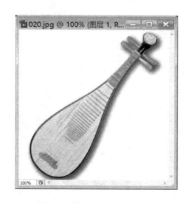

图 5-65　琵琶图像的投影效果

图像数据处理技术

5.5 Photoshop 图像编辑工具

5.5.1 移动和裁切工具

1. 移动工具

使用移动工具可以将整幅图像或选区内的图像移动到图像的其他位置或另一幅图像文件中。

1）工具选项

在工具箱中单击 ，选择移动工具，其工具属性栏如图 5-66 所示。

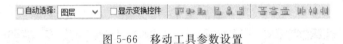

图 5-66 移动工具参数设置

- 【自动选择图层】复选框：用于将移动工具下方的第一个图层作为移动的对象，而不是当前图层。
- 【自动选择组】复选框：用于将移动工具下方的第一个图层组作为移动的对象，而不是当前图层。
- 【显示变换控件】复选框：用于显示移动区域的边框。

2）操作方法

在工具箱中单击移动工具，然后在工作区中单击并拖动鼠标可移动当前图层的图像或选区内的图像。在图 5-67 所示的工作区中将鼠标指针移到选区内，当其变成 形状时单击并拖动鼠标，即可将选区内的图像移到新的位置，如图 5-68 所示。

图 5-67 原图像文件   图 5-68 移动图像区域

2. 裁切工具

1）工具选项

在工具箱中单击 ，选择裁切工具，其工具属性栏如图 5-69 所示。

- 【宽度】/【高度】文本框：用于设置裁切区域的宽度和高度。
- 【分辨率】文本框：用于设置图像的分辨率。

图 5-69　裁切工具参数设置

- 【前面的图像】按钮：可以使裁切后的图像尺寸与原来的图像尺寸保持一致。
- 【清除】按钮：可以清除工具属性栏上各选项的参数设置。

2）操作方法

使用裁切工具可以将图像中的某部分裁切成一个新的图像。在工具箱中单击裁切工具，将鼠标指针移到工作区中单击并拖动，选中需要裁切的图像区域，如图 5-70 所示，然后按 Enter 键或单击工具属性栏右侧的 ✔ 按钮，完成裁切操作，将选定的区域裁切成一个新的图像文件，如图 5-71 所示。

图 5-70　选取的裁切区域

图 5-71　裁切后的图像

5.5.2　填充工具组

使用填充工具组可以对图像进行各种效果的填充编辑。在工具箱中单击并按住渐变工具 ▦ 不放，打开填充工具组，如图 5-72 所示。

1. 渐变工具

使用渐变工具可以对图像进行填充，产生两种颜色以上的渐变效果。

图 5-72　填充工具组

1）工具选项

在工具箱中单击 ▦ ，选择渐变工具，其工具属性栏如图 5-73 所示。

图 5-73　渐变工具参数设置

- 【渐变模式】按钮 ▦ ：用于选择不同的颜色渐变模式。单击其右侧的 ⊡，在弹出的下拉列表中提供了 15 种颜色渐变模式供用户选择。单击 ▦ ，可以打开【渐变编辑器】对话框进行复杂渐变模式的编辑，如图 5-74 所示。
- 【渐变类型】按钮：用于设置渐变类型。其中，【线性渐变】按钮 ▦ 用于从起点到终

图 5-74　【渐变编辑器】对话框

点以直线方向逐渐改变颜色,【径向渐变】按钮 用于从起点到终点以圆形图案沿半径方向进行颜色的逐渐改变,【角度渐变】按钮 用于围绕起点按顺时针方向环绕进行颜色的逐渐改变,【对称渐变】按钮 用于在起点两侧进行对称性的颜色逐渐改变,【菱形渐变】按钮 用于从起点向外侧以菱形图案进行颜色的逐渐改变。

- 【模式】下拉列表框:用于设置颜色模式。
- 【不透明度】文本框:用于设置渐变颜色填充的透明程度。
- 【反向】复选框:使产生的渐变颜色恰好与设置的颜色渐变顺序相反。
- 【仿色】复选框:用于使颜色渐变更加均匀。
- 【透明区域】复选框:用于产生不同颜色段的透明效果。

2) 操作方法

在工具箱中单击渐变工具,设置好渐变工具参数,然后将鼠标指针移到工作区中单击并拖动到适当位置松开即可。

2. 油漆桶工具

使用油漆桶工具可以在图像或选区中填充指定的颜色或图案。

1) 工具选项

在工具箱中单击 ,选择油漆桶工具,其工具属性栏如图 5-75 所示。

图 5-75　油漆桶工具参数设置

- 【填充】下拉列表框:包括【前景】和【图案】两个选项。【前景】选项使用当前的前景色进行填充;【图案】选项使用自定义或预设图案进行填充。
- 【图案】按钮:只有在【填充】下拉列表框中选择【图案】选项后该按钮才被激活,单击该按钮可以选择所需的图案。
- 【容差】文本框：用于设置填充的区域范围，数值越小，填充区域越少。
- 【所有图层】复选框：设置当有多个图层时是否对所有图层进行填充。

其他参数的用法与前面讲述的工具相同，在此不再赘述。

2）自定义填充图案

在用油漆桶工具填充图案时，多数情况下需要自定义填充图案。

在工具箱中打开规则选区工具列表，单击矩形选框工具，在其工具属性栏中设置【羽化】文本框中的数值为0。将鼠标指针移到需要的工作区中，拖动鼠标，选择要自定义图案的区域，如图5-76所示。打开【编辑】菜单，选择【定义图案】命令，出现【图案名称】对话框，如图5-77所示，在【名称】文本框中输入自定义图案名称，单击【确定】按钮，完成自定义图案设置。

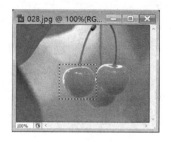

图 5-76　设置矩形选区

图 5-77　【图案名称】对话框

3）操作方法

在工具箱中单击油漆桶工具，在工具属性栏中设置好工具参数，然后将鼠标指针移到工作区中单击即可。

练习七：填充草莓图案

（1）打开【文件】菜单，选择【打开】命令，出现【打开】对话框，选择素材文件 026.jpg，单击【打开】按钮，工作区窗口中显示草莓图像，如图5-78所示。

（2）在工具箱中打开规则选区工具列表，单击矩形选框工具，在其工具属性栏中设置【羽化】文本框的数值为0。将鼠标指针移到草莓图像区域附近，拖动鼠标，选择草莓图案，如图5-79所示。

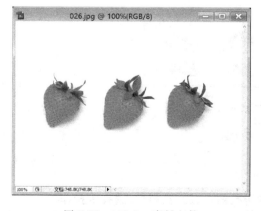

图 5-78　026.jpg 素材文件

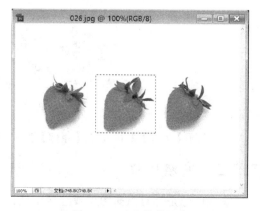

图 5-79　选择草莓图像

图像数据处理技术

（3）打开【编辑】菜单，选择【定义图案】命令，出现【图案名称】对话框，如图 5-77 所示，在【名称】文本框中输入"草莓"，单击【确定】按钮。

（4）打开【文件】菜单，选择【新建】命令，出现【新建】对话框，如图 5-5 所示，然后单击【预设】下拉列表框，选择【640×480】选项；单击【颜色模式】下拉列表框，选择【RGB 颜色/8位】选项；单击【背景内容】下拉列表框，选择【白色】选项，单击【确定】按钮，创建一个空白图像。

（5）在工具箱中选择油漆桶工具，在工具属性栏中单击【填充】下拉列表框，选择【图案】选项，然后单击【图案】按钮，显示图案列表，如图 5-80 所示，单击已经自定义的"草莓"图案，其他参数设置如图 5-81 所示。

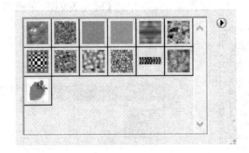

图 5-80　图案列表

图 5-81　油漆桶工具参数设置

（6）将鼠标指针移动到新建文件的工作区窗口，单击填充自定义草莓图案，如图 5-82所示。

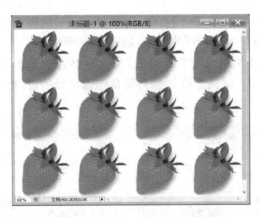

图 5-82　图案列表

（7）打开【文件】菜单，选择【存储】命令，保存文件。

5.5.3　变换图像

变换图像是针对当前图层或选区中的图像进行缩小、旋转、斜切、透视等操作。

打开【编辑】菜单,选择【变换】命令,出现级联菜单,如图5-83所示,选择级联菜单中的变换命令,即可对选区或当前图层中的图像进行缩放、旋转等操作。

- 【再次】命令:用于重复执行上一次使用的变换操作。
- 【缩放】命令:用于调整选区或当前图层中的图像大小,按住Shift键拖动,可以按固定比例缩放图像的大小。
- 【旋转】命令:用于选区或当前图层中的图像自由旋转。
- 【斜切】命令:使选区或当前图层中的图像倾斜变形。
- 【扭曲】命令:任意拖动4个角点对选区或当前图层中的图像进行自由调整。
- 【透视】命令:可以拖动角点,将选区或当前图层中的图像变换成等腰梯形或对顶三角形图像。
- 【变形】命令:可以拖动控制点以变换图像的形状、路径等。
- 【旋转180度】命令:使选区或当前图层中的图像旋转180度。

图 5-83 【变换】命令级联菜单

- 【旋转90度(顺时针)】命令:使选区或当前图层中的图像顺时针旋转90度。
- 【旋转90度(逆时针)】命令:使选区或当前图层中的图像逆时针旋转90度。
- 【水平翻转】命令:使选区或当前图层中的图像水平翻转。
- 【垂直翻转】命令:使选区或当前图层中的图像垂直翻转。

在变换操作过程中,按Enter键或单击工具属性栏中的☑️按钮确认变换效果,按Esc键或单击工具属性栏中的⊘按钮取消变换效果。

📖 按Ctrl+T组合键可以对选区或当前图层中的图像进行自由变换。

练习八:制作乌龟倒影

(1)打开【文件】菜单,选择【打开】命令,出现【打开】对话框,选择素材文件022.jpg,单击【打开】按钮,工作区窗口中显示乌龟图像,如图5-84所示。

图 5-84　022.jpg素材文件

图像数据处理技术

（2）在工具箱中单击魔棒工具，在其工具属性栏中设置【容差】值为 20，选中【连续】复选框，如图 5-85 所示。

图 5-85　魔棒工具参数设置

（3）将鼠标指针移动到工作区中的白色背景区域单击，创建图 5-86 所示的选区。

图 5-86　新建选区

（4）按 Ctrl＋Shift＋I 组合键反选选区，选择乌龟图像。

（5）打开【编辑】菜单，选择【复制】命令，然后按 Ctrl＋D 组合键取消选区。

（6）在图层面板中单击【新建图层】按钮，新建一个图层，将新建图层命名为"乌龟"。然后打开【编辑】菜单，选择【粘贴】命令，粘贴乌龟图像到"乌龟"图层上，如图 5-87 所示。

（7）将背景色设置为白色，在图层面板中选择背景层，然后按 Ctrl＋Delete 组合键将背景层填充为白色，如图 5-88 所示。

图 5-87　"乌龟"图层

图 5-88　背景层填充白色

（8）在图层面板中选中"乌龟"层，打开【编辑】菜单，选择【变换】命令，在级联菜单中选择【缩放】命令，工作区窗口中的乌龟图像四周出现变换边框，如图 5-89 所示。

（9）将鼠标指针移到变换边框左上角的角点上，当其变为 ↖ 形状时按住 Shift 键拖动，缩小乌龟图像，并移动图像到适当位置，如图 5-90 所示，再按 Enter 键确认。

（10）在图层面板中选中"乌龟"层，按住鼠标拖动到【新建图层】按钮 上，复制"乌龟"图层，将复制的图层命名为"倒影"。

图 5-89　变换边框　　　　　　　　　　　图 5-90　缩小乌龟图像

　　（11）在图层面板中选中"倒影"层，打开【编辑】菜单，选择【变换】命令，在级联菜单中选择【垂直翻转】命令，将"倒影"层中的乌龟图像垂直翻转，如图 5-91 所示。

　　（12）在工具箱中选择移动工具，移动翻转乌龟图像到适当位置，如图 5-92 所示。

图 5-91　垂直翻转乌龟　　　　　　　　　图 5-92　移动翻转乌龟

　　（13）在图层面板中选择"倒影"层，设置【不透明度】文本框中的数值为 25%，将翻转乌龟设置为倒影效果，如图 5-93 所示。

　　（14）打开【文件】菜单，选择【存储】命令，保存文件。

图 5-93　倒影乌龟

图像数据处理技术

5.5.4 画笔工具

使用画笔工具可以绘制各种形状的图形。

1. 工具选项

在工具箱中单击  按钮,选择油漆桶工具,其工具属性栏如图 5-94 所示。

图 5-94　画笔工具参数设置

- 【画笔】按钮 : 用于选择和设置画笔大小。
- 【流量】文本框:用于设置画笔颜色的压力程度,该值越大,画笔绘制效果越浓。
- 【画笔调板】按钮 : 用于设置复杂的画笔选项。

其他参数的用法与前面讲述的工具相同,在此不再赘述。

2. 画笔按钮

在画笔工具的属性栏中单击【画笔】按钮,打开图 5-95 所示的下拉列表,其参数含义如下。

- 【主直径】标尺:用于设置画笔的大小。
- 【硬度】标尺:用于设置画笔边缘的硬度。该选项对部分画笔工具无效。
- 【画笔】列表框:用于选择特定的画笔工具。

此外,单击【画笔】按钮下拉列表中的 按钮可以打开级联菜单,如图 5-96 所示,加载系统预设的其他画笔工具组,如人造材质画笔等。

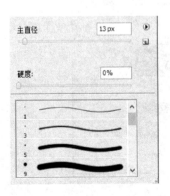

图 5-95　【画笔】按钮下拉列表　　　　图 5-96　【画笔】级联菜单

3. 画笔调板

画笔调板用于选择预设画笔和设计自定画笔。选择【窗口】中的【画笔】命令可以隐藏或打开画笔调板。用户也可以按下键盘上的 F5 键或是在画笔工具的工具属性栏中单击【切换画笔调板】按钮打开或隐藏画笔调板。例如在画笔工具的工具属性栏中单击【画笔调板】按钮,打开画笔调板,如图 5-97 所示。

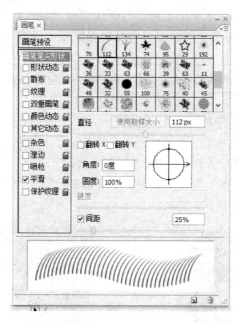

图 5-97　【画笔调板】下拉列表

4. 操作方法

在工具箱中单击画笔工具,在工具属性栏或画笔调板中设置好工具参数,然后将鼠标指针移到工作区中拖动即可。

5.5.5　修复画笔工具

使用修复画笔工具可以消除图像中的人工痕迹,包括蒙尘、划痕及褶皱等,同时保留阴影、光照和纹理等效果。

1. 工具选项

在工具箱中单击 ✐ · 按钮,选择修复画笔工具,其工具属性栏如图 5-98 所示,参数如下。

图 5-98　修复画笔工具参数设置

- 【画笔】按钮 ：用于选择和设置修复画笔大小。
- 【源】单选按钮组:用于修复时所使用的图像来源。其中,选择【取样】单选按钮可以定义图像中的某部分图像用于修复,选择【图案】单选按钮可以在其右侧的列表中选择已有的图案用于修复。

- 【对齐】复选框：选择该复选框，只能修复一个固定位置的图像；如果不选择该复选框，可以连续修复多个相同区域的图像。

其他参数的用法与前面讲述的工具相同，在此不再赘述。

2. 操作方法

在工具箱中单击修复画笔工具，在工具属性栏中设置画笔大小，选择【取样】单选按钮等，然后将鼠标指针移到工作区中用于修复的图像部分，按住 Alt 键，当其形状变为 ⊕ 时单击，定义好样本，接着将鼠标指针移到需要修复的图像部分，按下鼠标并拖动即可。

📖　在工具属性栏中如果选择【图案】单选按钮，则不需要按 Alt 键定义样本。

　练习九：修复一幅画像

(1) 打开【文件】菜单，选择【打开】命令，出现【打开】对话框，然后选择素材文件027.jpg，单击【打开】按钮，在工作区窗口中显示一幅灰色的人物图像，如图 5-99 所示，画像中有两处明显的斑点，如图 5-100 所示。

图 5-99　027.jpg 素材文件　　　　　　图 5-100　图像的斑点

(2) 在工具箱中单击修复画笔工具，在其工具属性栏中单击【画笔】按钮，在【直径】文本框中输入 20，单击【取样】按钮，其他参数如图 5-101 所示。

图 5-101　工具属性栏参数设置

(3) 将鼠标指针移到 A 处斑点附近区域，按住 Alt 键，当其变为 ⊕ 形状时单击，定义用于修复 A 处斑点的样本，如图 5-102 所示。

(4) 将鼠标指针移到 A 处斑点上，按下鼠标并拖动，修复好 A 处的斑点，如图 5-103 所示。

图 5-102　在 A 处附近定义样本

图 5-103　修复 A 处斑点

（5）在工具箱中单击缩放工具，将鼠标指针移动到 B 处斑点区域，按住鼠标并拖动，如图 5-104 所示，将 B 处斑点区域局部放大，如图 5-105 所示。

图 5-104　拖动缩放工具

图 5-105　放大 B 处斑点

📖　B 处斑点位于人物图像的头发区域，而且斑点比较小，因此需要对 B 处斑点局部放大以方便进行修复。

（6）在工具属性栏中单击【画笔】按钮，在【直径】文本框中输入 8，其他参数不变。在使用修复画笔工具的过程中要注意及时调整画笔大小以方便进行精确修复。

（7）在图 5-105 所示的工作区中将鼠标指针移到 B 处斑点附近区域，按住 Alt 键，鼠标指针变为 ⊕ 形状，单击，定义用于修复 B 处斑点的样本。

（8）将鼠标指针移到 B 处斑点上，按下鼠标并拖动，修复好 B 处的斑点，如图 5-106

图像数据处理技术

所示。

（9）按 Ctrl＋0 组合键，工作区中显示图像全局视图，可以看到两处斑点已经修复完成，如图 5-107 所示。

（10）打开【文件】菜单，选择【存储】命令，保存文件。

图 5-106　修复 B 处斑点

图 5-107　修复后的图像

5.5.6　文字工具

文字在图像处理中有着非常广泛的应用，使用文字工具可以直接在图像中输入文字。在工具箱中单击并按住横排文字工具 **T.** 不放，打开文字工具组，如图 5-108 所示。文字工具组中各工具的参数设置及操作非常相似，下面以横排文字工具为例进行介绍。

1. 工具选项

在工具箱中单击 **T** 按钮，选择横排文字工具，其工具属性栏如图 5-109 所示，参数如下。

图 5-108　文字工具组

图 5-109　横排文字工具参数设置

- 【更改文字方向】按钮：用于更改文字方向。
- 【字体】下拉列表框：用于设置文字的字体。
- 【字号】下拉列表框 **T**：用于设置文字字体的大小。在该列表框中单击可直接输入数值。
- 【消除锯齿】下拉列表框 **ᵃₐ**：用于设置消除文字锯齿的方法。
- 【文字对齐】按钮组：用于设置文字的对齐方式。
- 【颜色】按钮：用于设置文字的颜色。
- 【变形】按钮：用于创建变形文字。单击该按钮会出现【变形文字】对话框，如

图 5-110 所示。

- 【字符/段落调板】按钮  ：用于显示或隐藏字符/段落调板。字符/段落调板如图 5-111 所示。

图 5-110　【变形文字】对话框　　　　图 5-111　字符/段落调板

2．操作方法

在工具箱中单击横排文字工具，在工具属性栏中设置文字的字体、大小等参数，然后将鼠标指针移到工作区窗口中输入文字的位置单击，鼠标指针形状变为文本输入符 Ⅰ，输入所需的文字。输入文字后，按 Enter 键或单击工具属性栏右侧的 ✔ 按钮确认，按 Esc 键或单击工具属性栏右侧的 ◯ 按钮取消文字的输入。

3．选取文字

创建文字后，如果要对文字进行编辑或修改，需要先选取文字。

选取文字时先在工具箱中单击横排文字工具，然后将鼠标指针移到要选择的文字区域内，当鼠标指针形状变为文本输入符 Ⅰ 时单击并拖动鼠标即可选取文字。

　练习十：制作描边文字

（1）打开【文件】菜单，选择【打开】命令，出现【打开】对话框，然后选择素材文件003.jpg，单击【打开】按钮，工作区窗口中显示一幅灰色背景图像。

（2）在工具箱中单击横排文字工具，在工具属性栏中设置【字体】为黑体，在【字号】下拉列表框中输入数值 190，设置文字颜色为白色，其他参数如图 5-112 所示。

图 5-112　工具属性栏参数设置

（3）将鼠标指针移到工作区窗口中单击，输入文字"振兴中华"，按 Enter 键确认，如图 5-113 所示。确认文字后在图层面板中会自动建立一个文本层，名称为"振兴中华"，如图 5-114 所示。

（4）在图层面板中按住 Ctrl 键单击"振兴中华"文本层，在工作区窗口中将建立文字选区，如图 5-115 所示。

（5）打开【选择】菜单，选择【修改】命令，在打开的级联菜单中选择【扩展】命令，出现【扩展选区】对话框，如图 5-45 所示，在【扩展量】文本框中输入 5，单击【确定】按钮，扩展文字选区,效果如图 5-116 所示。

图 5-113　输入文字

图 5-114　建立文本层

图 5-115　建立文字选区

图 5-116　扩展文字选区

（6）在工具箱中单击前景色框,出现【拾色器】对话框,如图 5-19 所示,选取"R:255,G:0,B:0"的纯红色。

（7）在图层面板中单击【新建图层】按钮,在"振兴中华"文本层上建立一个普通层,命名为"描边",然后按 Alt＋Delete 组合键用前景色填充选区,按 Ctrl＋D 组合键取消选区,工作区窗口效果如图 5-117 所示,图层面板如图 5-118 所示。

图 5-117　用前景色填充选区

图 5-118　图层面板

（8）在图层面板中将"描边"图层拖动到"振兴中华"文本层下面，工作区窗口中的文字将产生描边效果，如图 5-119 所示。

（9）在图层面板中选择"描边"层，单击【添加图层样式】按钮 ，在打开的下拉菜单中选择【外发光】命令，出现【图层样式】对话框，设置【扩展】水平标尺的数值为 10、【大小】水平标尺的数值为 24，其他参数不变，单击【确定】按钮，为"描边"图层添加外发光样式，工作区窗口中的图像效果如图 5-120 所示。

（10）打开【文件】菜单，选择【存储】命令，保存文件。

图 5-119　描边效果

图 5-120　设置外发光效果

5.5.7　形状工具组

使用形状工具组中的工具可以绘制一些特殊的形状路径，形状工作组中包括矩形、圆角矩形、椭圆、多边形、直线和自定形状工具，除去直线和自定形状工具以外，其他工具均可以看成是 Photoshop 中的基本形状，用户可以使用这些基本形状来组成一些复杂的形状。在工具箱中单击并按住矩形工具 不放，打开形状工具组，如图 5-121 所示。本书以自定义形状工具为例进行介绍。

图 5-121　形状工具组

1. 工具选项

在工具箱中单击 按钮，选择自定形状工具，其工具属性栏如图 5-122 所示，参数如下。

图 5-122　自定形状工具参数设置

- 类型按钮组 ：用于设置创建类型。【形状】按钮 用于创建新的形状图层，包括形状路径和填充颜色；【路径】按钮 用于创建新的形状路径，且没有填充颜色；【填充】按钮 用于创建图形形态和前景色填充效果，既不创建新图层，也不创建路径。
- 工具按钮组 ：用于在各种形状工具之间进行切换。在类型按钮组中单击【填充】按钮，矩形工具 用于绘制矩形填充区域，圆角矩形工具 用于绘

133

第5章

图像数据处理技术

制圆角矩形填充区域,椭圆工具 ⬭ 用于绘制椭圆填充区域,多边形工具 ⬡ 用于绘制多边形填充区域,直线工具 ╲ 用于绘制直线,自定形状工具 ✿ 用于绘制各种自定形状填充区域。

- 【形状】按钮 ♥ ·:用于选择系统预设的各种自定形状。单击该按钮,会出现图 5-123 所示的下拉列表。此外,单击【形状】按钮下拉列表中的 ▶ 按钮可以打开级联菜单,如图 5-124 所示,加载系统预设的其他自定形状工具组,如动物等。

其他参数的用法与前面讲述的工具相同,在此不再赘述。

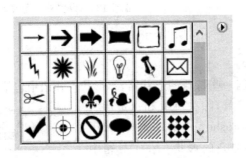

图 5-123 【形状】按钮下拉列表   图 5-124 【形状】级联菜单

2. 操作方法

在工具箱中单击自定形状工具,在工具属性栏中单击【填充】按钮,设置好其他参数后将鼠标指针移到工作区中拖动即可。

5.6 Photoshop 路径

人们习惯于使用魔棒工具等选取工具建立选区,但它无法处理非常细节的内容,而利用路径可以较好地解决这个问题,它可以进行精确定位和调整,并且适用于不规则的、难以使用其他工具进行选择的区域。

路径是由多个节点的矢量线条构成的图像,也就是说,路径是由贝塞尔曲线构成的图形。Photoshop 中的路径用于创建复杂的图像。路径在图像显示效果中表现为一些不可打印的矢量形状,可以沿着产生的线段或曲线对路径进行填充、描边,还可以将其转换为选区。

连接路径的节点(也称为锚点)分为角点和平滑点两种类型,角点连接的路径为直线路径,平滑点连接的路径为曲线路径。角点和平滑点可以转换,从而将直线路径转换为曲线路径。

5.6.1　路径工具

在工具箱中单击并按住钢笔工具 ✿. 不放,打开钢笔工具列表,如图 5-125 所示;单击并按住路径选择工具 ▶. 不放,打开路径工具列表,如图 5-126 所示。

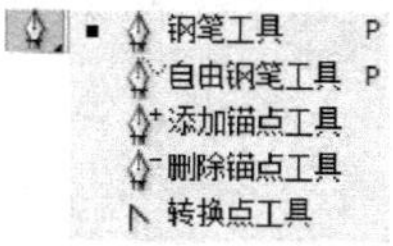

图 5-125　钢笔工具列表 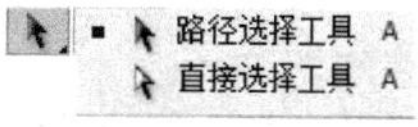　　　　图 5-126　路径工具列表

1. 钢笔工具

使用钢笔工具可以直接创建直线路径和曲线路径。

1) 工具选项

在工具箱中单击 ✿. 按钮,选择钢笔工具,其工具属性栏如图 5-127 所示,主要参数如下。

图 5-127　钢笔工具参数设置

- 工具按钮组 ✿✿□□○○○＼✿▼ :用于在钢笔工具以及各种形状工具之间进行切换。在类型按钮组中单击【路径】按钮,钢笔工具 ✿ 用于绘制直线或曲线路径,自由钢笔工具 ✿ 用于绘制自由曲线路径。
- 【自动添加/删除】复选框:用于实现自动添加或删除锚点的功能。该复选框只有在工具按钮组中选择钢笔工具时有效。

2) 操作方法

在工具箱中单击钢笔工具,设置好工具属性栏参数,然后将鼠标指针移到工作区窗口中的适当位置单击,创建路径的第 1 个角点,即起点。移动鼠标指针到工作区的另一位置单击,创建第 2 个角点并与第 1 个角点之间创建一条直线路径。将鼠标指针再移动到其他位置单击,创建第 3 个角点并与第 2 个角点之间创建一条直线路径,如图 5-128 所示。以此类推,可以创建由若干个角点构成的直线路径,结束时将鼠标指针移到第 1 个角点处,此时鼠标指针变为 ✿. 形状,单击即可创建一条闭合路径,如图 5-129 所示。

> 📖　在绘制直线路径时,按住 Shift 键可以创建水平、垂直或 45°方向的直线路径。

2. 转换点工具

使用转换点工具可以在角点和平滑点之间进行转换,其具体操作如下。

1) 角点转换为平滑点

在工具箱中单击转换点工具 ▶ ,在需要转换的角点上单击并按住鼠标拖动,即可将角

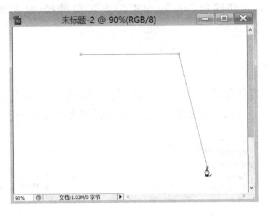

图 5-128　创建直线路径

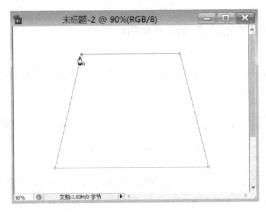

图 5-129　创建闭合路径

点转换为平滑点。

2）平滑点转换为角点

在工具箱中单击转换点工具 ，在需要转换的平滑点上单击，即可将平滑点转换为角点。

3. 添加锚点工具

锚点就是路径上的一个控制节点，路径的走向曲率依靠控制节点来调整。添加锚点就是添加控制节点。利用添加锚点工具可以给已经创建的路径添加一个锚点。

在工具箱中单击添加锚点工具，将鼠标指针移到路径上需要添加锚点的位置单击，即可添加锚点。

4. 删除锚点工具

删除锚点就是删除控制节点，利用删除锚点工具 可以将路径中的锚点删除。

在工具箱中单击删除锚点工具，将鼠标指针移到需要删除的锚点上单击，即可删除锚点。

5. 路径选择工具

利用路径选择工具 可以移动路径中的一部分路径，使原来的路径产生变形。

在工具箱中单击路径选择工具，在需要移动或变形的路径上拖动矩形框即可选择部分路径,如图 5-130 所示。选择部分路径后,组成该路径的锚点显示为黑色的实心正方形。

图 5-130　选择部分路径

5.6.2　路径面板

路径的基本操作和编辑大部分都是通过路径面板来实现的。打开【窗口】菜单,选择【路径】命令,可以显示或隐藏路径面板。路径面板如图 5-131 所示。

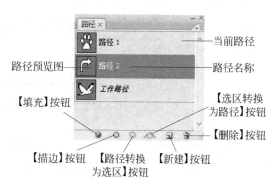

图 5-131　路径面板

- 当前路径:在路径面板中以蓝色条显示的路径为当前路径。
- 路径预览图:用于显示该路径的预览缩略图,可以观察到路径的大致样式。
- 路径名称:用于显示路径名称。双击路径名称可以修改路径名。
- 【填充】按钮 ●:用前景色或图案填充当前路径。
- 【描边】按钮 ○:用画笔等工具为路径描边。
- 【路径转为选区】按钮 ○:用于将当前路径转换成选区。
- 【选区转为路径】按钮 △:用于将当前选区转换成路径。
- 【新建】按钮 ▣:用于建立一个新路径。
- 【删除】按钮 🗑:用于删除当前路径。

图像数据处理技术

5.6.3　路径的基本操作

1. 显示/隐藏路径

在路径面板中单击某一个路径栏时,该路径栏中的路径便显示在工作区窗口中。在同一时间,只有一个路径栏中的路径能被显示在工作区窗口中。

在路径面板中按 Esc 键可以隐藏所有路径,不在工作区窗口中进行显示。

2. 存储路径

默认情况下,新建路径均被存储在系统预设的【工作路径】路径栏中,该路径栏的名称为斜体。【工作路径】路径栏是一个临时存放路径的场所,重新绘制路径时原路径将被自动删除。如果路径需要被永久保存,可以单击路径面板中的【新建】按钮新建一个路径栏,将新建的路径保存在该路径栏中或者重命名【工作路径】路径栏。

3. 描边路径

使用画笔、铅笔、仿制图章等工具都可以对路径描边。

在路径面板中选择要描边的路径栏,单击路径面板右上角的  按钮,将打开如图 5-132 所示的下拉菜单,选择【描边路径】命令,出现【描边路径】对话框,如图 5-133 所示,在【工具】下拉列表中选择描边工具,单击【确定】按钮,即可用所选工具对路径进行描边。

图 5-132　路径面板下拉菜单　　　　　图 5-133　【描边路径】对话框

　　📖　在为路径描边前需要设置好描边所用工具的参数选项。

---

4. 路径和选区互相转换

用路径工具可以很精确地创建路径,但对于一些比较复杂的图像形状,使用钢笔工具描绘过于烦琐,更简便的方法是利用路径和选区互换。另外,路径是一个选区的轮廓边缘线,不能运用滤镜命令产生丰富的特殊效果,只有将路径转换成选区后才能实现这些特殊效果。

1) 选区转换为路径

在工作区窗口中创建好选区后,在路径面板中单击【选区转为路径】按钮,即可将选区边框转换为路径,存储在【工作路径】路径栏中,重命名【工作路径】路径栏,以便永久保存路径。

2) 路径转换为选区

在工作区窗口中创建好路径,在路径面板中单击【路径转为选区】按钮,即可将路径转换为选区。

5.7　Photoshop 常用调整命令

5.7.1　【亮度/对比度】命令

调整【亮度/对比度】是 Photoshop 编辑图片文件时最基本的一项操作。利用【亮度/对比度】命令可以方便地调整图层或选区中图像的亮度和对比度。调整亮度和对比度有很多种方法,这里只介绍最简单的一种,使用 Photoshop 菜单中的【亮度/对比度】命令来调整图像的亮度和对比度。

1. 命令选项

打开【图像】菜单,选择【调整】命令,出现级联菜单,选择【亮度/对比度】命令,出现【亮度/对比度】对话框,如图 5-134 所示,其参数如下。

图 5-134　【亮度/对比度】对话框

- 【亮度】文本框:当输入的数值为负时,将降低图像的亮度;当输入的数值为正时,将增加图像的亮度;当输入的数值为 0 时,图像无变化。
- 【对比度】文本框:当输入的数值为负时,将降低图像的对比度;当输入的数值为正时,将增加图像的对比度;当输入的数值为 0 时,图像无变化。

2. 操作方法

在工作区窗口中创建选区或在图层面板中选择图层,选择【亮度/对比度】命令,设置好命令选项,单击【确定】按钮即可。

5.7.2　【色相/饱和度】命令

利用【色相/饱和度】命令可以方便地调整图层或选区中单个颜色成分的色相、饱和度和明度。

1. 命令选项

打开【图像】菜单,选择【调整】命令,出现级联菜单,选择【色相/饱和度】命令,出现【色相/饱和度】对话框,如图 5-135 所示,其主要参数如下。

- 【编辑】下拉列表框:用于选择作用范围。其中,【全图】选项表示对图像中所有颜色的像素起作用,其他选项表示对某一颜色成分的像素起作用。
- 【色相】文本框:用于设置色相值,取值范围为 −180～180。
- 【饱和度】文本框:用于设置饱和度值,取值范围为 −100～100。
- 【明度】文本框:用于设置明度值,取值范围为 −100～100。

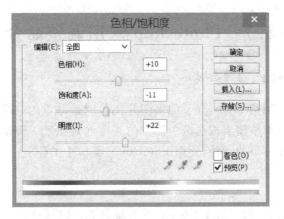

图 5-135　【色相/饱和度】对话框

📖　当【色相】、【饱和度】、【明度】文本框中的数值均为 0 时图像不发生变化。

2. 操作方法

在工作区窗口中创建选区或在图层面板中选择图层，选择【色相/饱和度】命令，设置好命令选项，单击【确定】按钮即可。

 练习十一：改变花的颜色

（1）打开【文件】菜单，选择【打开】命令，出现【打开】对话框，选择素材文件 017.jpg，单击【打开】按钮，工作区窗口中显示一朵橘红色花的图像，如图 5-136 所示。

图 5-136　017.jpg 素材文件

（2）在图层面板中选择背景层，打开【图像】菜单，选择【调整】命令，出现级联菜单，选择【色相/饱和度】命令，出现【色相/饱和度】对话框。在【色相/饱和度】对话框中单击【编辑】下拉列表框，选择【红色】选项，在【色相】文本框中输入 25，在【饱和度】文本框中输入 10，在【明度】文本框中输入 -5，如图 5-137 所示，单击【确定】按钮，橘红色的花变为黄色，如图 5-138 所示。

（3）打开【文件】菜单，选择【存储】命令，保存文件。

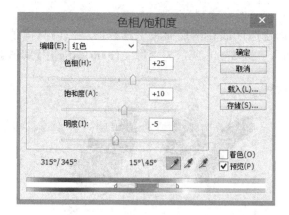

图 5-137 【色相/饱和度】参数

图 5-138 改变颜色后的花朵

5.7.3 【阈值】命令

利用【阈值】命令可以将一幅彩色或灰度图像变成只有黑、白两种色调的黑白图像。

1. 命令选项

打开【图像】菜单,选择【调整】命令,出现级联菜单,选择【阈值】命令,出现【阈值】对话框,如图 5-139 所示。【阈值】对话框中显示的是当前图像亮度值的坐标图,可以在【阈值色阶】文本框中输入数值来设定阈值,其取值范围在 1~255 之间。

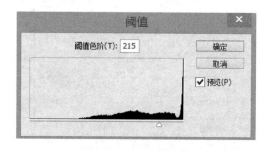

图 5-139 【阈值】对话框

2. 操作方法

在工作区窗口中创建选区或在图层面板中选择图层，选择【阈值】命令，设置好命令选项，单击【确定】按钮即可。图 5-140 所示为素材文件 001.jpg 用【阈值】命令调整后的效果。

图 5-140　调整阈值后的效果

5.7.4　【替换颜色】命令

【替换颜色】命令用于替换图像中某个特定范围的颜色，在图像中选取特定的颜色区域来调整其色相、饱和度和明度。

1. 命令选项

打开【图像】菜单，选择【调整】命令，出现级联菜单，选择【替换颜色】命令，出现【替换颜色】对话框，如图 5-141 所示，其主要参数如下：

图 5-141　【替换颜色】对话框

- 预览框：用于预览图像区域，有【选区】和【图像】两个选项。
- 吸管工具组 ✐ ✐ ✐：用于从工作区窗口或预览框中选取被替换颜色的图像区域。
- 【颜色容差】文本框：用于设置预选择的被替换颜色的图像区域，数值越大，被替换颜色的图像区域越大，反之越小。
- 【替换】选项区域：用于设定被替换的颜色值，可以通过在【色相】、【饱和度】和【明度】3个文本框中输入数值来精确地确定颜色值，也可以单击【替换】选项区域右侧的颜色框通过【拾色器】对话框来设定颜色。

2. 操作方法

在工作区窗口中创建选区或在图层面板中选择图层，打开【图像】菜单，选择【调整】命令，出现级联菜单，选择【替换】命令，设置好命令选项，单击【确定】按钮即可。

5.8 Photoshop 常用滤镜

使用滤镜可以为图像加入各种纹理、变形、艺术风格等100多种的特殊图像效果。Photoshop CS3 Extended 中的滤镜包括14大类，每一类滤镜下又包括几种不同的滤镜效果，总共有100种左右的内部滤镜效果供用户使用。另外，如果用户安装了外挂式滤镜，将在【滤镜】菜单的底部显示出来，其使用方法与内部滤镜相同。下面对几种常见滤镜的使用方法做简要介绍。

1. 球面化滤镜

球面化滤镜用来模拟将图像包在球上并通过扭曲、伸展来适合球面，从而产生球面化效果。打开【滤镜】菜单，选择【扭曲】命令，出现级联菜单，选择【球面化】命令，出现【球面化】对话框，如图5-142所示，其主要参数含义如下。

- 【数量】文本框：用于决定球面化效果的程度。
- 【模式】下拉列表框：决定图像是同时在水平和垂直方向上球面化，还是在水平或垂直方向上进行单向球面化。

2. 径向模糊滤镜

径向模糊滤镜用于产生旋转模糊效果。打开【滤镜】菜单，选择【模糊】命令，出现级联菜单，选择【径向模糊】命令，出现【径向模糊】对话框，如图5-143所示，其参数含义如下。

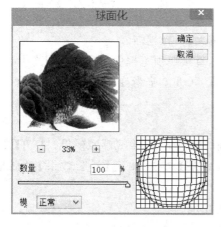

图 5-142 【球面化】对话框

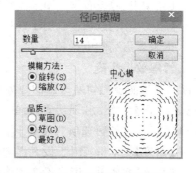

图 5-143 【径向模糊】对话框

- 【数量】文本框：用来调节模糊效果的强度，值越大，模糊效果越强。
- 中心模糊：用于设置模糊从哪一点开始向外扩散，单击预览图像框中的一点即可设置该选项的值。
- 【模糊方法】选项区：单击【旋转】单选按钮时产生旋转模糊效果；单击【缩放】单选按钮时产生放射模糊效果，被模糊的图像从模糊中心处开始放大。
- 【品质】选项区：用来调节模糊质量。

3. 高斯模糊滤镜

高斯模糊滤镜根据高斯曲线对图像有选择性地进行模糊，产生浓厚的模糊效果，且使用较广泛。打开【滤镜】菜单，选择【模糊】命令，出现级联菜单，选择【高斯模糊】命令，出现【高斯模糊】对话框，如图 5-144 所示。其中，【半径】文本框用来调节图像的模糊程度，值越大，模糊效果越明显。

4. 镜头光晕滤镜

镜头光晕滤镜能模拟强光照射在摄像机镜头上所产生的眩光效果，并可自动调节眩光的位置。打开【滤镜】菜单，选择【渲染】命令，出现级联菜单，选择【镜头光晕】命令，出现【镜头光晕】对话框，如图 5-145 所示，其参数选项含义如下。

图 5-144　【高斯模糊】对话框

图 5-145　【镜头光晕】对话框

- 【亮度】文本框：用来调节反光的强度，值越大，反光越强。
- 【光晕中心】设置框：用来调整闪光的中心，直接在预览框中单击选取闪光中心。
- 【镜头类型】选项区：用于选择镜头类型，有"50-300 毫米变焦"、"35 毫米聚焦"、"105 毫米聚焦"和"电影镜头"4 种。

5. 浮雕效果滤镜

浮雕效果滤镜能勾划选区的边界并降低周围的颜色值，以生成浮雕效果。打开【滤镜】，选择【风格化】命令，出现级联菜单，选择【浮雕效果】命令，出现【浮雕效果】对话框，如图 5-146 所示，其参数选项含义如下。

- 【角度】文本框：用于设置浮雕效果高光的角度。
- 【高度】文本框：用于设置图像凸起的高度。

- 【数量】文本框：用于设置原图像细节和颜色的保留程度。

6. 风滤镜

风滤镜可以在图像中添加一些短而细的水平线来模拟风吹效果。打开【滤镜】菜单，选择【风格化】命令，出现级联菜单，选择【风】命令，出现【风】对话框，如图 5-147 所示，其参数选项含义如下。

- 【方法】选项区：用来设置风吹效果样式，有【风】、【大风】、【飓风】3 个单选按钮。
- 【方向】选项区：用来设置风吹方向。其中，【从右】单选按钮表示从右往左吹，【从左】单选按钮表示从左往右吹。

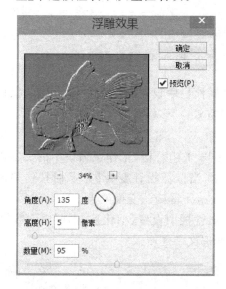

图 5-146 【浮雕效果】对话框

图 5-147 【风】对话框

5.9 Photoshop 图像处理实例

运行本书配套素材中的"温室效应"多媒体应用系统，可以看到多个人机界面，例如目录界面、章节界面、浏览界面等，这些界面的背景图像均为用 Photoshop CS3 设计制作，以下针对其中两个界面的背景图像介绍它们的制作步骤。

5.9.1 "章节界面"实例

在"温室效应"多媒体应用系统目录界面中单击章节标题可以进入章节界面，其背景图像如图 5-148 所示，制作过程如下。

1. 制作文字背景

（1）打开【文件】菜单，选择【新建】命令，出现【新建】对话框，在【宽度】/【高度】文本框中分别输入 800 和 560，其他参数设置如图 5-149 所示。

（2）在工具箱中单击前景色框，出现【拾色器】对话框，分别设置【R】值为 102、【G】值为179、【B】值为 251，单击【确定】按钮，设置好前景色。然后按 Alt＋Delete 组合键，为背景层填充前景色。

图像数据处理技术

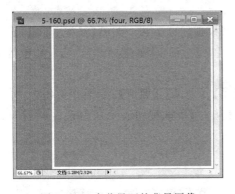

图 5-148　章节界面的背景图像　　　　　　　图 5-149　【新建】对话框参数

（3）在工具箱中单击横排文字工具，在工具属性栏中设置文字为楷体、30 点、黑色。将鼠标指针移到工作区窗口中单击，输入文字"《温室效应》多媒体应用系统"，然后单击工具属性栏中的 ✔ 按钮确认。

（4）在图层面板中单击新建的文本层，按 Ctrl＋T 组合键，工作区窗口中的文字周围出现变换边框，将鼠标指针移到变换边框的右上角，当鼠标指针变为 ↻ 形状时按住并拖动鼠标，将文字逆时针旋转，如图 5-150 所示，然后按 Enter 键确认变换效果。

（5）在工具箱中单击矩形选框工具，在工具属性栏中设置【羽化】文本框中的数值为 0，在工作区窗口中创建图 5-151 所示的矩形选区框选文字区域。

图 5-150　旋转文字　　　　　　　　　　　图 5-151　选择文字区域

（6）打开【编辑】菜单，选择【定义图案】命令，出现【图案名称】对话框，在【名称】文本框中输入图案名称"背景文字"，单击【确定】按钮，完成自定义图案设置。

（7）按 Ctrl＋D 组合键取消选区，然后在图层面板中选择文本层，单击【删除图层】按钮将文本层删除。接着单击【新建图层】按钮新建一个普通层，命名为"first"。

（8）在工具箱中单击油漆桶工具，在【填充】下拉列表框中选择【图案】选项，然后单击【图案】按钮，选择自定义图案"背景文字"，如图 5-152 所示。将鼠标指针移到工作区窗口中单击，填充"背景文字"图案到"first"图层，如图 5-153 所示。

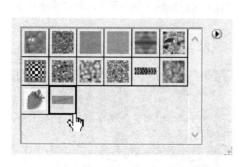

图 5-152　选择"背景文字"图案

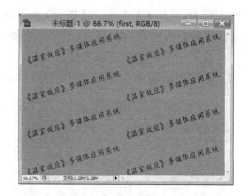

图 5-153　填充"背景文字"图案

（9）在图层面板中选择"first"图层，设置【不透明度】文本框中的数值为 10%，如图 5-154 所示，降低背景文字的不透明度，效果如图 5-155 所示。

图 5-154　设置【不透明度】文本框

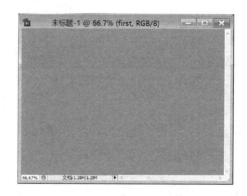

图 5-155　降低文字不透明度

2. 制作左侧图案

（1）在图层面板中单击【新建图层】按钮，在"first"图层之上新建一个普通层，命名为"second"。

（2）在工具箱中单击矩形选框工具，在工具属性栏中单击【新选区】按钮，设置【羽化】文本框中的数值为 0，在工作区窗口的左侧创建如图 5-156 所示的矩形选区。

（3）在工具箱中单击油漆桶工具，在【填充】下拉列表框中选择【图案】选项，单击【图案】按钮，选择系统预设图案"编织"。将鼠标指针移到工作区窗口中单击，填充"编织"图案到"second"图层，然后按 Ctrl+D 组合键取消选区，如图 5-157 所示。

（4）在图层面板中单击【添加图层样式】按钮，为"second"图层添加【斜面和浮雕】效果和【描边】效果，参数设置如图 5-158 所示，单击【确定】按钮。

3. 添加白边图案

（1）按 Ctrl 键单击"second"图层，选择工作区中的"编织"图案，然后按 Ctrl+Shift+I 组合键反选选区。

（2）在图层面板中单击【新建图层】按钮，在"second"图层之上新建一个普通层，命名为"three"。

（3）打开【编辑】菜单，选择【描边】命令，出现【描边】对话框，在【宽度】文本框中输入数值 10，设置颜色为白色，选择【内部】单选按钮，其他参数如图 5-159 所示，单击【确定】按钮。

（4）按 Ctrl+D 组合键取消选区。

（5）在图层面板中将"three"图层拖动到"second"图层之下，效果如图 5-160 所示。

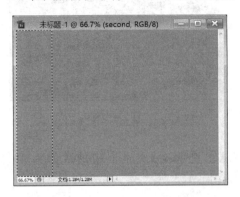

图 5-156　新建矩形选区

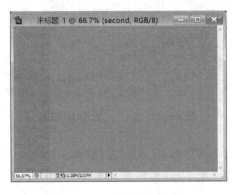

图 5-157　填充"编织"图案

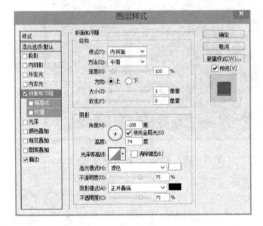

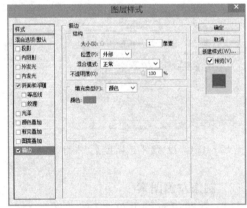

图 5-158　【斜面和浮雕】/【描边】效果参数设置

图 5-159　【描边】对话框参数

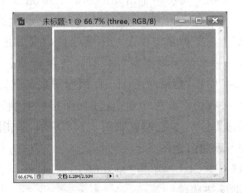

图 5-160　白色描边效果

4. 设置黑色外边框

(1) 在图层面板中单击【新建图层】按钮,在"second"图层之上新建一个普通层,命名为"four"。

(2) 按 Ctrl＋A 组合键全选"four"图层。

(3) 打开【编辑】菜单,选择【描边】命令,出现【描边】对话框,在【宽度】文本框中输入数值 1,设置颜色为黑色,选择【内部】单选按钮,然后单击【确定】按钮,图像效果如图 5-148 所示。

(4) 打开【文件】菜单,选择【存储】命令,保存文件。

5.9.2 "轻松一下界面"实例

在"温室效应"多媒体应用系统的"考考你?"界面中单击【轻松一下】按钮,可以进入轻松一下界面,如图 5-161 所示,其制作过程如下。

1. 制作木质画框

(1) 打开【文件】菜单,选择【新建】命令,出现【新建】对话框,在【宽度】/【高度】文本框中分别输入 800 和 560,在【名称】文本框中输入"轻松一下界面",其他参数设置如图 5-149 所示。

(2) 打开【窗口】菜单,选择【动作】命令,出现动作面板。单击动作面板右上角的 按钮,打开级联菜单,选择【画框】命令,如图 5-162 所示,将【画框】动作命令集载入到动作面板中。在动作面板中单击【画框】动作命令集左侧的 ▶ 按钮,展开命令集,选择【木质画框】命令,如图 5-163 所示,然后单击动作面板中的【播放动作】按钮 ▶ ,即可创建木质画框背景。

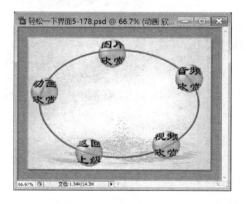

图 5-161　轻松一下界面　　　　　图 5-162　动作面板级联菜单

📖　利用【木质画框】动作命令创建画框后会自动增加文件的图像分辨率。

---

(3) 打开【图像】菜单,选择【图像大小】命令,打开【图像大小】对话框,选中【约束比例】复选框,在【像素大小】选项区域中将【宽度】设置为 800,【高度】自动设置为 587,单击【确定】按钮。

2. 添加水纹图像

(1) 打开【文件】菜单,选择【打开】命令,出现【打开】对话框,打开素材文件 029.jpg。

(2) 切换到"轻松一下界面"文件,在图层面板中选择"画框"图层,如图 5-164 所示。

图 5-163　选择【木质画框】命令　　　　图 5-164　选择【画框】图层

(3) 按住 Ctrl 键单击"画框"图层,创建画框选区。按 Ctrl+Shfit+I 组合键反选选区,工作区窗口如图 5-165 所示。

(4) 在工具箱中单击矩形选框工具,然后在工具属性栏中单击【新选区】按钮,将鼠标指针移到工作区的选区内,待鼠标指针变成 形状时拖动鼠标到素材文件 029.jpg 的工作区窗口中,完成选区的复制。在 029.jpg 工作区窗口中移动选区到适当位置,如图 5-166 所示。

图 5-165　反选后的选区　　　　　　图 5-166　选区位置

(5) 打开【编辑】菜单,选择【复制】命令,复制素材文件 029.jpg 的选定区域。

(6) 切换到"轻松一下界面"文件,按 Ctrl+D 组合键取消选区。打开【编辑】菜单,选择【粘贴】命令,水纹图像会被粘贴到工作区窗口中,在图层面板中也会自动创建一个新图层,命名为"水纹"。

(7) 在图层面板中选择"水纹"层,打开【编辑】菜单,选择【变换】命令,出现级联菜单,选择【垂直翻转】命令,将水纹图像垂直翻转,如图 5-167 所示。

(8) 在图层面板中设置【不透明度】为 30%,如图 5-168 所示。

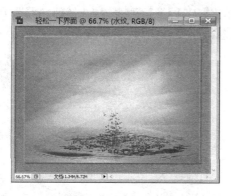

图 5-167　翻转后的水纹图像

图 5-168　设置不透明度

3. 制作椭圆线条

（1）在工具箱中单击画笔工具，然后在工具属性栏中单击【画笔】按钮，出现图 5-95 所示的下拉列表，单击右上角的 ▶ 按钮，打开级联菜单，选择【自然画笔】画笔组，如图 5-169 所示。在【画笔】按钮下拉列表的【画笔】列表框中选择炭笔 15 像素工具，设置【主直径】标尺为 10 像素，如图 5-170 所示。

图 5-169　【画笔】级联菜单

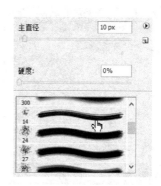

图 5-170　【画笔】按钮下拉列表

（2）在工具箱中单击钢笔工具，在工具属性栏中单击【路径】按钮 ，在工具按钮组中选择椭圆工具 ，将鼠标指针移到工作区窗口中绘制椭圆路径，如图 5-171 所示。

（3）在图层面板中单击【新建图层】按钮，在"水纹"图层上方新建一个普通层，命名为"椭圆线条"。

（4）选择"椭圆线条"图层，然后在路径面板中单击右上角的 ▶ 按钮，打开级联菜单，选

图像数据处理技术

择【描边路径】命令,出现【描边路径】对话框,单击【工具】下拉列表框,选择【画笔】选项,单击【确定】按钮,为椭圆路径描边。然后按 Esc 键隐藏路径,描边效果如图 5-172 所示。

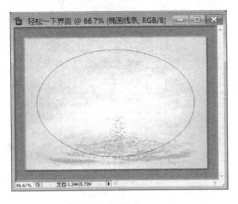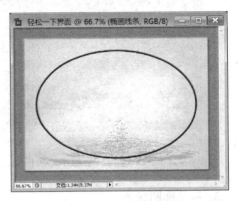

图 5-171　绘制椭圆路径　　　　　　图 5-172　描边椭圆路径

(5) 在图层面板中选择"椭圆线条"图层,设置其【不透明度】为 70%。

4．制作水晶球

(1) 在图层面板中单击【新建图层】按钮,在"椭圆线条"图层上方新建一个普通层,命名为"球 1"。

(2) 在工具箱中单击椭圆选框工具,按住 Shift 键拖动鼠标创建正圆选区,如图 5-173 所示。

(3) 选择"球 1"图层,按 Alt＋Delete 组合键填充前景色,按 Ctrl＋D 组合键取消选区。打开【窗口】菜单,选择【样式】命令,出现样式面板。单击样式面板右上角的 ▶ 按钮,打开级联菜单,选择【玻璃按钮】样式组,然后在样式面板中单击【橙色玻璃】按钮,为"球 1"图层添加效果,如图 5-174 所示。

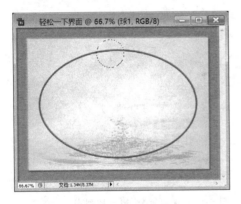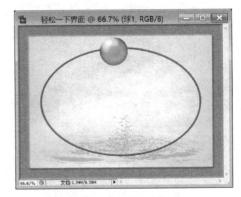

图 5-173　创建正圆选区　　　　　　图 5-174　添加橙色玻璃效果

(4) 在图层面板中选择"球 1"图层,设置其【不透明度】为 70%。

(5) 重复上述(1)到(4)的操作,分别创建"球 2"、"球 3"、"球 4"和"球 5"图层。

(6) 调整"球 1"、"球 2"、"球 3"、"球 4"和"球 5"图层的位置,如图 5-175 所示。

5．制作特效文字

(1) 在工具箱中单击横排文字工具,在工具属性栏中设置文字格式为隶书、45 点,然后在工作区中输入"图片欣赏"文字,按 Enter 键确认,并调整文字位置,如图 5-176 所示。

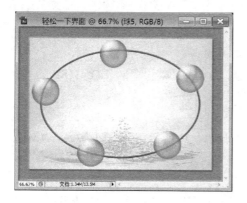

图 5-175　水晶球效果

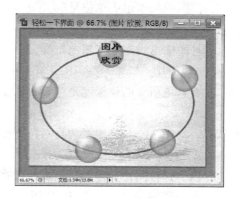

图 5-176　添加文字效果

(2) 运用本章"练习十"中制作描边文字的方法为"图片欣赏"文字添加绿色描边。

(3) 选择"图片欣赏"文本层,右击图层名称,打开【图层】菜单,选择【栅格化】命令,出现级联菜单,选择【文字】命令,将"图片欣赏"文本层转换为普通层,同时合并描边图层。

(4) 按住 Ctrl 键单击"球 1"图层创建正圆选区,并框选"图片欣赏"文字,如图 5-177 所示。

(5) 选择"图片欣赏"图层,打开【滤镜】菜单,选择【扭曲】命令,出现级联菜单,选择【球面化】命令,出现【球面化】对话框,在【数量】文本框中输入 60,单击【确定】按钮,然后按 Ctrl＋D 组合键取消选区,文字效果如图 5-178 所示。

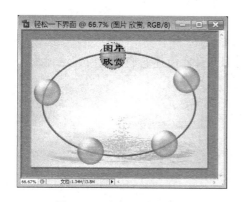

图 5-177　框选文字的选区

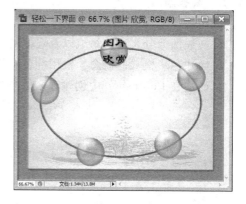

图 5-178　文字的球面化效果

(6) 重复上述操作,分别建立其他水晶球的文字,图像效果如图 5-161 所示。

(7) 打开【文件】菜单,选择【存储】命令,保存文件。

5.10　习　　题

一、单选题

1. 色彩的纯净程度是指(　　)。

  A. 色相   B. 饱和度   C. 亮度   D. 明度

2. 位图的基本组成单位是( )。

  A. 像素   B. 色块   C. 赫兹   D. 点

3. 打印输出时需要将图像转换为( )色彩模式。

  A. RGB   B. Lab   C. CMYK   D. HSB

4. 真彩色图像的位深度是( )位。

  A. 2   B. 16   C. 8   D. 24

5. 一幅 1024×600 像素的真彩色图像保存在计算机中所占用的空间为( )MB。

  A. 12   B. 16   C. 14   D. 11

6. 以下保存图像文件信息最多的格式是( )。

  A. JPEG   B. TIFF   C. GIF   D. PSD

7. Photoshop 中取消选区的快捷键为( )。

  A. Ctrl+D   B. Ctrl+Shift+I C. Ctrl+T   D. Alt+Delete

8. 以下属于选区工具的是( )。

  A.   B.   C.   D.

9. 以下说法正确的是( )。

  A. 在图层面板中背景层可以移动

  B. 对于 RGB 图像,经 Photoshop 处理后可以直接打印输出

  C. 创建一个正方形选区可以使用 Shift 键

  D. 处理图像时使用滤镜多多益善

二、简答题

1. 简述位图与矢量图的主要区别。

2. 简述图像分辨率的组成以及它们的主要含义。

3. 简述色彩模式的概念。常用的色彩模式有哪几种?简述它们的应用领域。

4. 简述在 Photoshop 中创建选区的主要方法。

第6章　动画数据处理技术

6.1　动画数据处理概述

动画(Animate)能使静态的画面变得生动,能够活灵活现地展现事物的发展变化过程以及现实中不可能发生或还没发生的景象。动画使复杂变得简单、使枯燥变得生动、使人的想象力得到淋漓尽致的发挥,是艺术与技术的完美结合。

6.1.1　动画数据处理的基本概念

1. 动画的制作原理

传统动画是由画师先在画纸上手绘真人的动作,然后将动作应用于卡通角色,并绘制在胶片(也叫赛璐珞(Celluloid)片)上。赛璐珞动画是一种最常用的传统动画制作技术,它的名称来源于胶片,这些胶片用来绘制每一帧。其具体制作过程是先用铅笔在纸上绘制一系列草图,然后将这些图画顺序录制到动画制作台上进行运动预览及铅笔画试验,如果铅笔的绘图令人满意,就用线条复印机将铅笔线的草图转移到胶片上,用墨笔加描线条,再用色彩绘制细节。如果有必要还要绘制手臂、腿、身体等部分的独立片基图。动画电影中每一幅照片形式的单帧都由背景、前景、特征(例如手臂、躯干)复合而成。制作完毕的片基要放在背景上进行画面录制,一次录制一个画面。早期动画《大闹天宫》、《米老鼠和唐老鸭》、《鼹鼠的故事》等就是这样制作出来的。用这种方法画出的人物形象生动、细腻,不足之处是费工、费时。近年来多使用计算机对扫描后的动画稿进行上色、背景合成处理,不仅节省了工作量,也提升了成片质量。赛璐珞动画的制作由关键帧开始,再插入中间的过渡画面。关键帧表现的是运动中的关键动作,关键帧之间的一系列过渡帧需要通过烦琐的手工绘制来完成。

现在的动画制作主要由计算机来完成。在计算机动画中,通过插值技术来完成过渡帧的制作,如图 6-1 所示。

线性内插是计算机插入画面最简单也是最直接的技术,它只要简单地对画面的参数求平均,然后插入到主画面间隔中即可。但是用这种方式产生的运动不一定符合运动规律,例如不能模拟小球下落的抛物线轨迹等。

鉴于线性内插的缺点,曲线插值技术采用比线性插值更复杂的计算方法插入画面。该技术在对主画面

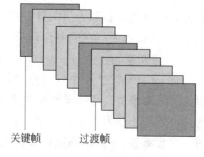

关键帧　　　过渡帧

图 6-1　插值技术

参数取平均时考虑了速度随时间变化的情况。当以速度增加的曲线形式进行曲线插值时称作凹插值,而凸插值表示速率降低。使用曲线插值可以对动画物体的细微动作进行编辑和精细调节。曲线插值也可以采用恒速度形式以直线表示。目前,内插技术仍在不断发展,以期望达到更加逼真的运动效果。

在目前流行的计算机动画技术中,研究的重点是运动控制技术和渲染技术,尤其是基于物理模型的运动控制技术。物体的运动总是遵循一定的运动规律,如小球的弹跳、水流的波动,都有一定的物理模型,符合一定的物理规律。如果把物理模型应用于计算机动画,则会使运动变得自然而逼真,但是这种技术目前还没有进入大规模实用阶段。随着模型理论逐步完善,基于物理模型的运动控制技术在动画制作领域中一定会大显身手。

2. 动画的分类

根据研究角度的不同,计算机动画可以有多种分类方法。

(1) 按照画面景物的透视效果和真实感程度,计算机动画分为二维动画和三维动画两种。

(2) 按照计算机处理动画的方式不同,计算机动画分为造型动画、帧动画和算法动画3 种。

(3) 按照动画的表现效果,计算机动画又可分为路径动画、调色板动画和变形动画3 种。

另外,不同的计算机动画制作软件根据本身所具有的动画制作和表现功能又将计算机动画分为更加具体的种类,如渐变动画、遮罩动画、逐帧动画和关键帧动画等。

3. 动画和视频的区别

动态图形和图像序列根据每一帧画面的产生形式又分为两种不同的类型,当每一帧画面是人工或计算机生成的画面时称为动画;当每一帧画面为实时获得的自然景物图时称为动态影像视频,简称视频,视频一般由摄像机摄制的画面组成。

也就是说,动画与视频是从画面产生的形式上来区分的,动画着重研究怎么样将数据和几何模型变成可视的动态图形。这种动态图形可能是自然界中根本不存在的,即人工创造的动态画面。视频处理侧重于研究如何将客观世界中原来存在的实物影像处理成数字化动态影像,研究如何压缩数据、如何还原播放。

4. 动画的制作流程

制作一部大型动画影片的工程可以说是相当大,需要整个团队或公司的共同努力才能完成,而且要消耗大量的人力、物力,并耗费相当多的时间。如果制作三维动画,还需要性能超强的计算机设备和专门的计算机动画人才,可以说难度相当大。但无论动画的长短、平面或立体,都要遵循一定的制作流程。

1) 前期策划

对于电影来说,一个好的剧本是电影成功的基础,而对于动画来说也是一样,需要有吸引人的故事情节。由于动画中没有真实的人物,所以动画主要采用画面引起人的视觉兴趣,通过视觉创作激发人们的想象。在动画的制作前期还应根据剧本绘制类似连环画的故事草图——故事板,将剧本描述的动作表现出来。

2) 设计制作阶段

按照故事板的情节安排,在计算机中绘图、建立模型、制作场景、设置动画的内容。如果使用运动捕捉的技术以及采集真人或实物的动作变化数据,然后将数据加载到动画的模型,便会形成动作真实的拟人动画。

3)后期编辑

在动画片段制作完成后需要使用编辑软件对其进行后期制作,将动画片段合成为完整的动画影片。

5. 常用动画文件格式

1)GIF 格式

GIF 图像由于采用了无损数据压缩方法中压缩率较高的 LZW 算法,文件尺寸较小,因此被广泛采用。GIF 动画格式可以同时存储若干幅静止图像并进而形成连续的动画,目前 Internet 上大量采用的彩色动画文件多为这种格式的 GIF 文件。需要强调的是,GIF 文件格式无法存储声音信息,只能形成"无声动画"。

2)FLIC(FLI/FLC)格式

FLIC 是 Autodesk 公司在其出品的 Autodesk Animator、Animator Pro、3D Studio 等 2D/3D 动画制作软件中采用的彩色动画文件格式,FLIC 是 FLC 和 FLI 的统称。其中,FLI 是最初的基于 320×200 像素的动画文件格式,而 FLC 则是 FLI 的扩展格式,采用了更高效的数据压缩技术,其分辨率也不再局限于 320×200 像素。FLIC 文件被广泛用于动画图形中的动画序列、计算机辅助设计和计算机游戏应用程序。

3)SWF 格式

SWF 是 Micromedia 公司的产品"Flash"的矢量动画格式,它采用曲线方程描述其内容,不是由点阵组成内容,因此这种格式的动画在缩放时不会失真,非常适合描述由几何图形组成的动画,如教学演示等。由于这种格式的动画可以与 HTML 文件充分结合,并能添加 MP3 音乐,因此被广泛地应用于网页上,成为一种"准"流式媒体文件。

4)MMM 格式

MMM 是由 MacroMind 公司著名的多媒体写作软件 Director 生成的,一般集成在完整的应用程序中,单独出现的文件很少。

动画与视频使用的文件格式的区分并不十分严格,都可以生成 AVI、MOV、MPG 等格式的动画文件。

6.1.2 动画数据处理软件简介

1. Adobe ImageReady

Adobe ImageReady 刚诞生的时候是作为一个独立的动画编辑软件发布的,直到 Photoshop 升级到 5.5 版本的时候,Adobe 公司才将升级到 2.0 版本的 ImageReady 与 Photoshop 捆绑在一起对外发布,从而弥补了 Photoshop 在动画编辑以及网页制作方面的不足。ImageReady 具备 Photoshop 中常用的图像编辑功能,同时 ImageReady 提供了大量网页制作和动画设计的工具,功能强大而实用。

2. Macromedia Flash

Flash 是 Macromedia 公司于 1999 年 6 月推出的网页动画设计软件,它是一种交互式动画设计工具,用它可以将音乐、声效、动画融合在一起,制作出高品质的动画效果。Flash 使用矢量图形和流式播放技术,通过关键帧和元件使生成的动画文件(.swf)非常小,利用动作脚本可以实现交互,使 Flash 具有更大的设计自由度。另外,它与网页设计工具 Dreamweaver 配合可以直接嵌入网页的任一位置,制作出别具一格的页面。

3. Ulead GIF Animator

Ulead 公司出品的 GIF 动画制作软件是一种不仅功能强大而且简单易用的 GIF 动画制作工具。利用它可以为网站或 PowerPoint 轻松制作可以迅速下载的动画图片;能够套用各种文字特效、视频特效、转场特效;可以输出多种文件格式,包括 Flash、AVI、MPEG 与 QuickTime;能将 AVI 文件转成 GIF 文件,而且能将 GIF 动画体积减小,以便更快速地浏览网页。

4. 3DS MAX

3DS MAX 由美国 Autodesk 公司开发,它是三维绘画和动画制作工具中的佼佼者,被广泛应用于广告、装潢、建筑设计、多媒体设计、工艺设计等立体设计领域。

5. MAYA

MAYA 由 Alias Wavefront 公司开发,是多平台并具有非线性动画编辑功能的专业级的三维影视动画制作工具,它具有多边形建模工具和强大的细分表面功能,在造型方面具有巨大的创造力。

6.2 ImageReady 工作界面和基本操作

本章以 Adobe ImageReady CS2 为例介绍 ImageReady 的基本功能和用法,并介绍如何使用它制作二维动画。

6.2.1 ImageReady 工作界面

Adobe ImageReady CS2 的工作界面与 Photoshop CS2 很相似,如图 6-2 所示,工具箱中的图标、菜单栏、控制面板组基本相同,与 Photoshop 不同的是,它增加了一些网页制作和动画设计的工具和面板。

ImageReady 的工作界面主要包括以下几个部分。

1. 工作区

ImageReady 的工作区中有 4 个选项卡,分别是【原稿】选项卡、【优化】选项卡、【双联】选项卡、【四联】选项卡。【原稿】选项卡用于显示原始图像,其他 3 个选项卡主要用于显示优化后的图像。

2. 工具箱

其工具箱中的工具与 Photoshop 相比主要少了 Photoshop 的一些复杂工具,例如渐变工具、修复画笔工具等,增加了矩形图像映射工具、图像映射选择工具、【预览文档】按钮、【在 IE 中预览】按钮等,以便于优化图像和预览动画。此外,其对许多工具进行了重新合并、分组。

3. 菜单栏

除 Photoshop 中的菜单以外,它还增加了一个【切片】菜单,菜单项与 Photoshop 基本相同。

工具箱　　　菜单栏　　　工作区　　　　　　　　　　　　　　　　　控制面板

图 6-2　ImageReady CS2 工作界面

4. 控制面板

ImageReady 的控制面板和 Photoshop 的面板有一部分相同,但是为了方便网页设计对相同的面板增加了一些功能,例如样式面板增加了用于网页按钮设计的样式按钮。同时,ImageReady 取消了一些复杂的图像处理面板,如路径面板、通道面板等,增加了一些新面板,如动画面板、切片面板、表面板、图像映射面板、Web 内容面板、颜色表面板以及图层复合面板等。

　　　📖　对于 ImageReady 和 Photoshop 相同的操作本章不再赘述,请读者参考第 5 章内容。

6.2.2　ImageReady 基础操作

1. 新建文件

打开【文件】菜单,选择【新建】命令,出现【新建文档】对话框,如图 6-3 所示,其参数含义如下。

* 【名称】文本框:主要用于输入要保存的文件名。
* 【大小】下拉列表框:提供了网页中常用的一些图像尺寸,如 Web 横幅、垂直横幅、方形按钮等。

- 【宽度】/【高度】文本框：设置图像的宽度和高度的大小。
- 【第一个图层的内容】选项区：用于设置第一个图层的背景颜色，其中有【白色】、【背景颜色】和【透明】3个单选按钮可供选择。

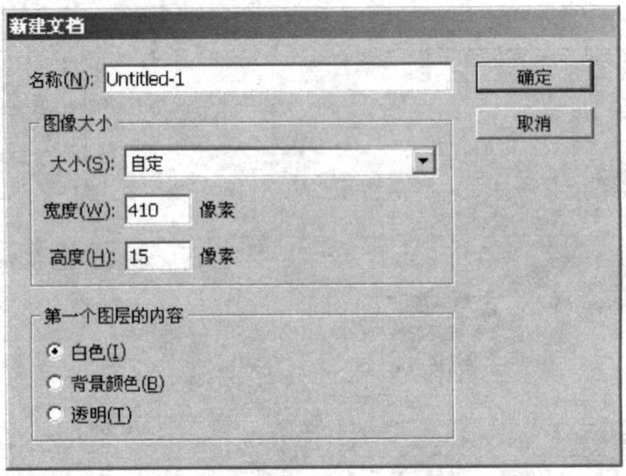

图 6-3　【新建文档】对话框

2. 保存文件

打开【文件】菜单，选择【存储】命令，出现【存储】对话框，如图 6-4 所示，设置好保存路径和文件名，单击【保存】按钮即可保存文档。

图 6-4　【存储】对话框

📖　在 ImageReady 中使用【保存】命令仅能将文档保存为 PSD 格式。

3. 切换到 Photoshop

ImageReady 主要用于创建动画、优化图像，如果是处理复杂的图像仍然离不开 Photoshop，因此工具箱中提供了【在 Photoshop 中编辑】按钮 。单击该按钮，可以将

ImageReady 正在编辑的图像切换到 Photoshop 工作界面中进行处理,完成操作后单击【在 ImageReady 中编辑】按钮 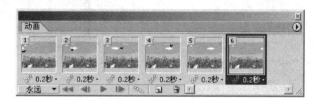,返回到 ImageReady 工作界面中继续进行下一步操作。

4. 预览文件

在用 ImageReady 编辑完图像或动画后,可以利用工具箱中的【预览文档】按钮 或 【在 IE 中预览】按钮 预览文件。单击【预览文档】按钮可以在工作区中循环播放文件;单击【在 IE 中预览】按钮可以在 IE 浏览器中循环播放文件。

6.3 ImageReady 处理动画

6.3.1 动画的制作

1. 动画面板

动画面板是制作二维动画的核心部分,如图 6-5 所示。通过动画面板中的工具按钮可以轻松地制作 GIF 动画,其工具按钮的含义如下。

图 6-5 动画面板

- 【循环选项】按钮 <u>永远 ▼</u>:用于设置动画面板中动画的播放次数,其中有 3 个选项。【一次】选项只能播放一次;【永远】选项可以循环播放,直到单击【停止】按钮为止;【其他】选项,可以设置播放次数。
- 【选择第一帧】按钮 :用于将当前帧定位在第一帧。
- 【选择上一帧】按钮 :用于将当前帧向左移动一帧。
- 【选择下一帧】按钮 :用于将当前帧向右移动一帧。
- 【播放】按钮 :用于播放动画帧。动画开始播放后,【播放】按钮变为【停止】按钮 ,单击该按钮动画停止播放。
- 【过渡】按钮 :用于在相邻帧之间生成若干过渡帧画面。
- 【复制当前帧】按钮 :用于复制当前帧,并自动在当前帧右侧粘贴。
- 【删除当前帧】按钮 :用于删除当前帧。
- 【延迟时间】按钮 0.2秒 :用于指定当前帧的延迟时间。单击该按钮将出现如图 6-6 所示的快捷菜单,用于设置延迟时间。

图 6-6 延迟时间菜单

2. 动画的操作步骤

对于 ImageReady 来说,动画主要是通过显示图层、隐藏图层、移动图层、添加图层样式等操作来完成的,而不能通过新建图层、删除图层等操作来完成。也就是说,对于动画面板中的所有帧,图层数是相同的,在当

前帧状态下新建或删除一个图层,其他帧也会同步变化。一般来讲,制作动画大致需要经过以下4个步骤:

第一步,在 ImageReady 中打开或新建一个生成动画的文档。在工具箱中单击【在 Photoshop 中编辑】按钮,将图像切换到 Photoshop 工作区。

第二步,在 Photoshop 中利用各种编辑工具和命令把需要制作动画的帧画面按顺序放置在图层面板不同的图层中,然后对各个图层中的对象进行处理,最后单击【在 ImageReady 中编辑】按钮返回到 ImageReady 工作区。

第三步,在 ImageReady 中编辑处理各图层中的对象。

第四步,在动画面板中选择第一帧画面,如图 6-7 所示,单击【复制当前帧】按钮,在第一帧画面的右侧新建第二帧画面,内容与第一帧相同,然后选择第二帧画面,利用图层面板中的工具按钮调整图层的显示、不透明度、位置、样式等属性,如图 6-8 所示。重复操作,就可以建立一系列的动画帧。

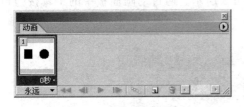

图 6-7　第一帧　　　　　　　　　　图 6-8　调整后的第二帧

第五步,在动画面板中单击【延迟时间】按钮,为动画帧设置延迟时间。各帧的延迟时间可以相同,也可以不同。

📖　按住 Shift 键选择多个动画帧,再单击【延迟时间】按钮,可以为若干帧设置相同的延迟时间。

有时,制作简单的动画可以省略第二步操作,但在第三步时仍然需要把制作动画的帧画面按顺序放置在 ImageReady 图层面板不同的图层中,这一点很重要。

3. 过渡帧

如果逐帧绘制画面会使动画的制作变得相当复杂,工作量也很大。在 ImageReady 中提供了过渡帧的功能,可以在相邻帧之间自动加入过渡帧画面,从而缓解了上述问题。

1)【过渡】对话框

过渡帧主要通过【过渡】对话框来设置。在动画面板中单击【过渡】按钮,出现【过渡】对话框,如图 6-9 所示,其参数含义如下。

- 【过渡】下拉列表框:用于设置过渡帧添加的位置,例如【上一帧】选项是在当前帧的左侧添加过渡帧;【第一帧】选项是将当前帧作为第一帧向右添加过渡帧。
- 【要添加的帧】文本框:用于设置要添加的过渡帧帧数。
- 【图层】选项区:用于设置过渡帧使用的图层。选择【所有图层】单选按钮将使用图层面板中的所有图层;选择【选中的图层】单选按钮仅使用图层面板中选中的图层。
- 【位置】复选框:用于设置过渡帧中是否使用位置过渡。

- 【不透明度】复选框：用于设置过渡帧中是否使用不透明度过渡。
- 【效果】复选框：用于设置过渡帧中是否使用效果过渡。

2）添加过渡帧

在动画面板中选择需要添加过渡帧的帧，如图 6-8 所示，然后单击【过渡】按钮，出现【过渡】对话框，设置过渡参数，单击【确定】按钮，即可生成过渡帧，如图 6-10 所示。

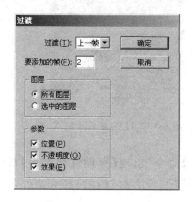

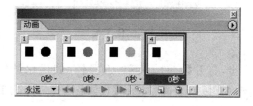

图 6-9　【过渡】对话框　　　　　　图 6-10　添加过渡帧

6.3.2　动画的保存

1. GIF 动画的保存

通常，使用 GIF 图像文件制作的动画可以直接保存为 GIF 动画，而使用 JPEG、PNG 等图像文件制作的动画不能直接保存为 GIF 动画，需要先优化为 GIF 格式再保存。

1）GIF 图像文件保存为 GIF 动画

打开【文件】菜单，选择【存储优化结果】命令，出现【存储优化结果】对话框，如图 6-11 所示，在【保存类型】下拉列表框中选择【仅限图像（＊.gif）】选项，设置好保存路径和文件名，然后单击【保存】按钮即可。

图 6-11　【存储优化结果】对话框

动画数据处理技术

2）JPEG 图像文件保存为 GIF 动画

如果利用 JPEG 图像文件制作 GIF 动画，需要经过以下两个步骤：

第一步，打开【窗口】菜单，选择【优化】命令，打开优化面板，如图 6-12 所示。在【格式】下拉列表框中选择【GIF】选项，如图 6-13 所示，将优化格式更改为 GIF 格式。

图 6-12　优化面板　　　　　　图 6-13　设置为 GIF 格式

第二步，打开【文件】菜单，选择【存储优化结果】命令，出现【存储优化结果】对话框，在【保存类型】下拉列表框中选择【仅限图像（＊.gif)】选项，设置好保存路径和文件名，然后单击【保存】按钮。

📖　如果需要将图像文件保存为 JPEG 格式，在【格式】下拉列表框中选择【JPEG】选项即可。

---

2. SWF 动画的保存

在 ImageReady 中也可以将处理后的文件保存为 SWF 动画格式，以便于在网页中使用。

打开【文件】菜单，选择【导出】命令，在级联菜单中选择【Macromedia Flash SWF】命令，出现【Macromedia Flash(SWF)导出】对话框，如图 6-14 所示，单击【确定】按钮，出现【作为 Macromedia SWF 导出】对话框，如图 6-15 所示，设置保存路径和文件名，然后单击【保存】按钮即可。

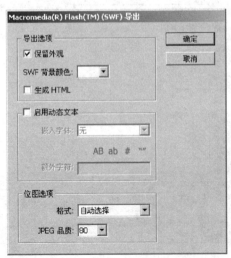

图 6-14　【Macromedia Flash(SWF)导出】对话框

图 6-15 【作为 Macromedia SWF 导出】对话框

6.4 ImageReady 动画处理实例

在"温室效应"多媒体应用系统动画欣赏模块中可以欣赏到"风景画"和"字卷"两个 GIF 动画,均为用 ImageReady 设计制作。

6.4.1 "风景画"实例

"风景画"GIF 动画实例的第一帧画面如图 6-16 所示,其操作步骤如下:

图 6-16 "风景画"第一帧

(1) 打开【文件】菜单,选择【打开】命令,出现【打开】对话框,选择素材文件"003.psd",单击【打开】按钮,在工作区中显示如图6-16所示的图像,动画面板如图6-17所示。

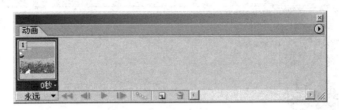

图6-17　动画面板初始帧

(2) 在动画面板中单击【复制当前帧】按钮,在第一帧的右侧新建第二帧,内容与第一帧相同,如图6-18所示。

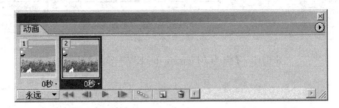

图6-18　新建的第二帧

(3) 在动画面板中选择第二帧,然后在图层面板中单击"兔"图层组左侧的水平按钮，展开图层组,隐藏"兔1"图层,显示"兔2"图层;展开"鹰"图层组,隐藏"鹰1"图层,显示"鹰2"图层;展开"云彩"图层组,隐藏"云1-1"和"云2-1"图层,显示"云1-2"和"云2-2"图层。更改图层属性后图层面板如图6-19所示。

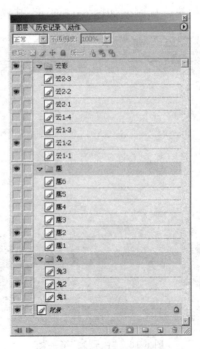

图6-19　第二帧图层面板

（4）在动画面板中单击【复制当前帧】按钮，在第二帧的右侧新建第三帧，内容与第二帧相同，如图 6-20 所示。

图 6-20　新建的第三帧

（5）选择第三帧，然后在图层面板中隐藏"鹰 2"图层，显示"鹰 3"图层；隐藏"云 1-2"图层，显示"云 1-3"图层。更改图层属性后图层面板如图 6-21 所示。

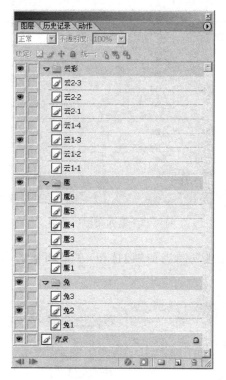

图 6-21　第三帧图层面板

（6）在动画面板中单击【复制当前帧】按钮，在第三帧的右侧新建第四帧，如图 6-22 所示。

图 6-22　新建的第四帧

动画数据处理技术

(7) 选择第四帧,然后在图层面板中隐藏"兔 2"图层,显示"兔 3"图层;隐藏"鹰 3"图层,显示"鹰 4"图层;隐藏"云 2-2"图层,显示"云 2-3"图层。更改图层属性后图层面板如图 6-23 所示。

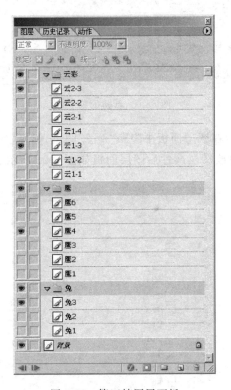

图 6-23　第四帧图层面板

(8) 在动画面板中单击【复制当前帧】按钮,在第四帧的右侧新建第五帧,如图 6-24 所示。

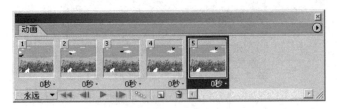

图 6-24　新建的第五帧

(9) 选择第五帧,然后在图层面板中隐藏"鹰 4"图层,显示"鹰 5"图层;隐藏"云 1-3"图层,显示"云 1-4"图层。更改图层属性后图层面板如图 6-25 所示。

(10) 在动画面板中单击【复制当前帧】按钮,在第五帧的右侧新建第六帧,如图 6-26 所示。

(11) 选择第六帧,然后在图层面板中隐藏"兔 3"图层,显示"兔 1"图层;隐藏"鹰 5"图层,显示"鹰 6"图层。更改图层属性后图层面板如图 6-27 所示。

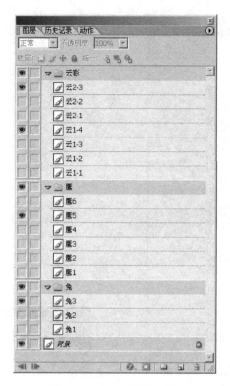

图 6-25　第五帧图层面板

图 6-26　新建的第六帧

（12）在动画面板中按住 Shift 键选择全部帧，单击【延迟时间】按钮，选择【其他】命令，出现【设置帧延迟】对话框，将延迟时间设置为 0.15 秒，如图 6-28 所示。

（13）单击工具箱中的【预览文档】按钮预览动画，然后打开【文件】菜单，选择【存储优化结果】命令，出现【存储优化结果】对话框，设置保存路径和文件名，单击【保存】按钮完成动画的制作。

6.4.2　"字卷"实例

在"字卷"GIF 动画实例中字卷会徐徐展开，显示出"锦绣河山"文字，如图 6-29 所示，其操作步骤如下：

（1）打开【文件】菜单，选择【打开】命令，出现【打开】对话框，选择素材文件"004.psd"，单击【打开】按钮，在工作区中显示图 6-30 所示的图像，图层面板如图 6-31 所示。

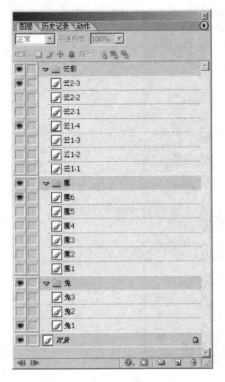

图 6-27　第六帧图层面板

图 6-28　【设置帧延迟】对话框

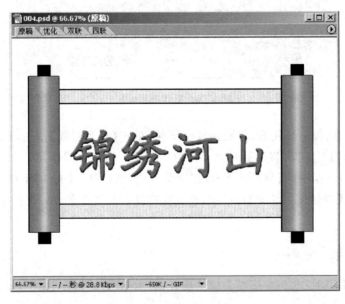

图 6-29　"字卷"动画展开效果

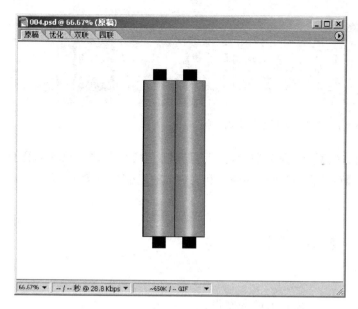

图 6-30 "004.psd"初始画面

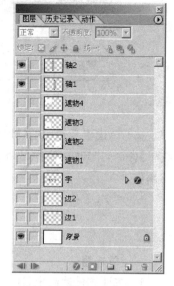

图 6-31 第一帧图层面板

（2）在动画面板中单击【复制当前帧】按钮，在第一帧的右侧新建第二帧，内容与第一帧相同，然后在图层面板中显示全部图层并移动"轴 1"、"轴 2"、"遮物 1"、"遮物 2"、"遮物 3"、"遮物 4"等 6 个图层中对象的位置，调整后的效果如图 6-32 所示，图层面板如图 6-33 所示。

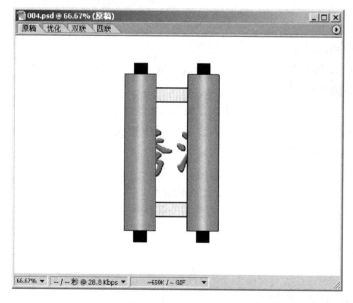

图 6-32 第二帧画面

图 6-33 第二帧图层面板

（3）重复第（2）步操作创建第三帧到第十帧画面，直到字卷完全展开，效果如图 6-29 所示，动画面板如图 6-34 所示。

（4）按住 Shift 键选择全部帧，单击【延迟时间】按钮，选择【0.1 秒】命令，将全部动画帧的延迟时间设置为 0.1 秒。

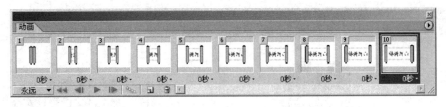

图 6-34　动画面板中的十帧

(5) 单击工具箱中的【预览文档】按钮预览动画,然后打开【文件】菜单,选择【存储优化结果】命令,出现【存储优化结果】对话框,设置保存路径和文件名,单击【保存】按钮完成动画的制作。

6.5　习　　题

一、单选题

1. 在计算机动画中,通过(　　)完成过渡帧的制作。

　　A. 插值技术　　　　　B. 平均值技术　　　　C. 过渡技术　　　　D. 差值技术

2. 一般来说,针对复杂图像的操作 ImageReady 会切换到(　　)应用程序中进行处理。

　　A. 画图程序　　　　　B. Photoshop　　　　C. Illustrator　　　　D. Audition

3. 传统动画片实际上是把一幅幅静态图像按一定的速度顺序播放。在计算机动画中,组成动画的每一幅图像称为(　　)。

　　A. 一帧　　　　　　　B. 一个　　　　　　　C. 一张　　　　　　D. 一幅

4. 在 ImageReady 中制作动画的核心是(　　)。

　　A. 图像映射面板　　　B. 图层面板　　　　C. 动画面板　　　　D. 动作面板

5. 对于 GIF 动画格式,以下描述错误的是(　　)。

　　A. 采用 LZW 压缩算法　　　　　　　　　B. 在动画中可以插入声音

　　C. 文件占用的存储空间小　　　　　　　D. 在互联网中被大量采用

6. 以下不属于动画数据处理软件的是(　　)。

　　A. Adobe ImageReady　　　　　　　　　B. Macromedia Flash

　　C. 3DS MAX　　　　　　　　　　　　　D. CoolDRAW

二、简答题

1. 简述动画的制作原理。

2. 简述动画和视频的区别。

3. 简述动画的制作流程。

4. 简述常用的动画处理软件及它们的特点。

5. 简述 ImageReady 中如何利用 JPEG 图像文件制作动画。

第7章 | 视频数据处理技术

7.1 视频数据处理概述

7.1.1 视频数据处理的基本概念

视频信号有模拟视频信号和数字信号之分。模拟视频信号是常见的电视信号,采用模拟方式对图像进行还原处理,这种图像称为视频模拟图像。

1. 模拟视频信号

电视系统是采用电子学的方法来传送和显示活动景物或静止图像的设备,按显示色彩可分为黑白和彩色两种。

1) 工作原理

电视是采用视觉原理构造而成的,其基本原理为顺序扫描和传输图像信号,然后在接收端同步再现。电视图像扫描是由隔行扫描组成场,由场组成帧,一帧为一幅图像。定义每秒钟扫多少帧为帧频;每秒钟扫描多少场为场频;每秒钟扫描多少行为行频。

2) 场频和帧频

我国的电视画面传输率是每秒 25 帧、50 场。25Hz 的帧频能以最少的信号容量有效地满足人眼的视觉残留特性;50Hz 的场频隔行扫描把一帧分成奇、偶两场,奇偶的交错扫描相当于有遮挡板的作用。这样,在其他行还在高速扫描时人眼不易觉察出闪烁,同时也解决了信号带宽的问题。由于我国的电网频率是 50Hz,采用 50Hz 的场刷新率可以有效地去掉电网信号的干扰。

3) 全电视信号

电视信号中除了图像信号以外还包括同步信号。所谓同步是指摄像端(发送端)的行、场扫描步调要与显像端(接收端)的扫描步调完全一致,即要求同频率、同相位才能得到一幅稳定的画面。一帧电视信号称为一个全电视信号,它又由奇数场行信号和偶数场行信号顺序构成。

4) 分解率

电视的清晰度一般用垂直方向和水平方向的分解率来表示。垂直分解率与扫描行数密切相关。扫描行数越多越清晰、分解率越高。我国电视图像的垂直分解率为 575 行或称 575 线。这是一个理论值,实际分解率与扫描的有效区间有关,根据统计,电视接收机的实际垂直分解率约 400 线。水平方向的分解率或像素数决定电视信号的上限频率。我国目前规定的电视图像信号的标准频带宽度为 6MHz,根据带宽可以反推出理论上电视信号的水平分解率约 630 线。

5) 彩色电视的 YUV 和 YIQ 颜色模型

在彩色电视系统中通常采用三管彩色摄像机或彩色电荷耦合器件摄像机把摄得的彩色图像信号经分色棱镜分成 R_0、G_0、B_0 几个分量的信号,分别经放大和校正得到 RGB 信号,再经过矩阵变换电路得到亮度信号 Y、色差信号 R-Y 和 B-Y,最后发送端将 Y、R-Y 及 B-Y 几个信号进行编码,用同一信道发送出去,这就是常用的 YUV 彩色空间。

采用 YUV 色彩空间的重要性是它的亮度信号 Y 和色度信号 U、V 是分离的。如果只有 Y 信号分量而没有 U、V 分量,那么这样表示的图像就是黑白灰度图像。彩色电视采用 YUV 空间正是为了用亮度信号 Y 解决彩色电视机与黑白电视机的兼容问题,使黑白电视机也能接收彩色电视信号。

美国、日本等国采用的 NTSC 制选用了 YIQ 彩色空间,Y 仍为亮度信号,I、Q 仍为色差信号,但它们与 U、V 是不同的,其区别是色度向量图中的位置不同。

I、Q 与 V、U 之间的关系可以表示成:

$$I=V\cos33°-U\sin33°, \quad Q=V\sin33°+U\cos33°$$

选择 YIQ 彩色空间的好处是,人眼的彩色视觉特性表明人眼分辨红、黄之间颜色变化的能力最强,而分辨蓝与紫之间颜色变化的能力最弱。在色度向量图中,人眼对于处在红、黄之间相角为 123° 的橙色及其相反方向相角为 303° 的青色具有最大的彩色分辨力。

6) 彩色与黑白电视信号的兼容

黑白电视只传送一个反映景物亮度的电信号,而彩色电视除了传送亮度信号以外还要传送色度信号。黑白电视与彩色电视的兼容是指黑白电视机接收彩色电视信号时能够产生相应的黑白图像;而彩色电视机在接收黑白电视信号时也能产生相应的黑白电视图像。即电视台发射一种彩色电视信号,黑白和彩色电视都能正常工作。

在彩色电视信号中首先必须使亮度和色度信号分开传送,以便使黑白电视和彩色电视能够分别重现黑白和彩色图像,用 YUV 空间表示法就能解决这个问题。采用 YUV 空间还可以充分利用人眼对亮度细节敏感而对彩色细节迟钝的视觉特性大大压缩色度信号的带宽。

除了设置色同步信号以外,应采用与黑白电视信号完全一致的行、场扫描以及消隐、同步等控制信号。色度的同步信号迭加在行消隐脉冲之上,这样可以保证彩色电视与黑白电视的扫描和同步完全一致。黑白电视在接收到彩色全电视信号以后可从中获取黑白电视信号,实现彩色电视与黑白电视的兼容。

7) 彩色电视的制式

电视信号的标准也称为电视的制式。目前各国的电视制式不尽相同,制式的区分主要在于其帧频(场频)的不同、分解率的不同、信号带宽以及载频的不同、色彩空间的转换关系不同等。世界上现行的彩色电视制式有 3 种,即 NTSC(National Television Systems Committee)制、PAL(Phase-Alternative Line)制和 SECAM(法文:Sequential Coleur Avec Memoire)制。

(1) NTSC 制式:NTSC 彩色电视制是于 1952 年美国国家电视标准委员会定义的彩色电视广播标准,它采用正交平衡调幅的技术方式,故也称为正交平衡调幅制。美国、加拿大等大部分西半球国家以及日本、韩国、菲律宾等国和中国的台湾采用这种制式。

NTSC 彩色电视制的主要特性如下。

- 525 行/帧,30 帧/秒(29.97fps,33.37 毫秒/帧)。
- 高宽比:电视画面的长宽比(电视为 4∶3;电影为 3∶2;高清晰度电视为 16∶9)。
- 隔行扫描,一帧分成两场,262.5 线/场。
- 在每场的开始部分保留 20 扫描线作为控制信息,因此只有 485 条线的可视数据。
- 每行 63.5 微秒,水平回扫时间为 10 微秒(包含 5 微秒的水平同步脉冲),所以显示时间是 53.5 微秒。
- 颜色模型:YIQ。

一帧图像的总行数为 525 行,分两场扫描。行扫描频率为 15 750Hz,周期为 63.5 微秒;场扫描频率是 60Hz,周期为 16.67 毫秒;帧频是 30Hz,周期为 33.33 毫秒。每一场的扫描行数为 525÷2=262.5 行。除了两场的场回扫外,实际传送图像的行数为 480 行。

(2) PAL 制式:由于 NTSC 制存在相位敏感造成彩色失真的缺点,因此德国(当时的西德)于 1962 年制定了 PAL 制彩色电视广播标准,它采用逐行倒相正交平衡调幅的技术方法,故也称为逐行倒相正交平衡调幅制。西德、英国等一些西欧国家,中国,大陆及香港、新加坡、澳大利亚、新西兰等国家采用这种制式。PAL 制式中根据不同的参数细节又可以进一步划分为 G、I、D 等制式,其中 PAL-D 制是我国大陆采用的制式。

PAL 电视制的主要扫描特性如下。

- 625 行/帧,25 帧/秒(40 毫秒/帧)。
- 长宽比为 4∶3。
- 隔行扫描,两场/帧,312.5 行/场。
- 颜色模型:YUV。

(3) SECAM 制式:SECAM 又称顺序传送彩色信号与存储恢复彩色信号制,是由法国在 1956 年提出、在 1966 年制定的一种新的彩色电视制式。它也克服了 NTSC 制式相位失真的缺点,但采用时间分隔法来传送两个色差信号。法国、俄罗斯、东欧和中东等约 65 个地区和国家使用这种制式。

这种制式与 PAL 制类似,其差别是 SECAM 中的色度信号是频率调制(FM),而且它的两个色差信号(红色差(R'-Y')和蓝色差(B'-Y')信号)是按行的顺序传输的。其图像长宽比为 4∶3,625 线,50Hz,6MHz 电视信号带宽,总带宽为 8MHz。

2. 视频信号数字化

模拟视频信号需要专门的视频编辑设备进行处理,计算机无法对其进行编辑,要想让计算机对视频信号进行处理,必须把视频模拟信号转换成数字化的信号。

1) 数字视频的基本概念

数字视频就是先用摄像机之类的视频捕捉设备将外界影像的颜色和亮度信息转变为电信号,再记录到储存介质(如摄像机的磁带),然后再通过传输线利用模拟/数字(A/D)转换器经过采样量化转变为数字的“0”或“1”存储到计算机中。简单地说,数字视频就是将模拟信号表示的视频信息用数字表示,从而能够在计算机中对其进行操作。

为了在计算机中存储视频信息,模拟视频信号必须通过视频捕捉卡等设备实现模数转换,这个转变过程就是我们所说的视频捕捉(或采集过程)。如果要在电视机或计算机上观看数字元视频,则需要一个从数字元到模拟(D/A)的转换器将二进制信息译码成模拟信号才能播放。在播放时,视频信号被转变为帧信息,并以每秒约 30 幅的速度投影到显示器上,使人眼认为它是连续不间断地运动着的。电影播放的帧率大约是每秒 24 帧。

2) 模拟视频的数字化

模拟视频的数字化包括很多技术问题,如电视信号具有不同的制式而且采用复合的 YUV 信号方式,而显示器工作在 RGB 空间;电视机是隔行扫描,计算机显示器大多逐行扫描;电视图像的分辨率与显示器的分辨率也不尽相同等。因此,模拟视频的数字化主要包括色彩空间的转换、光栅扫描的转换以及分辨率的统一。

模拟视频一般采用分量数字化方式先把复合视频信号中的亮度和色度分离,得到 YUV 或 YIQ 分量,然后用 3 个模/数转换器对 3 个分量分别进行数字化,最后再转换成 RGB 空间。

(1) 数字视频的采样格式:根据电视信号的特征,亮度信号的带宽是色度信号带宽的两倍,因此其数字化时可采用幅色采样法,即对信号的色差分量的采样率低于对亮度分量的采样率。如果用 Y∶U∶V 来表示 YUV 三分量的采样比例,则数字视频的采样格式分别有 4∶1∶1、4∶2∶2 和 4∶4∶4 三种。电视图像既是空间的函数,又是时间的函数,而且是隔行扫描式,所以其采样方式比扫描仪扫描图像的方式要复杂得多。分量采样时采到的是隔行样本点,要把隔行样本组合成逐行样本,然后进行样本点的量化。YUV 到 RGB 色彩空间的转换等,最后才能得到数字视频数据。

(2) 数字视频标准:为了在 PAL、NTSC 和 SECAM 电视制式之间确定共同的数字化参数,国家无线电咨询委员会(CCIR)制定了广播级质量的数字电视编码标准,称为 CCIR 601 标准。在该标准中对采样频率、采样结构、色彩空间转换等都做了严格的规定,主要如下:

- 采样频率为 $fs=13.5\text{MHz}$。
- 分辨率与帧率如表 7-1 所示。

表 7-1 不同制式的视频标准

电视制式	分辨率	帧率
NTSC	640×480	30
PAL、SECAM	768×576	25

- 根据 fs 的采样率,在不同的采样格式下计算出数字视频的数据量,如表 7-2 所示。

这种未压缩的数字视频数据量对于目前的计算机和网络来说无论是存储还是传输都是不现实的,因此在多媒体中应用数字视频的关键问题是数字视频的压缩技术。

3) 视频序列的 SMPTE 编码表示

通常用时间码来识别和记录视频数据流中的每一帧,从一段视频的起始帧到终止帧,其间的每一帧都有一个唯一的时间码地址。根据动画和电视工程师协会 SMPTE(Society of Motion Picture and Television Engineers)使用的时间码标准,其格式是“小时∶分钟∶秒∶帧”(hours∶minutes∶seconds∶frames)。一段长度为 00∶02∶31∶15 的视频片段的播放时间为两分钟 31 秒 15 帧,如果以每秒 30 帧的速率播放,则播放时间为两分钟 31.5 秒。

表 7-2　不同采样格式下的数据量

采样格式（Y∶U∶V）	数据量（MB/s）
4∶2∶2	27
4∶4∶4	40

根据电影、电视工业中使用的帧率不同,各有其对应的 SMPTE 标准。由于技术的原因 NTSC 制式实际使用的帧率是 29.97fps 而不是 30fps,因此在时间码与实际播放时间之间有 0.1% 的误差。为了解决这个误差问题设计出丢帧(drop-frame)格式,即在播放时每分钟要丢两帧(实际上是有两帧不显示而不是从文件中删除),这样可以保证时间码与实际播放时间的一致。与丢帧格式对应的是不丢帧(nondrop-frame)格式,它忽略时间码与实际播放帧之间的误差。

非线性编辑系统是随着多媒体技术的飞速发展产生的,它以计算机为平台,配以专用板卡和高速硬盘,由相应软件控制完成视/音频节目的制作。由于非线性编辑具有传统线性编辑无法比拟的优点,因此使用非线性编辑系统已经成为电视节目后期制作、电子出版物和多媒体课件的发展方向。

3. 线性编辑与非线性编辑

线性编辑指的是传统方式下的声像编辑技术。不管是录像带还是录音带,它存储的信息都是以时间顺序记录的。当使用者要选取不同的视频素材或某一片段时需要频繁地倒带,从录像带的一部分找到另外一部分,甚至更换录像带。完成一个编辑经常需要反复按顺序寻找需要的片段,比较费时、费力,效率很低。

非线性编辑系统是将传统视频编辑系统要完成的工作全部或部分放在计算机上实现的技术,是传统设备同计算机技术结合的产物。计算机数字化地记录所有视频片段并将它们存储在硬盘上。由于计算机对媒体的交互性,人们可以对存储的数字文件反复地更新或编辑。从本质上讲,非线性技术提供了一种分别存储许多单独素材的方法,使得任何片段都可以立即观看并随时任意修改。它利用了计算机软件提供的多种灵活的过渡和特殊效果,可以高效地完成"原始编辑"(如剪辑、切换、动画处理等),再由计算机完成数字视频的生成与计算,并将生成的完整视频回放到视频监视设备或转移到录像带上。由于计算机的交互性及资源的数字化特性突破了传统线性编辑的局限,使得视频编辑工作更加随心所欲和富有创造性。

非线性编辑系统与传统方式在实际应用中有许多明显的优点。

1) 编辑制作方便

在传统线性编辑中剪辑与增加特技要交替进行,非线性编辑可以先编好镜头的顺序,然后根据要求在需要的编辑点添加特技。

2) 有利于反复编辑和修改

在实际工作中如果发现不理想或出现错误可以恢复到若干操作步骤之前,在任意编辑点插入一段素材,切入点以后的素材可自动向后退。同样,如果删除一段素材,切出点以后的素材可以自动向前递补,重组素材段,所有这些操作可以在几秒钟内完成。

3) 图像与声音的同步对位准确方便

图像通过加、减帧可拉长或缩短镜头片段,随意改变镜头的长度。声音可不变音调而改变音长（即声音频率不变，延长或缩短时间节奏），因此在实际制作过程中一段音乐与一段图像相配时很容易把它们的长度编成一致，这在传统的线性编辑方式中是不太容易做到的。

4）制作图像画面的层次多

每一段素材都相当于传统编辑系统中一台录像机播放的视频信号，而素材数量是无限的，这使得节目编辑中的连续特技可一次完成无限多个，它不仅提高了编辑效率而且丰富了画面的效果。

非线性编辑系统是一个以计算机多媒体技术为依托的开放式结构，用户可以任意选择硬件和软件，搭建适合各自专业需求和资金条件的系统。只要选用好的显卡，就可以轻易地做到出色的图像质量与实时特性，但要让系统稳定、高效地运行，真正发挥出系统的最高效能，软件系统的作用也是至关重要的，是非线性编辑系统的灵魂。

4. 常用视频文件格式

视频格式分为影像格式（Video Format）和流格式（Stream Video format）。MPEG 和 AVI 是常见的影像格式，而 RM、MOV、ASF 和 WMV 是常见的流格式。

1）AVI 格式

AVI 是 1992 年 Microsoft 公司推出的 AVI 技术标准。它是一种视/音频交叉记录的数字视频格式。AVI 格式允许视频和音频交错在一起同步播放，支持 256 色和 RLE 压缩，但 AVI 档并未限定压缩标准，因此 AVI 文件格式只是作为控制接口上的标准，不具有兼容性，用不同压缩算法生成的 AVI 文件必须使用相应的解压缩算法才能播放出来。

AVI 格式的优点是它采用帧内压缩编码使得图像清晰，易于编辑软件对其编辑；缺点是所需的存储空间较大，也正因为这一点才有了 MPEG-1 和 MPEG-4 的诞生。根据不同的应用要求，AVI 的分辨率可以随意调整。窗口越大，文件的数据量也就越大。降低分辨率可以大幅度减小它的体积，但图像质量必然受损。在与 MPEG-2 格式文档容量差不多的情况下，AVI 格式的视频质量相对而言要差不少，但制作起来对计算机的配置要求不高，因此经常先录制好 AVI 格式的视频再转换为其他格式。

AVI 文件目前主要应用在多媒体光盘上，用来保存电影、电视等各种影像信息，有时也出现在 Internet 上，供用户下载、欣赏新影片的精彩片段。

2）MPEG 格式

MPEG 格式是运动图像压缩算法的国际标准，它采用有损压缩方法减少运动图像中的冗余信息，同时保证每秒 30 帧的图像动态刷新率，已被几乎所有的计算机平台共同支持。MPEG 标准包括 MPEG 视频、MPEG 音频和 MPEG 系统（视频、音频同步）3 个部分，MP3 音频档就是 MPEG 音频的一个典型应用，视频方面则包括 MPEG-1、MPEG-2 和 MPEG4，而 Video CD（VCD）、Super VCD（SVCD）、DVD（Digital Versatile Disk）是全面采用 MPEG 技术所产生出来的新型消费类电子产品。

MPEG 压缩标准是针对运动图像设计的，其基本方法是在单位时间内采集并保存第一帧信息，然后只存储其余帧相对第一帧发生变化的部分，从而达到压缩的目的。它主要采用两个基本压缩技术，即运动补偿技术（预测编码和插补码）和变换域压缩技术（离散余弦变换 DCT），运动补偿技术实现时间上的压缩，变换域压缩技术实现空间上的压缩。MPEG 的平均压缩比为 50：1，最高可达 200：1，压缩效率非常高，同时图像和音响的质量也非常好，并且在计算机上有统一的标准格式，兼容性相当好。

MPEG-1 被广泛应用在 VCD 的制作和一些视频片段下载方面,几乎所有的 VCD 都是使用 MPGE-1 格式压缩的。

MPEG-2 则应用在 DVD 的制作上,同时在一些 HDTV 高清晰电视广播和一些高要求视频编辑、处理上有相当的应用。

MPEG-4 标准主要应用于视像电话(VideoPhone)、视像电子邮件和电子新闻等,其传输速率要求较低,在 4800~64 000b/s 之间,分辨率为 176×144。MPEG-4 利用很窄的带宽通过帧重建技术压缩和传输数据,以求以最少的数据获得最佳的图像质量。与 MPEG-1 和 MPEG-2 相比,MPEG-4 的特点使其更适合于交互 AV 服务以及远程监控。

3) RM 格式

RealVideo 是 Real Networks 公司开发的一种新型流式视频文档格式,主要用来在低速率的广域网上实时传输活动视频影像,可以根据网络数据传输速率的不同采用不同的压缩比率,从而实现影像数据的实时传送和实时播放。它是 Real 公司对多媒体世界的一大贡献,也是对在线影视推广的贡献。

RealVideo 除了可以用普通的视频文档形式播放之外,还可以与 RealServer 服务器相配合实现实时播放,即先从服务器上下载一部分视频档,形成视频流缓冲区后实时播放,同时继续下载,为接下来的播放做好准备。这种"边传边播"的方法避免了用户必须等待整个文件从 Internet 上全部下载完毕才能观看的缺点,因而特别适合在线观看影视。

RM 主要用于在低速率的网上实时传输视频的压缩格式,它同样具有体积小而又比较清晰的特点。

4) ASF 和 WMV 格式

ASF 是一个可以在网络上实时观赏的"视频流"格式。WMV 格式也是一种独立于编码方式的在 Internet 上实时传播多媒体的技术标准。它们的共同特点是采用 MPEG-4 压缩算法,所以压缩率和图像的质量都很不错(只比 VCD 差一点,优于 RM 格式)。与绝大多数的视频格式一样,画面质量同文件尺寸成反比关系。也就是说,画质越好,文档占用的存储空间越大;相反,文件占用的存储空间越小,画质越差。

5) MOV 格式

MOV 是 Apple(苹果)公司创立的一种音频、视频文档格式,用于保存音频和视频信息,具有先进的视频和音频功能,被 Apple Mac OS、Microsoft Windows 95/98/NT 在内的所有主流计算机平台支持。

MOV 文件格式支持 25 位元彩色,支持 RLE、JPEG 等领先的集成压缩技术,提供 150 多种视频效果,并配有提供了 200 多种 MIDI 兼容音响和设备的声音装置。新版的 QuickTime 进一步扩展了原有功能,包含了基于 Internet 应用的关键特性,能够通过 Internet 提供实时的数字化信息流、工作流与文件回放功能。此外,QuickTime 还采用了一种称为 QuickTime VR(简称 QTVR)技术的虚拟现实(Virtual Reality,VR)技术,用户通过鼠标或键盘的交互式控制可以观察某一地点周围 360°的景象,或者从空间任何角度观察某一物体。

QuickTime 以其领先的多媒体技术和跨平台特性、较小的存储空间要求、技术细节的独立性以及系统的高度开放性得到业界的广泛认可,目前已成为数字媒体软件技术领域事实上的工业标准,而采用了有损压缩方式的 MOV 格式,画面效果比 AVI 格式要稍微好一些。

6) DivX 格式

DivX 视频编码技术由 Microsoft MPEG4 V3 修改而来，使用 MPEG4 压缩算法。DivX 视频编码技术可以说是针对 DVD 产生的，同时它也是为了打破 ASF 的种种约束发展起来的，而且播放这种编码对机器的要求不高，只要是 300MHz 以上 CPU、64MB 的内存和 4MB 显存的显卡就可以流畅播放。

7.1.2 视频数据处理软件简介

影视制作与计算机技术的联合是电影发展史上的一座里程碑。数字化的视频编辑技术不仅让人们体验到了前所未有的视觉冲击效果，也为人们的日常生活带来了无穷的乐趣。随着计算机和数码摄像机的普及，数字视频编辑正在褪去神秘的光环。其实，充分利用数码相机、摄像机、视频采集卡或者数码化的视频文档素材再配合一套视频编辑软件，差不多使用任何一台计算机都可以做出完美的视频作品，数字化视频的编辑和制作已经开始慢慢融入人们的日常生活。

目前，在计算机平台上流行的视频编辑软件有 Adobe 公司的 Adobe Premiere、Microsoft 公司的 Windows Movie Maker、Ulead 公司的 Video Studio 以及 Pinnacle 公司的 Pinnacle Studio 和 Pinnacle Edition。其中，Windows Movie Maker、Video Studio 和 Pinnacle Studio 定位于普通家庭用户，Adobe Premiere 和 Pinnacle Edition 定位于中高端商业用户。

1. Adobe Premiere

Adobe 公司推出的基于非线性编辑设备的视/音频编辑软件 Premiere 已经在影视制作领域取得了巨大的成功，现在被广泛应用于电视台、广告制作、电影剪辑等领域，成为 PC 和 MAC 平台上应用最为广泛的视频编辑软件。

将 Premiere 与 Adobe 公司的 Affter Effects 配合使用，更能使二者发挥最大功能。After Effects 是 Premiere 的自然延伸，主要用于将静止的图像推向视频、声音综合编辑的新境界。它集创建、编辑、模拟、合成动画、视频于一体，综合了影像、声音、视频的文档格式，可以说用户在掌握了一定技能的情况下想象的东西都能够实现。

2. Ulead Media Studio Pro

Ulead 公司开发的多媒体影视制作软件 Media Studio Pro 涵盖了视频编辑、影片特效、2D 动画制作等功能，是一套整合性完备、面面俱到的视频编辑套餐式软件。它集成了五大功能模块，即 Video Editor（视频编辑）、Audio Editor（音效编辑）、CG Infinity（动画制作）、Video Paint（特效绘图）和 Video Capture（视频捕获），可以轻松地对视频、音频进行捕获、编辑以及输出。其独特之处在于 Video Paint，可以对视频片段中的任一帧或者连续帧进行画面处理，而且它内置了 MPEG 编码器，可以不需借助任何插件轻松制作 VCD 影片。

3. Ulead Video Studio（又称绘声绘影）

Media Studio Pro 虽然功能比较强大，但它太过专业，上手比较难。而 Ulead 的另一套编辑软件——绘声绘影是完全针对家庭娱乐、个人纪录片制作开发的简便型视频编辑软件，非常适合家庭、个人使用。

绘声绘影一共分为开始、捕获、故事板、效果、覆选、标题、音频和完成 8 大步骤，并提供在线帮助，从而使用户能快速地学习每一个流程的操作方法。它提供了 12 类 114 个转场效果，可以用拖拽的方式应用，并且对于每个效果都可以做进一步的控制。另外，它还具有字幕、旁白或动态标题的文字编辑功能。绘声绘影提供了多种输出方式，它可以输出传统的多媒体电影文件，例如 AVI、FLC 动画、MPEG 电影，也可将制作完成的视频嵌入贺卡，生成一个可执行文档。通过内置的 Internet 发送功能，可以将做好的视频通过电子邮件发送出去或者自动将它作为网页发布。如果有相关的视频捕获卡还可将 MPEG 电影文档转录到家用录像带上。

4. Windows Movie Maker

Windows Movie Maker(简称 WMM)是 Windows XP 的一个标准组件，其功能是将用户自己录制的视频素材经过剪辑、配音等编辑加工制作成富有艺术魅力的个人电影。它也可以将大量照片进行巧妙的编排，配上背景音乐，还可以加上自己录制的解说词和一些精巧特技，加工制作成电影式的电子相册。Windows Movie Maker 最大的特点就是操作简单、使用方便，并且用它制作的电影体积小，非常适合通过 E-mail 发送给亲朋好友，或者上传到网络供大家下载收看。

5. Pinnacle Studio

Pinnacle Studio 是一款专业质量的视频编辑软件，Pinnacle Studio 提供了一个专业家庭视频工作室所需要的一切功能，包括一体化的音频/视频同步采集、实时数字视频编辑和CD、VCD、DVD 制作解决方案。Pinnacle Studio 是针对台式电脑和笔记本的一套完整的视频编辑方案。用户只要将视频素材采集到计算机里，然后使用专业的编辑工具制作场景转换、字幕特效、快慢动作等炫目的电影，编辑完自己的电影，就可以输出到磁带或 VCD、DVD并播放。

7.2　Premiere 基本操作

本章以 Adobe Premiere Pro 2.0 版本为例介绍 Premiere 的基本功能和用法，并介绍如何使用它制作精彩的影视特效。

7.2.1　Premiere 工作界面

启动 Premiere Pro 2.0 后将出现 Premiere 欢迎界面，如图 7-1 所示。在欢迎界面中单击【新建节目】按钮，出现【新建节目】对话框，如图 7-2 所示，设置好参数后单击【确定】按钮，出现 Premiere Pro 2.0 工作界面，如图 7-3 所示。

📖　有些 Premiere Pro 2.0 汉化软件将"节目"翻译为"项目"。

Premiere 工作界面主要由标题栏、菜单栏、节目面板、特效面板、监视器面板、时间线面板等组成，界面中各组成部分的含义如下。

1. 菜单栏

菜单栏中包括文件、编辑、节目、素材、时间线、标记、字幕、窗口和帮助等菜单项。

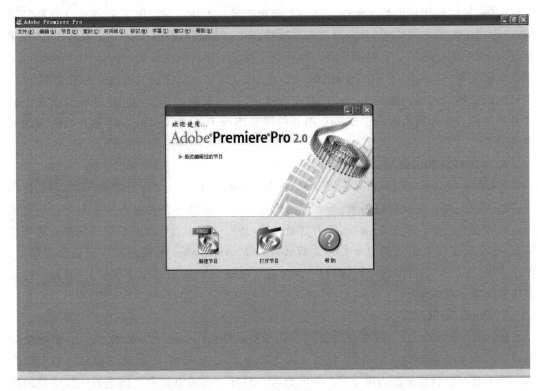

图 7-1　欢迎界面

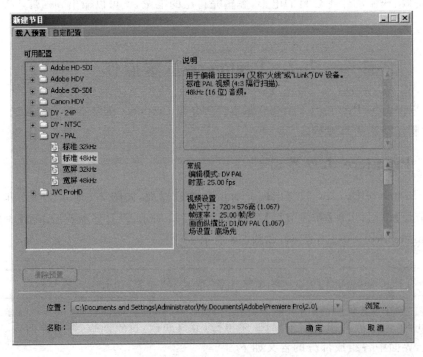

图 7-2　【新建节目】对话框

图 7-3　Premiere 工作界面

2. 节目面板

在节目面板中可以存储当前节目需要的所有素材文件,包括视频、音频和图形文件等。如果选中了一段视频或音频,单击面板中预览图左侧的播放按钮可以预览效果,同时在右侧会显示文件的详细信息。

节目面板下方最左侧的两个按钮可以控制素材是以列表方式还是以缩略图方式显示。

3. 时间线面板

时间线面板是 Premiere 的核心面板,主要用于视频、音频、图片、字幕等素材的合成,以及添加特效等操作。

4. 监视器面板

默认情况下,Premiere 显示两个监视器,左侧的监视器称为"来源"监视器,用于预览素材、逐帧播放、设置标记等;右侧的监视器称为"节目"监视器,用于预览时间线中的视频节目。

5. 特效面板

特效面板中主要存放效果命令,默认情况下,Premiere 显示预置的 5 类特效,即预置、音频特效、音频切换、视频特效和视频切换。

6. 工具面板

工具面板中存放了选择工具、剃刀工具、钢笔工具等,这些工具主要用于时间线中视频

视频数据处理技术

等素材的编辑。

7.2.2　Premiere 基础操作

1. 新建节目文件

在使用 Premiere 进行视频处理前需要创建一个新节目,用于保存合成视频所需的各种素材,并在时间线中记录各种素材的合成方式。

1) 新建节目方法

第一种方法,Premiere Pro 2.0 启动后会出现 Premiere 欢迎界面,如图 7-1 所示,在欢迎界面中单击【新建节目】按钮,出现【新建节目】对话框,如图 7-2 所示,设置参数后单击【确定】按钮即可。

第二种方法,在编辑节目文件的过程中打开【文件】菜单,选择【新建】命令,出现级联菜单,选择【节目】命令,出现【新建节目】对话框,设置参数后单击【确定】按钮即可。

2) 参数含义

【新建节目】对话框的【载入预置】选项卡中的各参数的含义如下。

- 【可用配置】选项区域:系统内部预置的视频解决方案。早期版本的 Premiere 中只预置了 DV-NTSC 和 DV-PAL 两种方案,Premiere Pro 2.0 版本中增加了 Adobe HD-SDI、Adobe HDV、Adobe SD-SDI、DV-24P 等支持高清视频节目的方案。HDV 高清信号可以将 500 多线的视频画面提升到 1080 线的清晰度,再配合使用高清的 16∶9 宽屏幕模式,将会得到高出原来标清视频节目 6 倍的细节。如果使用高清设备拍摄了视频素材,则可以选择相应的高清方案来编辑视频。相反,如果没有使用高清设备,而是使用传统的 DV 摄像机拍摄视频素材,或者制作完成的视频作品只是在 DVD 和 VCD 上播放,通常选择 DV-NTSC 或 DV-PAL 方案即可,具体到我国,应该选择 DV-PAL 方案。每种方案又根据采样频率、宽高比等参数不同进行细分。一般来说,采用 DV-PAL 中的标准 48kHz 视频方案。
- 【说明】选项区域:对选择的视频解决方案进行具体描述,包括视频设置、音频设置、采集格式、默认时间线设置等。
- 【位置】下拉列表框:显示保存节目的路径,单击右侧的【浏览】按钮可以重设节目的保存位置。
- 【名称】文本框:为新建的节目命名。

2. 自定义屏幕尺寸

在编辑视频过程中我们经常遇到屏幕尺寸不一致的情况,例如视频素材尺寸为 320×240,而 Premiere Pro 的 DV-PAL 中标准 48kHz 视频方案的屏幕尺寸为 720×576,这样编辑后的视频会出现黑边,影响视频播放效果,因此需要自定义屏幕尺寸。具体操作如下:

(1) 打开【新建节目】对话框,切换到【载入预置】选项卡,选择 DV-PAL 标准 48kHz 视频方案。

(2) 切换到【自定配置】选项卡,如图 7-4 所示。

(3) 在左侧的选项区域中选择【常规】选项,单击【编辑模式】下拉列表框,选择【桌面模式】选项。

(4) 在【帧大小】文本框中分别输入宽/高值,例如 320/240。

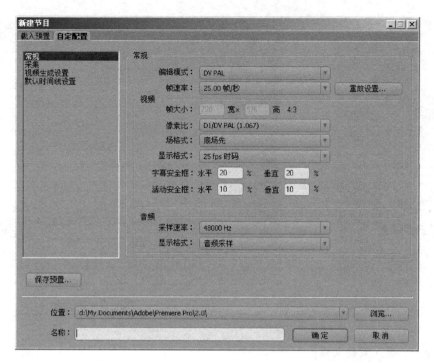

图 7-4 【自定配置】选项卡

（5）设置好其他参数，单击【确定】按钮完成操作。

📖 在【自定配置】选项卡中单击【保存预置】按钮，可以将自定义的视频方案保存。

---

3. 导入素材

1）支持的素材类型

- 图像文件：主要包括 JPEG、GIF、PSD、BMP、TIFF、EPS、PCX 和 AI 等类型的文件。
- 视频文件：主要包括 AVI、MPG、MOV、DV-AVI、WMA、WMV、ASF 等类型的文件。
- 音频文件：主要包括 MP3、WAV、AIF、SDI 等类型的文件。

2）导入素材方法

第一种方法，在节目面板空白处右击，打开快捷菜单，如图 7-5 所示，选择【导入】命令，出现【导入】对话框，如图 7-6 所示，选择需要导入的素材文件，单击【打开】按钮即可。

第二种方法，打开【文件】菜单，选择【导入】命令，出现【导入】对话框，如图 7-5 所示，选择需要导入的素材文件，单击【打开】按钮即可。

📖 在【导入】对话框中有一个【导入文件夹】按钮，利用它可以导入包含若干素材的文件夹。

图 7-5 节目面板快捷菜单

图 7-6 【导入】对话框

练习一：导入素材文件

（1）打开【文件】菜单，选择【新建】命令，出现级联菜单，选择【节目】命令，出现【新建节目】对话框，选择 DV-PAL 标准 48kHz 视频方案，设置屏幕尺寸为 320×240，节目名称为"桂林山水"，单击【确定】按钮，进入工作界面。

（2）打开【文件】菜单，选择【导入】命令，出现【导入】对话框，选择素材文件 no1. asf，单击【打开】按钮。

（3）重复第（2）步操作，分别将素材文件 no2. asf、no3. asf、home. mp3 和象鼻山. jpg 导入到节目面板中，如图 7-7 所示。

4. 预览素材

在编辑素材前需要对素材进行预览，以便确定如何剪辑。通过监视器面板可以对素材或正在编辑项目的效果进行实时预览。

在监视器面板中有"来源"和"节目"两个监视器，预览方法类似，本章以"来源"监视器为例进行说明，如图 7-8 所示。

1）常用工具按钮功能

- 【播放】按钮 ▶ ：从当前帧开始播放。
- 【停止】按钮 ■ ：停止播放监视器中的内容。
- 【逐帧前进】按钮 ▮▶ ：单击该按钮一次，素材前进播放一帧。
- 【逐帧倒退】按钮 ◀▮ ：单击该按钮一次，素材倒退播放一帧。
- 【循环】按钮 ▣ ：循环播放素材。
- 【设置入点】按钮 ｛ ：将监视器时间线标尺当前所在的位置标注为素材的入点。
- 【设置出点】按钮 ｝ ：将监视器时间线标尺当前所在的位置标注为素材的出点。

📖 在视频编辑中,入点是指截取素材的开始位置,出点是指截取素材的结束位置。

图 7-7 节目面板中的素材

图 7-8 "来源"监视器

- 【播放入点到出点】按钮 ：从入点到出点播放素材。
- 【跳到入点】按钮 ：快速定位到入点。
- 【跳到出点】按钮 ：快速定位到出点。
- 【设置无编号标记】按钮 ：设置未编号的标记点,以便记录指定的位置。
- 【跳到上一个标记】按钮 ：后退到上一个标记点。
- 【跳到下一个标记】按钮 ：前进到下一个标记点。
- 【插入】按钮 ：将"来源"监视器中的素材插入到时间线面板中标尺所在的位置,插入点右边的素材依次向后移动。
- 【覆盖】按钮 ：将"来源"监视器中的素材插入到时间线面板中标尺所在的位置,插入点右边的素材被部分或全部覆盖。
- 【视/音频处理方式】按钮：有 3 种处理方式,单击该按钮可切换处理方式。 按钮保留素材的视/音频数据, 按钮仅保留素材的视频数据, 按钮仅保留素材的音频数据。

2) 预览素材方法

第一种方法,在节目面板中单击并拖动某一个素材到"来源"监视器窗口中即可预览素材。

第二种方法,如果监视器中载入了多个素材文件,单击"来源"监视器窗口上方的三角形按钮,在下拉菜单中选择要预览的素材文件名称,如图 7-9 所示,在"来源"监视器窗口中显示素材的预览画面。

7.2.3 Premiere 字幕制作

字幕是视频编辑中的重要组成部分,在片头、片尾中经常大量采用字幕,以起到解释说

图 7-9　"来源"监视器下拉菜单

明视频作品的作用。字幕制作包括文本和图形制作。

打开【文件】菜单,选择【新建】命令,在级联菜单中选择【字幕】命令,出现字幕窗口。

1. 字幕窗口的组成

字幕窗口主要由 6 个部分组成,分别为文本属性栏、字幕工具栏、排列对齐栏、工作区、字幕样式栏和字幕属性栏,如图 7-10 所示。各组成部分功能如下:

- 文本属性栏:用于设置文字的字体、对齐方式、滚动方式、显示视频等属性。
- 字幕工具栏:用于存放创建和编辑各种字幕的工具。字幕工具栏分为 5 个部分,由上到下分别为选择和旋转工具、文字工具、路径工具、图形工具、字幕效果预览区。

　　📖　Premiere Pro 和 Photoshop 均为 Adobe 公司的产品,字幕工具栏中大部分工具的用法和 Photoshop 相同,具体操作方法请读者参考第 5 章,本章不再赘述。

- 排列对齐栏:用于设置字幕或图形的排列对齐方式。
- 工作区:用于输入和编辑文本或图形。
- 字幕样式栏:用于选择或自定义文本的样式。
- 字幕属性栏:用于设置字幕的属性,包括字体、字号、填充、阴影等选项。

2. 创建和保存字幕

视频编辑中使用的字幕分为静态字幕和滚动字幕。在创建字幕后,字幕文件会自动显示在节目面板中。

1) 创建静态字幕

在默认状态下 Premiere Pro 创建的是静态字幕。

在字幕工具栏中单击文字工具 T,将鼠标指针移动到工作区中单击,即可输入文本。输入完毕后单击选择工具 ,结束文本的输入状态,文本周围出现矩形控制点,如图 7-11 所示。此外,利用选择工具可以对文本进行移动、旋转、缩放等操作。

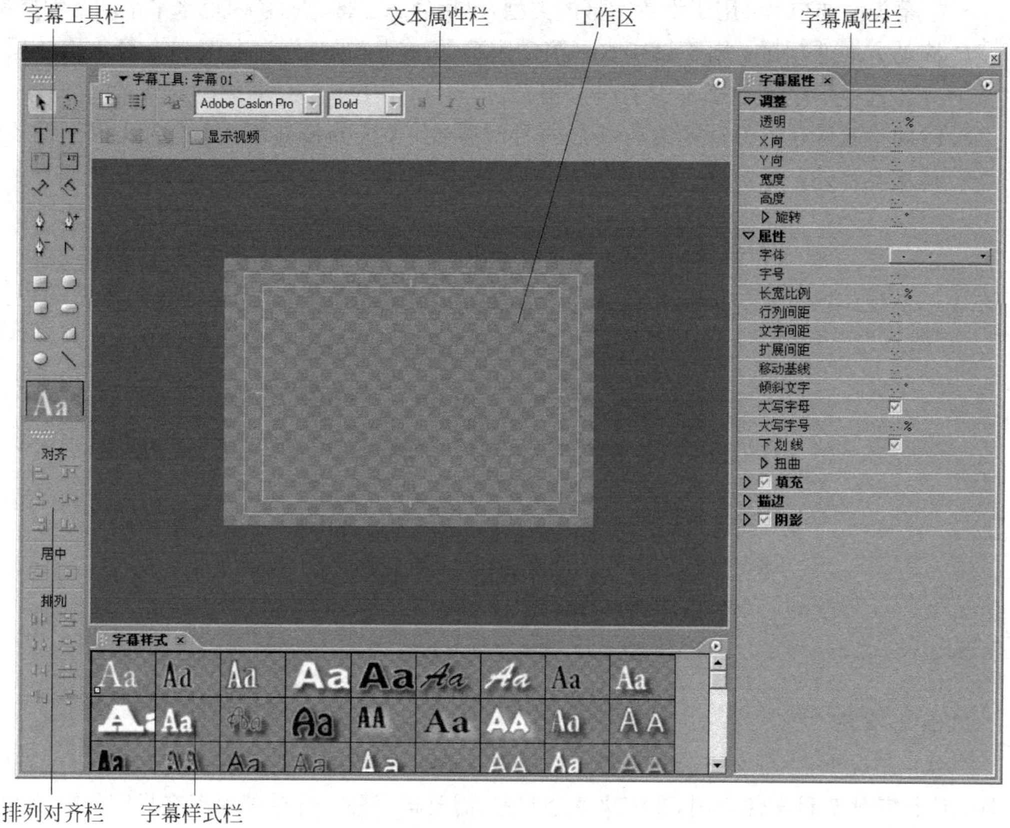

字幕工具栏　　　　　　　　　文本属性栏　　　工作区　　　　　　字幕属性栏

图 7-10　字幕窗口

排列对齐栏　　字幕样式栏

为了预览字幕和视频的叠加效果，以便对字幕进行调整，可以选择文本属性栏中的【显示视频】复选框 ✔显示视频 00:00:00:14，如图 7-12 所示。改变【显示视频】复选框右侧的时间码，可以选择某个时间点上的视频画面作为字幕背景。

图 7-11　创建后的静态字幕

图 7-12　静态字幕叠加视频

2）创建滚动字幕

如果字幕中创建的文本较多，往往使用滚动字幕，例如影视节目结尾的演职人员表等。在创建完静态字幕后打开【滚动设置】对话框，设置滚动参数后即可创建滚动字幕。

在文本属性栏中单击【滚动设置】按钮 ，即可出现【滚动设置】对话框，如图 7-13 所示，其参数的功能如下。

- 字幕类型选项区：用于设置字幕的类型，包括静态字幕、垂直字幕、水平滚动 3 种类型。
- 滚动方向选项区：用于设置水平滚动字幕的滚动方向，分为左滚和右滚。该选项只有在选择水平滚动字幕类型时可用。
- 时间设置区：用于设置滚动字幕的时间参数。【从屏幕外滚入】复选框用于设置字幕从屏幕外开始滚入；【全部滚出屏幕】复选框用于设置字幕将全部滚出屏幕。

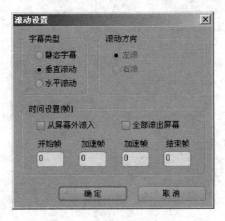

图 7-13　【滚动设置】对话框

3）保存字幕

在默认情况下，字幕文件会和节目文件保存在一起，不需要单独保存。但这样保存的字幕文件无法被其他节目文件使用，要解决这个问题，需要将字幕文件单独保存在指定的路径下。

在节目面板中选择需要单独保存的字幕文件，打开【文件】菜单，选择【输出】命令，在级联菜单中选择【字幕】命令，出现【保存字幕】对话框，如图 7-14 所示，设置保存路径，单击【保存】按钮即可将字幕文件保存在指定的路径下以备使用。

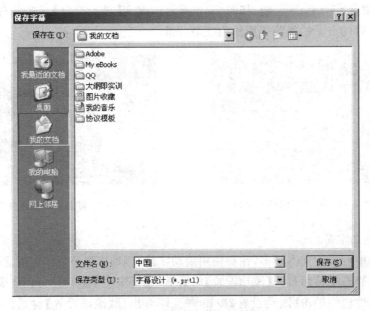

图 7-14　【保存字幕】对话框

3. 字幕属性栏

在创建字幕文本后,可以通过字幕属性栏对文本的大小、字体、颜色、阴影等属性进行修改,让字幕变得更加美观。字幕属性栏中包括调整、属性、填充、描边、阴影等控制区。

1) 调整控制区

调整控制区用于对字幕进行整体修改,如图 7-15 所示,其主要参数含义如下。

- 【透明】文本框:用于设置所选字幕的透明度。
- 【宽度】文本框:用于设置字幕的宽度值。
- 【高度】文本框:用于设置字幕的高度值。
- 【旋转】文本框:用于设置字幕的旋转角度。

2) 属性控制区

属性控制区用于对字幕的字体、大小、长宽比、行列间距等参数进行修改,如图 7-16 所示,其主要参数含义如下。

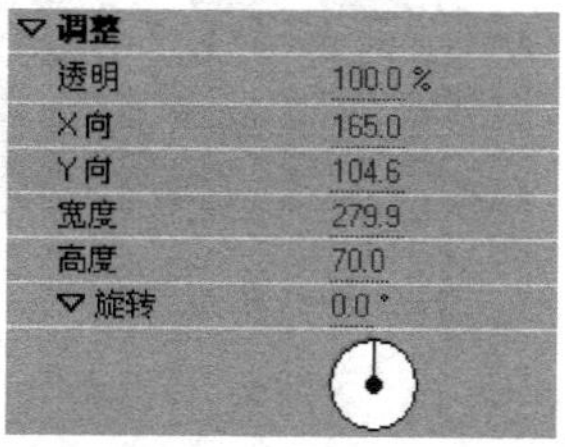

图 7-15 调整控制区 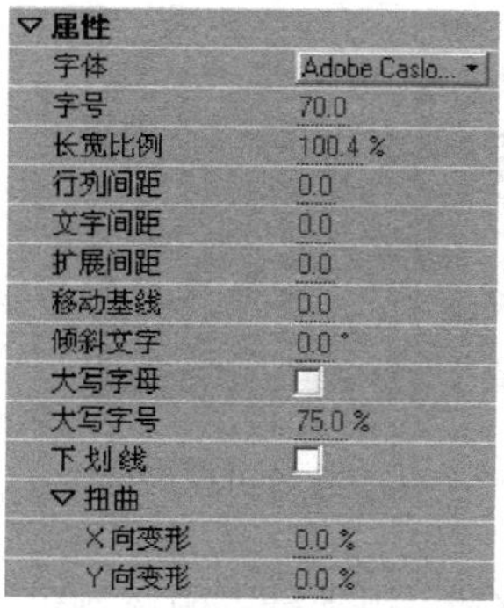　　　　图 7-16 属性控制区

- 【字体】下拉列表框:用于设置字幕的字体。
- 【字号】文本框:用于设置字体的大小。
- 【长宽比例】文本框:用于设置字幕的长宽比。当数值小于 100% 时字幕变窄,当数值大于 100% 时字幕变宽。
- 【行列间距】文本框:用于设置字幕的行列间距。当数值为正数时行列间距变大,当数值为负数时行列间距变小。
- 【文字间距】文本框:用于设置两个相邻文本之间的距离。
- 【倾斜文字】文本框:用于设置字幕的倾斜程度。
- 【下划线】复选框:为字幕添加下划线效果。

3) 填充控制区

填充控制区用于对字幕或图形的颜色进行修改,如图 7-17 所示。在应用填充选项之前应选中要填充的对象,然后选择【填充】复选框。

图 7-17 填充控制区

填充控制区中主要参数的含义如下。

- 【填充类型】下拉列表框:用于设置填充的类型。填充类型包括单色、线性渐变、放射渐变、四色渐变、斜面浮雕、消除、幻影 7 种模式。根据填充类型的不同,填充控制

区的参数也将不同,本章以单色填充类型为例进行介绍。

- 【色彩】按钮:用于设置填充的颜色。单击该按钮将出现【色彩选择】对话框,可以进行颜色设置。
- 【透明】文本框:用于设置颜色的不透明度。

4) 描边控制区

描边控制区主要用于为字幕添加描边效果。描边分为内描边和外描边两种,两种描边的参数相同,本章以外描边为例进行介绍。

单击外描边右侧的【添加】按钮添加外描边效果,如图7-18所示,其主要参数含义如下。

- 【类型】下拉列表框:用于设置描边类型。
- 【大小】文本框:用于设置描边边框的大小。

5) 阴影控制区

阴影控制区主要用于为字幕添加阴影效果,面板如图7-19所示,其主要参数含义如下:

图 7-18   外描边控制区

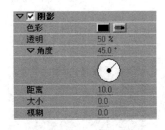

图 7-19   阴影控制区

- 【色彩】按钮:用于设置阴影颜色。
- 【透明】按钮:用于设置阴影的不透明度。
- 【角度】文本框:用于设置阴影的角度。
- 【距离】文本框:用于设置字幕和阴影之间的距离。
- 【大小】文本框:用于设置阴影的大小。
- 【模糊】文本框:用于设置阴影扩散的范围。

4. 字幕样式栏

在字幕样式栏中提供了许多字体样式模板,用户可以将这些模板直接应用到字幕中,从而简化对字幕的编辑。

1) 添加字幕样式

添加字幕样式的操作方法很简单,首先选择需要添加样式的字幕文本,然后在字幕样式栏中单击某一种模板按钮就可以应用样式了。

2) 编辑字幕样式

单击字幕样式栏右上角的 ▶ 按钮会打开级联菜单,如图7-20所示。在级联菜单中有关于样式编辑的命令,例如复制样式、删除样式等,它们和Photoshop中的操作方法相同,这里不再赘述。

练习二:创建"伟大的祖国"水平滚动字幕

(1) 打开【文件】菜单,选择【新建】命令,在级联菜单中选择【字幕】命令,出现【新建字幕】对话框,如图 7-21 所示,在【名称】文本框中输入"伟大的祖国",单击【确定】按钮,进入字幕窗口,如图 7-10 所示。

图 7-20 字幕样式栏级联菜单　　　　　　图 7-21 【新建字幕】对话框

（2）在字幕工具栏中单击文字工具 T ，将鼠标指针移动到工作区中单击,输入文本"伟大的祖国",然后单击选择工具,如图 7-22 所示。可以发现,系统默认的字体、字号不合适,导致输入的文本不能正常显示。

（3）选择字幕文本,在文本属性栏中单击【字体】下拉列表框,如图 7-23 所示,选择【STXingkai】选项；在字幕属性栏的【字号】文本框中输入 45。在排列对齐工具栏中分别单击【垂直居中】按钮 和【水平居中】按钮 ，将字幕调整到居中位置,如图 7-24 所示。

图 7-22 新建的字幕

图 7-23 【字体】下拉列表框　　　　图 7-24 调整后的字幕

（4）在字幕属性栏中,在填充控制区中单击【色彩】按钮,出现【色彩选择】对话框,设置颜色值为"R:255,G:0,B:0"；在描边控制区中单击内描边的【添加】按钮,然后在【大小】文本框中输入 10,设置颜色值为"R:255,G:242,B:0"；在阴影控制区的【距离】文本框中输入 3。控制区的其他参数如图 7-25 所示,字幕效果如图 7-26 所示。

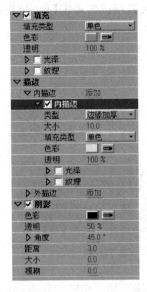

图 7-25　控制区参数

图 7-26　字幕效果

（5）在文本属性栏中单击【滚动设置】按钮，出现【滚动设置】对话框，在对话框中选择【水平滚动】单选按钮、【左滚】单选按钮、【从屏幕外滚入】复选框、【全部滚出屏幕】复选框，如图 7-27 所示。

（6）单击字幕窗口右上角的关闭按钮 ⊠ 返回 Premiere 工作界面，在节目面板中显示创建的字幕文件"伟大的祖国"。

（7）打开【文件】菜单，选择【输出】命令，在级联菜单中选择【字幕】命令，出现【保存字幕】对话框，设置保存路径及文件名，然后单击【保存】按钮完成操作。

图 7-27　参数设置

7.2.4　Premiere 视频剪辑操作

1. 时间线面板

时间线面板是 Premiere 中重要的组成部分。在整个视频编辑过程中大部分工作都是在时间线面板中完成的，可以说它是 Premiere 的核心。通过时间线面板可以对素材进行剪切、复制、插入、粘贴等操作。

在新建节目时，系统默认产生一个时间线，并在节目面板中显示，除此之外还可以新增多个时间线。

时间线面板主要由视频轨道、音频轨道、标尺栏、视图控制条、功能图标等组成，如图 7-28 所示。

1）视频轨道

视频轨道用于编辑视频数据，在时间线面板中默认有 3 个视频轨道。

关键帧是视频编辑中一个非常重要的名词，在时间线面板中以菱形形式显示在控制线

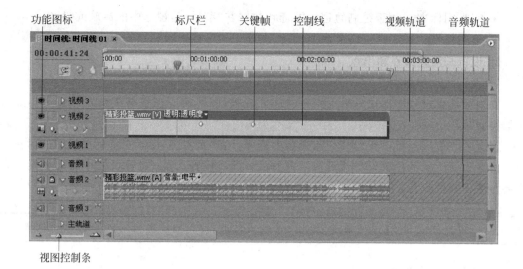

图 7-28　时间线面板

上。在控制线上单击关键帧并上下拖动可以调整视频的透明度,如果左右拖动则可以改变关键帧的位置。

在视频轨道左侧单击【显示关键帧】按钮 ◉,可以打开下拉菜单,其中命令含义如下。

- 【显示关键帧】命令:显示关键帧控制线,方便添加关键帧。
- 【显示透明度】命令:显示透明度控制线,方便调节视频的透明度。
- 【隐藏关键帧】命令:隐藏关键帧和透明度控制线。

在视频轨道左侧单击【添加/删除关键帧】按钮 ◉,可以在当前时间点的位置上添加或删除一个关键帧。

2)音频轨道

音频轨道用于编辑音频数据,在时间线面板中默认有 3 个音频轨道。音频轨道的操作方法与视频轨道基本相同,只是在控制线上单击关键帧并上下拖动,调整的是音频的音量大小。

3)标尺栏

标尺栏用于显示视/音频数据的时间值。

标尺栏中的滑块 🔘 用于确定视/音频数据的当前时间值,左右拖动滑块可以调整当前时间值。

在标尺栏左上方有一个时间显示区,显示的是滑块 🔘 当前的时间值,例如, 00:01:30:24 表示 1 分 30 秒。

4)视图控制条

视图控制条主要用于控制视/音频数据的视图比例,向左拖动游标 ▲ 可以缩小视/音频数据在轨道中的显示,向右拖动游标 ▲ 可以放大视/音频数据在轨道中的显示。

5)功能图标

在时间线面板的左侧还有一些较常用的功能图标,其含义如下。

- 眼睛图标 👁:用于控制轨道中的视频数据在"节目"监视器中的显示或隐藏。

- 喇叭图标 ：用于控制轨道中的音频数据在"节目"监视器中的播放或静音。
- 锁图标 ：用于锁定轨道数据，使轨道处于不可编辑状态。

2. 设置与清除入点和出点

1) 设置入点和出点

在视频编辑过程中往往只采用素材的部分视频，因此需要在素材中设置入点和出点来截取视频片段。

设置入点和出点可以在"来源"监视器中完成。在"来源"监视器中将标尺栏中的滑块定位在需要设置入点的位置，单击【设置入点】按钮，即可设置入点；将标尺栏中的滑块定位在需要设置出点的位置，单击【设置出点】按钮，即可设置出点。

📖 用户可以利用【逐帧前进】按钮和【逐帧前进】按钮准确定位入点和出点的位置。

---

2) 清除入点和出点

为某个素材设置入点或出点以后，如果不需要了，可以清除它们。

打开【标记】菜单，选择【清除素材标记】命令，出现级联菜单，选择【入点】或【出点】命令，即可清除入点或出点。

练习三：为素材 no3.asf 设置出点

在视频素材 no3.asf 中有多个场景画面的切换，下面介绍截取第一个场景视频的操作过程。

(1) 在"来源"监视器中单击【播放】按钮，预览视频 no3.asf。在预览过程中用户可以发现两个场景画面的切换，如图 7-29 所示。

第一个场景画面　　　　　　　　　第二个场景画面

图 7-29　两个不同场景画面

(2) 再次单击【播放】按钮，当视频由第一个场景切换为第二个场景画面时，单击【停止】按钮。

(3) 多次单击【逐帧倒退】按钮，直到监视器窗口中出现第一个场景画面。

(4) 单击【设置出点】按钮，这时在素材开始位置和出点之间的标尺栏显示为蓝色，从而完成第一个场景视频的截取工作。

3. 插入素材

在设置好素材的入点和出点后就可以将素材插入到时间线面板中，以便进行编辑操作。

首先选择放置素材的视频和音频轨道，然后拖动时间线面板的标尺栏上的滑块到需要插入素材的位置,最后单击"来源"监视器中的【插入】按钮,即可将素材插入到时间线面板的相应视/音频轨道中。

   📖   视/音频数据是按顺序播放的,因此在插入多个视/音频数据时要前后相接,尽量不要重叠。

---

4. 分开素材

一般来说,原始素材都会包含视频和音频,在插入到时间线面板后它们会链接在一起,用户无法对其中的视频或音频进行单独移动、删除等操作,分开素材就是来解决这一问题。

在时间线面板中选择视/音频链接的素材,打开【素材】菜单,选择【解除关联】命令,即可将视频和音频数据断开链接,然后就可以对视频或音频进行单独操作了。

5. 链接素材

与分开素材的操作相反,在有些情况下需要将时间线面板的视频和音频数据链接到一起,以便整体移动、复制、删除等。

在时间线面板中选择多个需要链接的视/音频数据,打开【素材】菜单,选择【加入关联】命令,即可将视频和音频数据链接。

   📖   选择多个视/音频数据可以结合 Shift 键。

---

6. 设定素材的长度和速率

在编辑素材的过程中经常需要对素材的长度和播放速度进行调整,以达到改变素材长度,或者加快和减慢素材播放速度的效果。

在时间线面板中选择素材并右击,打开快捷菜单,如图 7-30 所示,选择【速度/长度设置】命令,出现【素材速度/长度设置】对话框,如图 7-31 所示,其参数含义如下。

图 7-30　素材快捷菜单　　　　图 7-31　【素材速度/长度设置】对话框

视频数据处理技术

- 【速度】文本框：用于设置素材的播放速度。
- 【长度】文本框：用于设置素材的播放时间。
- 【视频倒放速度】复选框：用于设置素材是否反向播放。
- 【保持音频同步】复选框：用于设置音频是否会受到视频速度改变的影响。

7.3　Premiere 视频效果

7.3.1　视频切换效果

使用视频切换效果可以将素材组织到一起，保持作品的整体性，而不是生硬地将素材堆叠。使用视频切换可以让一段视频素材以一种特殊的形式过渡转换到下一段视频，也就是在上一段视频的末尾画面和下一段视频的开始画面之间加上一种自然的过渡形式。

1. 添加视频切换效果

第一步，将设置好入点和出点的多段视频插入到时间线面板中，并前后相接。

📖　多段视频可以在同一条视频轨道上，也可以在不同的视频轨道上。

第二步，打开【窗口】菜单，选择【显示特效选择板】命令，出现特效面板。

第三步，在特效面板中单击视频切换文件夹左侧的 ▷ 按钮，展开视频切换分类文件夹列表，如图 7-32 所示。继续单击某一类文件夹左侧的 ▷ 按钮，可以看到具体的视频切换命令列表，例如划像文件夹下的切换命令列表如图 7-33 所示。

图 7-32　视频切换分类列表　　　　图 7-33　划像命令列表

第四步，展开命令列表后拖动需要添加的视频切换命令到时间线面板中两段视频的前后相交处，如图 7-34 所示，松开鼠标，在视频素材中间会出现如图 7-35 所示的切换标记。

第五步，拖动时间线面板中标尺栏上的滑块，在"节目"监视器窗口中预览添加视频切换命令后的效果。

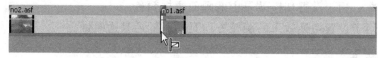

图 7-34　视频切换命令的放置位置　　　　　　　　图 7-35　切换标记

2. 删除视频切换效果

第一种方法,在时间线面板中的切换标记处单击,然后按 Delete 键即可删除视频切换效果。

第二种方法,在时间线面板中的切换标记处右击,在弹出的快捷菜单中选择【清除】命令即可。

3. 特效控制台

在添加视频特效后往往需要调整视频特效命令参数,以便更加精确地控制切换效果。在 Premiere Pro 中,上述操作主要通过特效控制台来完成。

打开【窗口】菜单,选择【显示特效控制板】命令,出现特效控制台。下面以【风车划像】命令为例介绍特效控制台的主要参数,如图 7-36 所示。

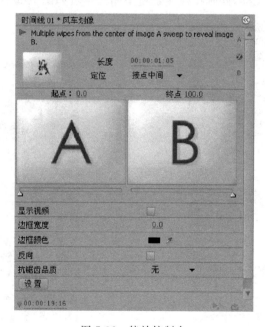

图 7-36　特效控制台

- 【长度】文本框:用于设置切换效果的持续时间。
- 【定位】下拉列表框:用于设置切换效果存在于两段素材的位置,包括【接点中间】、【接点开头】、【接点尾部】、【自定义】4 个选项。
- 【起点】文本框:用于设置切换效果开始位置处的画面效果。
- 【终点】文本框:用于设置切换效果结束位置处的画面效果。
- 【显示视频】复选框:用于设置是否显示素材的视频画面。
- 【边框宽度】文本框:用于设置切换效果中的画面边框宽度。

- 【边框颜色】文本框：用于设置切换效果中的画面边框颜色。
- 【反向】复选框：用于设置切换效果的旋转方向是顺时针还是逆时针。

7.3.2 视频滤镜效果

视频滤镜效果也称视频特效，和视频切换效果不同，视频特效是直接应用于视频素材画面上的效果。使用视频特效可以弥补拍摄过程中造成的画面缺陷，或者根据实际需要对某些特定画面进行修饰，以达到强化主题、增加视觉效果的目的。

1. 添加视频特效

第一步，将设置好入点和出点的视频插入到时间线面板中。

第二步，打开【窗口】菜单，选择【显示特效选择板】命令，出现特效面板。

第三步，在特效面板中单击视频特效文件夹左侧的 ▷ 按钮，展开视频特效分类文件夹列表，如图7-37所示。继续单击某一类文件夹左侧的 ▷ 按钮，可以看到具体的视频特效命令列表，例如第三方插件文件夹下的特效命令列表如图7-38所示。

第四步，展开命令列表后拖动需要添加的视频特效命令到时间线面板中的视频上，如图7-39所示，然后松开鼠标，此时在视频素材中间会出现如图7-40所示的切换标记。

图7-37　特效分类列表

图7-38　特效命令列表

图7-39　视频特效命令的放置位置

图7-40　特效标记

第五步，重复上述操作可以继续为视频素材添加多种特效，然后拖动时间线面板中标尺栏上的滑块，在"节目"监视器窗口中预览添加视频特效命令后的效果。

2. 删除视频特效

在时间线面板中单击添加视频特效后的视频素材,打开特效控制台,可以看到特效控制台参数,如图 7-41 所示,其中【运动】和【透明】是系统的固定特效,不能删除,除它们之外,【球状变形】等均可以删除。

在特效控制台中单击视频特效,按 Delete 键即可将其删除。

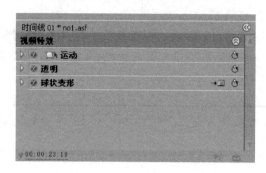

图 7-41　特效控制台参数

3. 用关键帧控制视频特效

视频特效中的关键帧主要是为特定位置的特效设置的时间标记。在实际应用中,一段视频素材在不同的时间点上经常会应用不同的特效,这就需要使用关键帧来实现,而且同一种视频特效的变化效果也需要关键帧才能实现。下面以球状变形特效为例介绍用关键帧控制视频特效的方法。

在时间线面板中单击添加球状变形特效的视频片段,打开特效控制台,单击右上角的 ⦉⦉ 按钮显示时间线,然后单击【球状变形】左侧的 ▶ 按钮,显示【球状变形】的参数,如图 7-42 所示。

调整特效控制台右侧时间线标尺栏上滑块的位置,单击【球状变形】中【变形度】参数右边的【添加/删除关键帧】按钮 ◈ ,可以为右侧的时间线添加一个关键帧。重复上述操作可以为时间线添加多个关键帧,如图 7-43 所示。

图 7-42　【球状变形】参数

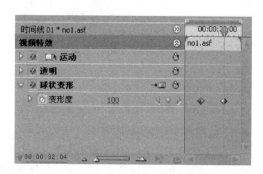

图 7-43　添加两个关键帧

单击【变形度】参数右边的 ◀ 和 ▶ 按钮,将位置定位在不同的关键帧处,然后调整【变形度】文本框中的数值,就可以为该段视频的同一种视频特效设置不同的效果。

7.4 输出影片和音频

在 Premiere Pro 中完成视/音频的编辑制作后,需要输出影片才能在相关的设备或播放器中播放。

1. 输出合成影片

打开【文件】菜单,选择【输出】命令,出现级联菜单,选择【影片】命令,出现【输出影片】对话框,如图 7-44 所示。在该对话框中设置保存路径、文件名,然后单击【保存】按钮即可将影片输出。

📖 默认影片输出的文件类型为"Microsoft AVI",单击【设置】按钮可以更改影片文件类型。

图 7-44 【输出影片】对话框

2. 输出音频

合成影片不仅包含视频还包括音频部分,在有些时候需要单独输出音频。

打开【文件】菜单,选择【输出】命令,出现级联菜单,选择【音频】命令,出现【输出音频】对话框。在该对话框中设置保存路径、文件名,然后单击【保存】按钮即可将音频输出。

7.5 Premiere 视频处理实例

在"温室效应"多媒体应用系统的轻松一刻界面中单击【视频欣赏】按钮,可以欣赏到一段关于"桂林山水"的视频,下面介绍该视频的制作步骤。

1．导入素材

（1）打开【文件】菜单，选择【新建】命令，出现级联菜单，选择【节目】命令，出现【新建节目】对话框，选择 DV-PAL 标准 48kHz 视频方案，设置屏幕尺寸为 320×240、节目名称为"桂林山水"，其他参数不变，单击【确定】按钮，进入工作界面。

（2）打开【文件】菜单，选择【导入】命令，出现【导入】对话框，选择素材文件 no1.asf，单击【打开】按钮。

（3）重复上述操作，分别将 no2.asf、no3.asf、home.mp3、象鼻山.jpg 和 backmusic.wav 等素材导入到节目面板中，如图 7-45 所示。

2．创建字幕

（1）打开【文件】菜单，选择【新建】命令，在级联菜单中选择【字幕】命令，出现【新建字幕】对话框，在【名称】文本框中输入"桂林山水甲天下"，单击【确定】按钮，进入字幕窗口。

（2）在字幕工具栏中单击文字工具，将鼠标指针移动到工作区中单击，输入文本"桂林山水甲天下"，然后单击选择工具，完成文本输入。

（3）选择字幕文本，在字幕属性栏的【字号】文本框中输入 40，在排列对齐工具栏中分别单击【垂直居中】按钮和【水平居中】按钮，将字幕调整到居中的位置，如图 7-46 所示。

图 7-45　导入素材

图 7-46　调整字幕的字号及位置

（4）选择"桂林山水甲天下"文本，在字幕样式栏中单击 Caslon Contemporary Gold 80 按钮，如图 7-47 所示，字幕文本效果如图 7-48 所示。

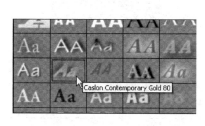

图 7-47　字幕样式栏

图 7-48　添加字幕样式

203

（5）在字幕属性栏的【倾斜文字】文本框中输入 0，在排列对齐工具栏中分别单击【垂直居中】按钮和【水平居中】按钮，将字幕调整到居中的位置，第一个字幕创建完成。

（6）在文本属性栏中单击【新建字幕】按钮 ![T]，出现【新建字幕】对话框，在【名称】文本框中输入"职员表"，单击【确定】按钮。

（7）选择"桂林山水甲天下"字幕文本，按 Delete 键删除。在字幕工具栏中单击水平排版工具 ![图]，将鼠标指针移动到工作区中单击并拖动出一个段落文本框，如图 7-49 所示。

（8）选择段落文本框，在文本属性栏中单击【滚动设置】按钮，在【滚动设置】对话框中选择【垂直滚动】单选按钮、【从屏幕外滚入】复选框等参数，如图 7-50 所示。

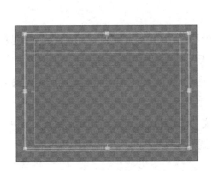

图 7-49　段落文本框　　　　　　　　图 7-50　设置垂直滚动参数

（9）选择段落文本框，在字幕样式栏中单击 Hobo Medium Gold 58 按钮，设置字幕属性栏的属性控制区中的参数如图 7-51 所示。

（10）选择水平排版工具，将鼠标指针移动到工作区中单击，输入文本"职员表"，并将其调整到居中位置。然后按 Enter 键换行，继续输入文本，并调整位置和大小，如图 7-52 所示。

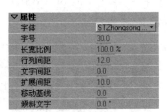

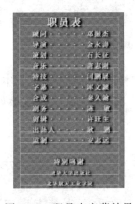

图 7-51　字幕属性控制区参数　　　　　图 7-52　职员表字幕效果

📖　当段落文本框高度不够时，可以拖动调节柄将其向下拉伸。

3. 剪辑素材

（1）在节目面板中单击并拖动 no1.asf 素材到"来源"监视器窗口中，将时间位置定位在 `00:00:12:18`，单击【设置入点】按钮。

（2）将 no2.asf 拖动到"来源"监视器窗口中，将时间位置定位在 `00:00:13:16`，单击【设置出点】按钮。

（3）将 no3.asf 拖动到"来源"监视器窗口中，将时间位置定位在 `00:00:24:03`，单击【设置出点】按钮。

（4）在时间线面板中将位置定位在 `00:00:00:00`，将象鼻山.jpg 插入到视频 2 轨道。在时间线面板中选择象鼻山.jpg 素材并右击，打开快捷菜单，选择【速度/长度设置】命令，出现【素材速度/长度设置】对话框，设置时间长度为 `00:00:06:00`。

（5）在时间线面板中将位置定位在 `00:00:00:00`，将桂林山水字幕插入到视频 3 轨道。重复上述步骤，将其时间长度设置为 `00:00:06:00`。

（6）在时间线面板中将位置定位在 `00:00:06:00`，单击"来源"监视器窗口上方的三角形按钮，在下拉菜单中选择 no1.asf，如图 7-53 所示。

（7）选择视频 1 轨道，单击"来源"监视器中的【插入】按钮，将 no1.asf 插入到时间线面板，如图 7-54 所示。

图 7-53　选择 no1.asf

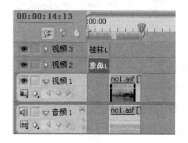

图 7-54　插入 no1.asf 素材

（8）选择 no1.asf 素材，打开【素材】菜单，选择【解除关联】命令，将视频和音频数据断开链接。然后选择音频数据，按 Delete 键将其删除。

（9）重复上述操作，依次将 no2.asf 插入到视频 2 轨道，将 no3.asf 插入到视频 1 轨道，且其前后有部分重叠，如图 7-55 所示。

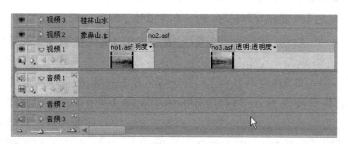

图 7-55　视频素材前后重叠

　　📖　让视频素材前后重叠主要是为了在运用视频切换效果时不出现黑屏的现象。

（10）在时间线面板中将位置定位在 `00:00:49:09`，将职员表字幕插入到视频 3 轨道。

（11）选择音频 1 轨道，将位置定位在 `00:00:00:00`，将 backmusic.wav 插入到时间线面板。

(12) 选择职员表字幕并右击,打开快捷菜单,选择【速度/长度设置】命令,出现【素材速度/长度设置】对话框,设置时间长度为 00:00:23:13 ,这样既可以使职员表字幕的滚动速度放慢,还可以使 backmusic.wav 背景乐的长度和视频轨道数据匹配。

(13) 将素材全部放置在时间线面板,如图 7-56 所示。

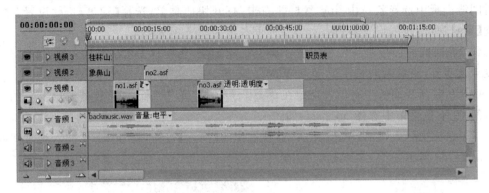

图 7-56 时间线面板上的素材

4. 添加视频特效

(1) 在特效面板中单击视频特效文件夹中转换分类文件夹下的【滚动】并将其拖动到时间线面板中的 no1.asf 素材上,为其添加滚动特效。

(2) 在时间线面板中单击 no1.asf 素材,打开特效控制台,单击【滚动】右侧的【设置】按钮 →▤,出现【滚动设置】对话框,选择【左】单选按钮,如图 7-57 所示,单击【确定】按钮退出。

(3) 在特效面板中单击视频特效文件夹中第三方插件分类文件夹下的【电视墙】并将其拖动到时间线面板中的 no2.asf 素材上,为其添加电视墙特效。

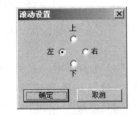

图 7-57 【滚动设置】对话框

(4) 打开特效控制台,单击其右上角的 《 按钮,显示时间线,然后单击【电视墙】左侧的 ▷ 按钮,显示【电视墙】参数,如图 7-58 所示。将时间线位置定位在 00:00:13:02 ,单击【屏幕数量】文本框左侧的【添加/删除关键帧】按钮 ◯ ,添加一个关键帧,并将【屏幕数量】文本框中的数值设置为 0;将位置定位在 00:00:15:02 ,单击【屏幕数量】文本框右侧的【添加/删除关键帧】按钮 ◯ ,将【屏幕数量】文本框中的数值设置为 0;将位置定位在 00:00:17:02 ,单击【添加/删除关键帧】按钮,将【屏幕数量】文本框中的数值设置为 5;将位置定位在 00:00:22:04 ,单击【添加/删除关键帧】按钮,将【屏幕数量】文本框中的数值设置为 5;将位置定位在 00:00:24:07 ,单击【添加/删除关键帧】按钮,将【屏幕数量】文本框中的数值设置为 0。

(5) 在特效面板中单击视频特效文件夹中第三方插件分类文件夹下的【下雨】并将其拖动到时间线面板中的 no3.asf 素材上,为其添加下雨特效。

(6)【下雨】参数如图 7-59 所示。重复上述操作,可以为下雨特效设置关键帧,在此不再赘述。

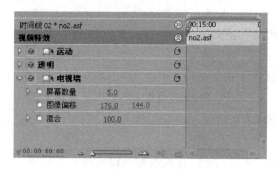

图 7-58　【电视墙】参数

图 7-59　【下雨】参数

5. 添加视频切换效果

（1）在特效面板中单击视频切换文件夹中卷页分类文件夹下的【中心剥卷】并将其拖动到时间线面板中的 no2.asf 与 no1.asf 重叠处，为其添加中心剥卷切换效果。

📖　用户要将【中心剥卷】拖动到 no2.asf 上，而不是 no1.asf 上。

（2）在特效面板中单击视频切换文件夹中 3D 运动分类文件夹下的【翻出】并将其拖动到时间线面板中的 no2.asf 与 no3.asf 重叠处，为其添加翻出切换效果。

6. 输出影片

（1）在"节目"监视器中单击【播放】按钮，预览节目效果。

（2）打开【文件】菜单，选择【输出】命令，出现级联菜单，选择【影片】命令，出现【输出影片】对话框，在对话框中设置保存路径、文件名，然后单击【保存】按钮将影片输出。

7.6　习　　题

一、单选题

1. 我国电视制式为 PAL 制，其画面传输率是每秒（　　）帧。

　　A. 24　　　　　　　　B. 25　　　　　　　　C. 30　　　　　　　D. 15

2. 以下不属于数字视频采样格式的是（　　）。

A. 4：1：1 B. 4：2：2 C. 4：4：4 D. 4：4：3

3. 以下不属于视频文件格式的是(　　)。

A. FLC B. AVI C. RM D. ASF

4. Premiere 中素材放置在(　　)上。

A. 特效面板 B. 时间线面板 C. 节目面板 D. 监视器面板

5.【设置入点】按钮是(　　)。

A. 　　 B. 　　 C. 　　 D. 　　

6. 在时间线面板中选择多个视/音频数据可以使用(　　)键。

A. Shift B. Ctrl C. Alt D. Space

二、简答题

1. 简述 YUV 和 YIQ 模型的主要区别。

2. 目前,世界上所采用的彩色电视制式有哪几种? 它们的特点是什么?

3. 简述模拟视频数字化的工作过程。

4. 简述 SMPTE 编码的概念及其标准。

5. 简述非线性编辑系统的概念,简述非线性编辑系统的特点。

第8章 多媒体应用系统制作技术

8.1 多媒体应用系统制作概述

8.1.1 多媒体应用系统制作的基本概念

多媒体应用系统泛指应用或包含多种媒体信息的软件系统。

多媒体制作工具是多媒体应用系统开发的基础,随着多媒体应用系统需求的日益增长,多媒体制作工具越来越受到重视,许多公司集中精力进行开发,进而引起多媒体开发工具的迅速发展。每一种多媒体制作工具都提供了各自的开发环境,都具有自身的功能和特点,适用于不同的应用范围。根据应用目标和使用对象的不同,多媒体制作工具应有以下功能和特点。

1. 具有良好的、面向对象的编程环境

多媒体制作工具应提供编排各种媒体数据的环境,即能对媒体元素进行基本的信息和信息流控制操作,包括条件转移、循环、数学计算、数据管理和计算机管理等。多媒体制作工具还应具有将不同媒体信息编入程序能力、时间控制能力、调试能力、动态文件输入与输出能力等。

2. 具有较强的多媒体数据 I/O 能力

媒体数据一般由多媒体素材编辑工具完成,由于制作过程中经常要使用原有的媒体素材或加入新的媒体,因此要求多媒体制作工具软件也具备一定的数据输入和处理能力,具体如下:

(1) 能输入/输出多种图像文件,例如 BMP、PCX、TIF、GIF 等。

(2) 能输入/输出多种动态图像及动画文件,例如 AVS、AVI、MPEG 等,同时可以与图像文件互换。

(3) 能输入/输出多种音频文件,例如波形文件、CD Audio、MIDI 等。

3. 动画处理能力

多媒体制作工具可以通过程序控制,实现显示区媒体元素的移动,以制作和播放简单动画。另外,多媒体制作工具还应具有播放由其他动画制作软件生成的动画的能力,以及通过程序控制动画中物体的运动方向和速度,制作各种过渡特技等,如移动位图,控制动画的可见性、速度和方向,其特技功能是淡入淡出、抹去、旋转、控制透明及层次效果。

4. 超级链接能力

媒体元素可分为静态对象中的文字、图形、图像等,基于时间的数据对象中的声音、动画、视频及 CD Audio 等。超级链接能力是指从一个对象跳到另一个对象,程序跳转、触发、链接的能力。从一个静态对象跳到另一个静态对象,允许用户指定跳转链接的位置,允许从一个静态对象跳到另一个基于时间的数据对象。

5. 模块化和面向对象

多媒体制作工具应允许开发者编写独立代码,并使之模块化,甚至目标化,能"封装"和"继承",让用户在需要时能独立使用。通常的开发平台都提供一个面向对象的编辑界面,在使用时只需根据系统设计方案就可以方便地制作,所有的多媒体信息均可直接定义到系统中,并根据需要设置其属性。此外,多媒体制作工具应具有形成安装文件或可执行文件的功能,使多媒体应用系统脱离开发环境后能独立运行。

6. 良好的界面,易学易用

多媒体制作工具应具有友好的人机交互界面,屏幕呈现的信息要多而不乱,即多窗口、多进程管理,应具备必要的联机检索帮助和导航功能,尤其是教学软件,使用户在上机时尽可能不借助印刷文档就可以掌握基本使用方法。此外,多媒体制作工具应操作简便,易于修改,菜单与工具布局合理,有良好的技术支持。

8.1.2 多媒体应用系统制作软件简介

多媒体制作工具根据制作方法和结构特点的不同可划分为以下几类:

1. 基于图标的多媒体制作工具

在这类制作工具中,多媒体成分和交互队列(事件)按结构化框架或过程组织为对象。它使项目的组织方式简化,而且多数情况下显示沿各分支路径上各种活动的流程图。在制作多媒体作品时,制作工具提供一条流程线,供放置不同类型的图标使用。多媒体素材的呈现是以流程为依据的,在流程图上可以对任意图标进行编辑。其优点是调试方便;缺点是当多媒体应用软件规模很大时图标与分支增多,进而复杂性增大。这类多媒体制作工具的典型代表有 Authorware 等。

2. 基于时间的多媒体制作工具

基于时间的多媒体制作工具所制作出来的多媒体应用播放就像播放电影或卡通片。它们通过可视的时间轴来决定事件的顺序和对象显示上演的时间。它还可以用来编程控制转向一个序列中的任何位置的片段,从而增加了导航和交互控制。一般情况下基于时间的多媒体制作工具中都具有一个控制播放的面板,它与一般录音机的控制面板类似。在这些多媒体应用系统中,各种成分和事件按时间路线组织。其优点是操作简便、形象直观,在一时间段内可任意调整多媒体素材的属性,如位置、转向等;缺点是要对每一素材的呈现时间做出精确安排,调试工作量大。这类多媒体制作工具的典型代表有 Director 和 Action 等。

3. 基于页或卡片的多媒体制作工具

基于页或卡片的多媒体制作工具提供一种可以将对象连接于页面或卡片的工作环境,一页或一张卡片便是数据结构中的一个节点。在基于页或卡片的多媒体制作工具中,可以将这些页面或卡片连接成有序的序列。

这类多媒体制作工具是以面向对象的方式来处理多媒体元素的,这些元素用属性来定义,用剧本来规范,允许播放声音元素以及动画和数字化视频节目。在结构化的导航模型中可以根据命令跳至所需的任何一页,形成多媒体作品。其优点是组织和管理多媒体素材方便；缺点是要处理的内容非常多时，由于卡片或页面数量过大，不利于维护与修改。这类多媒体制作工具的典型代表有 ToolBook 等。

4. 基于程序语言的多媒体制作工具

基于程序语言的多媒体制作工具编程量较大，而且重用性差，不便于组织和管理多媒体素材，调试困难。这类多媒体制作工具的典型代表有 Visual C++、Visual Basic、Delphi 等。

8.2　Authorware 概述

8.2.1　Authorware 简介

Authorware 是美国 Macromedia 公司于 1991 年 10 月推出的多媒体制作工具，由于它用途广泛、功能强大，掌握起来十分容易，所以尽管价格昂贵，仍迅速在世界各地得到广泛地推广和使用，成为同类产品的佼佼者。

作为多媒体制作工具，Authorware 自身带有比较强的文字和图像处理功能，但它的主要功能却不在于此，而是它能灵活自如地引用外界已经处理好的文字、图像、声音和视频等绝大部分多媒体元素，然后再根据制作者的意图将这些元素串联起来，加以变化，最终形成丰富多彩的多媒体演示作品。本章以 Authorware 7.0 为例介绍多媒体制作工具的基本用法。

1. Authorware 的特点

1）简单的面向对象的流程线设计

用 Authorware 制作多媒体应用程序，只需在窗口式界面中按一定的顺序组织图标，不需要冗长的程序代码，程序的结构紧凑，逻辑性强，便于组织管理。组成 Authorware 多媒体应用程序的基本单元是图标，图标的内容直接面向最终用户。每个图标代表一个基本演示内容，如文本、动画、图片、声音、视频等。如果要载入外部图、文、声、像、动画，只需在相应的图标中载入，然后完成参数设置即可。

2）图形化程序结构清晰

应用程序由图形化的流程线和图标组成。在组成应用程序时只需将图标用鼠标拖放到流程线上即可，在主流程线上还可以进行分支，形成支流线，程序流向均由箭头指明，程序结构、流向一目了然。

3）交互能力强

Authorware 预留有按钮、热区域、热对象等 11 种交互作用响应。程序设计只需选定交互作用方式，完成对话框设置即可。程序运行时，可通过响应对程序的流程进行控制。

4）程序调试和修改直观

程序运行时可逐步跟踪程序的运行和程序的流向。在程序调试运行中若想修改某个对象，只需双击该对象，系统立即会暂停程序运行，自动打开编辑窗口，并给出该对象的设置和编辑工具，修改完毕后关闭编辑窗口可继续运行。

2. Authorware 7.0 的新增功能

Authorware 7.0 在以前版本的基础上又增加了以下功能：

- 采用 Macromedia 通用用户界面。
- 支持导入 Microsoft PowerPoint 文件。
- 在应用程序中整合播放 DVD 视频文件。
- 通过内容创建导航、文本等功能更简易。
- 支持 XML 的导入和输出。
- 支持 JavaScript 脚本。
- 增加学习管理系统知识对象。
- 一键发布的学习管理系统功能。
- 完全的脚本属性支持,可以通过脚本进行 Commands 命令、Knowledge Objects 知识对象以及延伸内容的高级开发。
- 制作的内容可以在 Apple 苹果机的 Mac OS X 上兼容播放。

8.2.2 Authorware 工作界面

运行 Authorware 程序后,在屏幕上会显示欢迎画面,如图 8-1 所示。单击该欢迎画面,该画面会立刻消失,在一定时间后欢迎界面也会自动消失。

图 8-1 欢迎界面

退出欢迎界面后,Authorware 会自动弹出知识对象向导界面,如图 8-2 所示。使用该向导可以根据需要来设定知识对象。

  📖 对于 Authorware 的初学者,在知识对象向导界面中可单击【取消】按钮直接进入工作界面。

Authorware 工作界面主要由菜单栏、常用工具栏、图标工具栏、设计窗口、属性面板等组成,如图 8-3 所示,界面中各组成部分的含义如下。

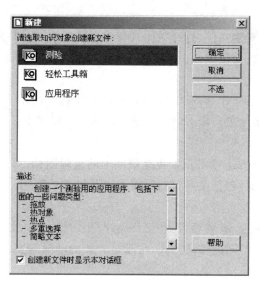

图 8-2　知识对象向导界面

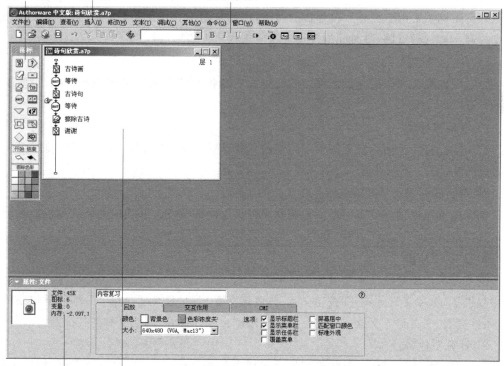

图 8-3　Authorware 工作界面

1. 菜单栏

菜单栏中包括文件、编辑、查看、插入、修改、文本、调试、其他、命令、窗口、帮助等菜单项。

214

2. 常用工具栏

常用工具栏中包括新建文件、打开文件、保存文件、撤销、剪切、复制、粘贴、查找、字体格式、运行、控制面板、函数、变量和知识对象等工具按钮。

3. 图标工具栏

图标工具栏中集成了制作和调试 Authorware 应用程序的基本构件，主要包括 14 个功能图标、两个标志旗和图标色彩板，如图 8-4 所示，具体功能如下：

1）显示图标

显示图标是 Authorware 中最重要也是最基本的流程图标，可以用来制作多媒体的静态画面，包括文字、图像、图形以及函数的调用。

2）移动图标

移动图标配合显示图标或数字电影图标产生二维动画效果。Authorware 提供了 5 种不同的移动方式，可满足一般的动画需要。

3）擦除图标

擦除图标用来清除画面、对象，并可以使用多种擦除效果，例如淡入淡出、马赛克等。

4）等待图标

等待图标主要用于设置一段等待的时间，作用是暂停程序的运行，直到按键、单击或经过一段时间的等待之后应用程序再继续运行。

图 8-4　图标工具栏

5）导航图标

导航图标配合框架图标设定程序的流程方向及各"页"之间的跳转关系，可以实现超文本的效果。

6）框架图标

框架图标将多种图标以类似书中"页"的方式组织起来，结合导航图标产生程序之间的多种跳转功能。

7）判断图标

判断图标根据预先设定的条件控制程序进入不同的分支。其功能类似计算机高级语言中的选择语句，例如 DO CASE 语句。

8）交互图标

交互图标用来建立一个交互作用的分支结构，以达到实现人机交互的目的。在交互图标中提供了 11 种交互方式，即按钮交互、热区域交互、热对象交互、目标区交互、下拉菜单交互、条件交互、文本输入交互、按键交互、重试限制交互、时间限制交互和事件交互。

9）计算图标

在计算图标内可以像计算机编程语言那样书写程序代码，例如对变量赋值、数值计算、执行 Windows API 函数等。

10）群组图标

将多个图标组合成一个群组图标，可以实现模块化子程序的设计，同时可以减少图标在流程图上所占的空间，或方便程序的流程控制。

11）数字电影图标 ▦

数字电影图标用于加载和播放外部各种不同格式的动画和影片，可以加载和播放的数字电影文件格式有 AVI、FLC、DIR、MPEG 等。

12）声音图标 🔊

声音图标用于加载和播放外部各种不同格式的动画和影片，其文件格式可以是 MP3、WAV、SWA、VOX、PCM、AIFF 等。在调用过程中声音图标可以和某些图标同时起作用，例如可以在移动或播放动画时配上声音，以产生声音和动画同步的效果。

13）DVD 图标 📀

DVD 图标用于驱动计算机外部的硬件设备来播放视频，例如录像机、DVD 影碟机、放映机和投影仪等。

14）知识对象图标 🄺🄾

知识对象图标用于创建一个自定义的知识对象。

15）开始标志旗 🏳

开始标志旗用于设置调试程序的开始位置。

16）结束标志旗 🏴

结束标志旗用于设置调试程序的结束位置。

17）图标色彩板

图标色彩板位于图标工具栏的最底部，共有 16 种颜色，可以对流程图上的图标涂不同的颜色，以区别不同的类别、层次、重要性的特征，且不影响程序的执行，只是增加了程序的可读性。

4. 设计窗口

设计窗口是编制程序的地方，也是 Authorware 的核心，其组成部分如图 8-5 所示，含义如下：

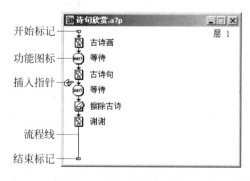

图 8-5　设计窗口组成部分

1）开始/结束标记

开始/结束标记表示应用程序的开始或结束。

2）功能图标

功能图标是应用程序的基本组成部分。

3）流程线

流程线是一条被开始和结束标记封闭的直线，用来放置功能图标，程序执行时，沿流程线依次执行各个功能图标。流程线分为主流程线和支流程线。

4）插入指针

插入指针类似于小手形状，指示主流程线上的插入位置。在主流程线上单击，插入指针就会跳至相应的位置。

5. 属性面板

属性面板用于对功能图标或文件进行具体属性设置。

8.2.3　Authorware 基础操作

1. 功能图标的操作

功能图标在 Authorware 中具有重要的作用，因为 Authorware 是基于图标和流程线进行应用系统开发的。

1）功能图标的插入

第一种方法，在图标工具栏中单击某一功能图标并拖动到设计窗口的流程线上的指定位置，在流程线上将出现该图标，即完成功能图标的插入操作。

第二种方法，在流程线上指定插入位置，打开【插入】菜单，选择【图标】命令，出现级联菜单，选择相应的功能图标命令即可。

2）功能图标的选择

如果选择多个功能图标，需要在流程线附近单击并拖动鼠标，这时会出现一个矩形框，松开鼠标，处于矩形框内部的流程线上的图标即被选中，如图 8-6 所示，被选中的图标变为黑色，如图 8-7 所示。如果选择单个功能图标，只需单击要选择的图标即可。

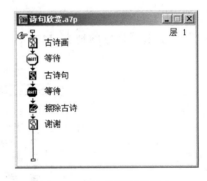

图 8-6　被选中的图标　　　　　　　　　图 8-7　选中的图标呈黑色

3）功能图标的命名

默认的功能图标名称是"未命名"，为了对功能图标进行区别以便于引用，经常要对其进行重命名，方法是单击功能图标，在其右侧的空白处修改名称。

📖　用户要尽量依据图标的具体实现功能来命名，而且名称要唯一。

4）功能图标属性的设置

功能图标属性需要通过属性面板来设置。打开【窗口】菜单，选择【面板】命令，出现级联菜单，选择【属性】命令可以显示或隐藏属性面板。

显示属性面板后,在流程线上双击某一功能图标,即可在属性面板中显示并修改其属性。

2. 标志旗的设置

在图标工具栏中单击并拖动开始标志旗或结束标志旗到流程线上的指定位置即可完成标志旗的设置,如图 8-8 所示。

如果流程线上设置了标志旗,在图标工具栏中标志旗的位置单击,即可取消标志旗在流程线上的设置。如果流程线上没有设置开始标志旗,调试程序时将会从流程线上的第一个图标开始执行程序,同样,如果没有设置结束标志旗,将执行到最后一个图标。

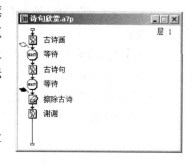

图 8-8　设置标志旗

3. 程序的运行

在多媒体应用系统开发过程中经常需要运行现阶段的应用程序,预览系统效果。

在常用工具栏中单击【从标志旗开始执行】按钮 ,即可执行流程线上开始标志旗和结束标志旗之间的程序块。当然,如果没有设置标志旗,将执行整个流程线上的功能图标。

4. 设置文件属性

在用 Authorware 开发多媒体应用系统前一般要预先确定应用系统界面的分辨率,这一操作需要通过设置文件属性来完成。此外,文件属性还涉及背景颜色、标题栏、菜单栏、任务栏、等待按钮等参数的设置。

打开【修改】菜单,选择【文件】命令,出现级联菜单,选择【属性】命令即可打开文件属性面板进行文件属性设置,如图 8-9 所示。文件属性面板包括【回放】、【交互作用】、【CMI】3 个选项卡,其主要参数含义如下。

图 8-9　文件属性面板

- 【背景色】按钮:位于【回放】选项卡,用于设置演示窗口的背景颜色。单击该按钮可以打开【颜色】对话框,如图 8-10 所示。
- 【大小】下拉列表框:位于【回放】选项卡,用于设置应用程序的界面分辨率,即尺寸大小,例如 640×480、1024×768、全屏幕等。
- 【显示标题栏】复选框:位于【回放】选项卡,用于设置应用程序的界面是否显示标题栏。
- 【显示菜单栏】复选框:位于【回放】选项卡,用于设置应用程序的界面是否显示菜单栏。
- 【等待按钮】按钮:位于【交互作用】选项卡,用于设置等待按钮的样式,例如按钮形

217

状、文本大小、文本字体等。

- 【标签】文本框：位于【交互作用】选项卡，用于设置等待按钮上显示的文本内容。

练习一：更改文件的属性

（1）打开【修改】菜单，选择【文件】命令，出现级联菜单，选择【属性】命令打开属性面板。

（2）在【大小】下拉列表框中选择【800×600（SVGA）】选项，取消选中【显示标题栏】和【显示菜单栏】复选框。

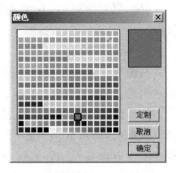

图 8-10 【颜色】对话框

（3）单击常用工具栏中的【从标志旗开始执行】按钮，预览程序的界面效果。

8.3 Authorware 常用功能图标

8.3.1 显示图标

显示图标是 Authorware 中最基本也是最重要的图标，主要用来制作静态画面，显示文本及图片对象。

1. 演示窗口

演示窗口是显示图标的工作区，用于放置图片、文本、简单图形等内容。

在流程线上双击显示图标即可打开演示窗口，如图 8-11 所示。

图 8-11 打开演示窗口

2. 工具箱

工具箱中集成了用于添加文本、绘制简单图形、改变颜色、设置线形等的工具，如图 8-12 所示。工具箱根据功能分为图文区、色彩区、线型区、模式区和填充区。

1）图文区

图文区主要用于输入文本和绘制简单图形，其工具的含义如下。

- 选择工具 ▶：用于选择演示窗口中的对象，并可进行移动、拉伸等操作。

- 矩形工具 ▢：用于绘制矩形。
- 椭圆工具 ◯：用于绘制椭圆。
- 圆角矩形工具 ▢：用于绘制圆角矩形。
- 文本工具 **A**：用于输入文字。
- 直线工具 ＋：用于绘制直线。
- 斜线工具 ／：用于绘制斜线。
- 多边形工具 ◿：用于绘制任意多边形。

2）色彩区

色彩区主要用于对文本和图形进行色彩设置。单击色彩区中的工具按钮即可出现调色面板，如图 8-13 所示。色彩区的工具含义如下。

图 8-12　工具箱

- 文本线型按钮 ✏A：用于设置文本和绘制图形的线条颜色。
- 填充按钮 🪣：用于设置绘制图形填充区域的颜色。

3）线型区

线型区用于设置线条的粗细和形状，单击线型区中的工具按钮即可打开线型面板，如图 8-14 所示。

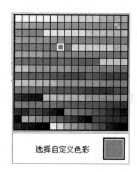

图 8-13　调色面板

图 8-14　线型面板

4）模式区

模式区主要用于设置对象间的叠加模式，共有 6 种。单击模式区中的工具按钮即可打开模式面板，如图 8-15 所示。模式区中的 6 种模式含义如下。

- 不透明模式：在该模式下的对象会覆盖其后面的所有显示对象。
- 遮隐模式：空白区将从显示对象边缘移去，只保留显示对象的内部部分。
- 透明模式：对象中有颜色的区域将覆盖其下面的对象，无颜色的区域将不覆盖其下面的区域。
- 反转模式：当背景有颜色时前方对象的颜色被反转。
- 擦除模式：对象中背景色与其下层对象不一致的部分将被擦除。
- 阿尔法模式：如果图像中没有阿尔法通道，使用该模式显示的对象以不透明的模式显示，如果有阿尔法通道，则显示阿尔法通道的部分。

5）填充区

填充区用于设置绘制图形填充区域的形状，单击填充区中的工具按钮即可打开填充面板,如图 8-16 所示。

图 8-15　模式面板　　　　　图 8-16　填充面板

3. 设置文本格式

在多媒体应用系统开发过程中文本是不可缺少的,Authorware 中有许多关于文本格式的命令以方便进行格式化。

1) 设置文本字体

单击工具箱中的选择工具,选择演示窗口中的文本,打开【文本】菜单,选择【字体】命令,在级联菜单中选择【其他】命令,出现【字体】对话框,如图 8-17 所示。在对话框中单击【字体】下拉列表框,选择字体命令即可设置各种字体。

2) 设置文本大小

选择演示窗口中的文本,打开【文本】菜单,选择【大小】命令,在级联菜单中选择【其他】命令,出现【字体大小】对话框,如图 8-18 所示,在【字体大小】文本框中输入数字即可设置字体大小。

图 8-17　【字体】对话框　　　　图 8-18　【字体大小】对话框

📖　　在 Authorware 中只有在英文输入法状态下才能完成数字的输入。

---

3) 设置文本字形

选择演示窗口中的文本,打开【文本】菜单,选择【风格】命令,出现级联菜单,如图 8-19 所示,选择相应的级联命令即可设置字形。

4) 设置卷帘文本

当演示窗口中的文本内容较多时需要将文本设置为卷帘文本,以方便观者浏览,如图 8-20 所示。

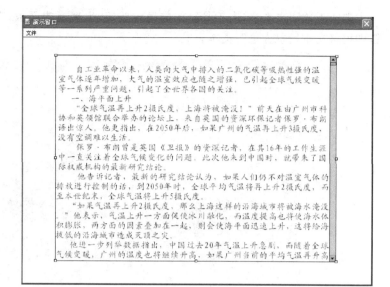

✓ 常规(R)	
加粗(B)	Ctrl+Alt+B
倾斜(I)	Ctrl+Alt+I
下划线(U)	Ctrl+Alt+U
上标(S)	
下标(T)	

图 8-19　风格级联菜单　　　　　　　　　　　　　　图 8-20　卷帘文本

选择演示窗口中的文本，打开【文本】菜单，选择【卷帘文本】命令，即可设置卷帘文本。

5）设置字体颜色

选择演示窗口中的文本，单击工具箱中的【文本线型】按钮，出现调色面板，在其中单击相应色块即可设置文本颜色。

6）设置透明文本

默认情况下，在带有背景色或图片的演示窗口中输入文本使用的是不透明模式，效果如图 8-21 所示。但在多数情况下需要显示为透明文本，以美化文本效果。

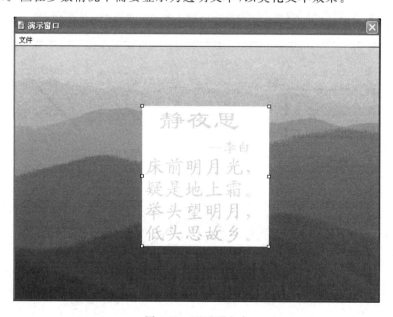

图 8-21　不透明文本

选择不透明文本,单击工具箱中的模式按钮,出现模式面板,在其中单击【透明模式】按钮即可将文本设置为透明文本,如图 8-22 所示。

图 8-22　透明文本

4. 绘制简单图形

在工具箱中单击图形工具,在演示窗口中拖动鼠标即可绘制一些简单图形。利用工具箱中的色彩区、填充区、线型区工具按钮可以对图形进行个性化设置,如图 8-23 所示,操作方法与文本设置相同,在此不再赘述。

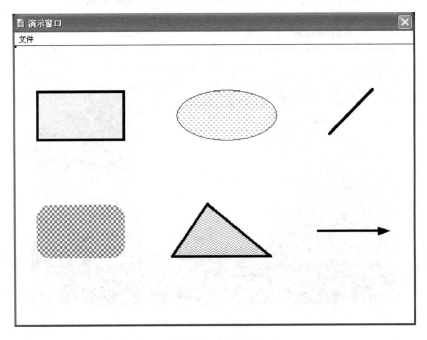

图 8-23　简单图形

5. 插入图像文件

图像是美化应用程序界面不可缺少的部分。在 Authorware 中仅能绘制一些简单图形，不能处理复杂的图像，因此 Authorware 提供了插入图像文件的操作。

打开【文件】菜单，选择【导入和导出】命令，在级联菜单中选择【导入媒体】命令，出现【导入哪个文件】对话框，如图 8-24 所示。在该对话框中选择要导入的图像文件，单击【导入】按钮，即可将图像插入到演示窗口中。

图 8-24 【导入哪个文件】对话框

6. 属性面板

在流程线上双击显示图标，即可在工作界面的下方打开显示图标的属性面板，如图 8-25 所示，其主要参数含义如下。

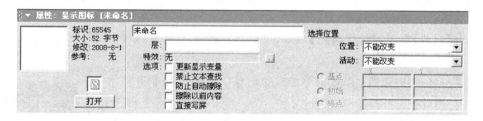

图 8-25 显示图标的属性面板

- 【名称】文本框：用于改变显示图标的名称。
- 【层】文本框：用于更改图标的显示层次。数值越大，图标内容显示的位置越靠前，否则越靠后。
- 【特效】按钮 ：用于设置图标的显示效果，例如淡入淡出、马赛克、百叶窗等。单击【特效】按钮会出现【特效方式】对话框，如图 8-26 所示，设置参数后单击【确定】按钮，可以为显示图标内容添加特效。

📖 　特效针对整个显示图标内的所有对象。如果需要为多个对象设置不同特效，需要将多个对象放置在不同的显示图标中。

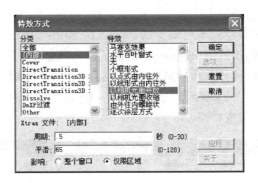

图 8-26 【特效方式】对话框

- 【更新显示变量】复选框：用于设置变量在演示窗口中是否自动更新。
- 【活动】下拉列表框：用于设置图标中对象的位置，其中有【不能改变】、【在屏幕上】、【任意位置】3 个选项。

7．修改对象的叠放次序

在显示图标的演示窗口中往往有多个对象叠放在一起，有时需要调整这些对象的前后顺序。

单击工具箱中的选择工具，在演示窗口中选择要调整顺序的对象，打开【修改】菜单，选择【置于上层】命令，可以将对象上移一层。相反，如果选择【置于下层】命令，可以将对象下移一层。

8．排列工具箱

当演示窗口中有多个对象显示时，有时需要进行排列对齐设置，这一操作可以通过排列工具箱完成。

打开【修改】菜单，选择【排列】命令，可以打开排列工具箱，如图 8-27 所示，其工具按钮的含义如下。

- 【左对齐】按钮▉：以被选中最左边对象的左边为基准将对象左边对齐。
- 【顶对齐】按钮▉：以被选中最上边对象的顶边为基准将对象顶边对齐。
- 【水平居中对齐】按钮▉：以演示窗口的垂直中线为基准将对象中心水平居中对齐。
- 【垂直居中对齐】按钮▉：以演示窗口的水平中线为基准将对象中心垂直居中对齐。

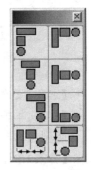

图 8-27 排列工具箱

- 【右对齐】按钮▉：以被选中最右边对象的右边为基准将对象右边对齐。
- 【底对齐】按钮▉：以被选中最下边对象的底边为基准将对象底边对齐。
- 【水平分布】按钮▉：以 3 个以上对象的中心为基准将对象水平等距分布。
- 【垂直分布】按钮▉：以 3 个以上对象的中心为基准将对象垂直等距分布。

9. 组合对象

当演示窗口中有多个对象时可以将其作为一个整体对象来编辑,特别是多个图形组合在一起可以完成整体移动、缩放、改变颜色、填充等操作,提高了工作效率。

选择多个对象,打开【修改】菜单,选择【群组】命令,可以将对象组合为一个整体。相反,如果选择【取消群组】命令,可以取消对象的组合。

📖　在使用选择工具时,按住 Shift 键或拖动鼠标可以选择多个对象。

8.3.2　等待图标

等待图标主要用于设置一段等待的时间,在应用程序中使用较多。

1. 属性面板

在流程线上双击等待图标,将显示等待图标的属性面板,如图 8-28 所示,其参数含义如下。

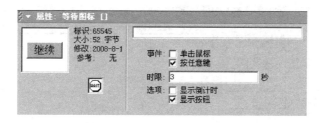

图 8-28　等待图标的属性面板

- 【单击鼠标】复选框:用于指定单击鼠标后继续执行程序。
- 【按任意键】复选框:用于指定按任意键后继续执行程序。
- 【时限】文本框:用于设置等待时间。
- 【显示倒计时】复选框:用于显示一个倒计时的小闹钟。该复选框只有在【时限】文本框中设置了等待时间时才可用。
- 【显示按钮】复选框:用于显示等待按钮。

2. 更改等待按钮

默认状态下的等待按钮有时不符合界面设计风格,可以导入设计好的按钮图像。

打开【修改】菜单,选择【文件】命令,出现级联菜单,选择【属性】命令,打开文件属性面板,如图 8-9 所示。切换到【交互作用】选项卡,然后单击【等待按钮】按钮 ┄ ,出现【按钮】对话框,如图 8-29 所示。

在【按钮】对话框中单击【添加】按钮,出现【按钮编辑】对话框,如图 8-30 所示,单击【图案】下拉列表框右侧的【导入】按钮,出现【导入文件】对话框,如图 8-24 所示,选择按钮图像文件,依次单击【确定】按钮,即可更改等待按钮。

8.3.3　擦除图标

擦除图标的基本功能是擦除前面显示过的没有用的显示对象,包括文本、图形、图像、视

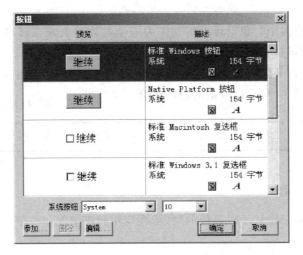

图 8-29　【按钮】对话框

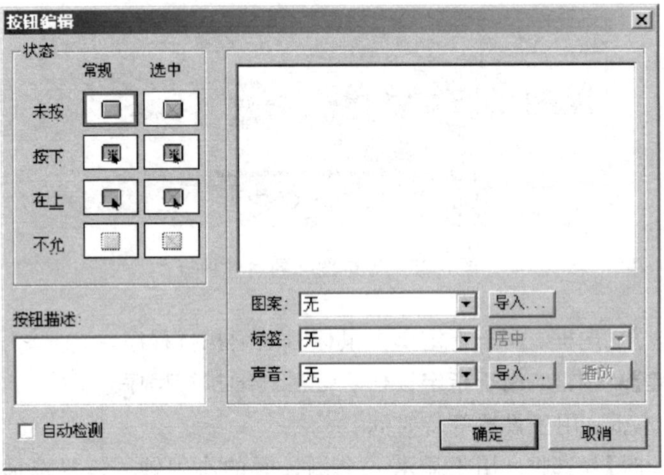

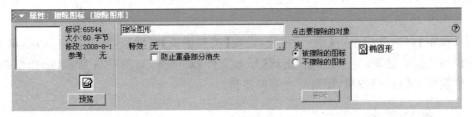

图 8-30　【按钮编辑】对话框

频等。

1. 属性面板

在流程线上双击擦除图标,将显示擦除图标的属性面板,如图 8-31 所示,其主要参数含义如下。

图 8-31　擦除图标的属性面板

- 【特效】按钮：用于设置对象被擦除时的效果，其设置方法与显示图标相同，在此不再赘述。
- 【被擦除的图标】单选按钮：在右侧列表框中显示的是被擦除的图标。
- 【不擦除的图标】单选按钮：在右侧列表框中显示的是不被擦除的图标。
- 【删除】按钮：将列表框中的图标删除。
- 【预览】按钮：预览对象被擦除的效果。

2. 擦除对象

使用擦除图标可以一次删除一个或多个图标中的所有显示对象，因此不能同时删除的多个对象不能放在一个图标中。

打开显示图标或数字电影图标的演示窗口，在流程线上双击擦除图标，显示擦除图标的属性面板，选中【被擦除的图标】单选按钮，然后将鼠标指针移动到演示窗口中单击要删除的对象即可将对象所在的图标添加到属性面板的列表框中。

📖 按住 Shift 键双击流程线上的多个图标可以在一个演示窗口中显示多个图标中的对象。

8.3.4 群组图标

利用群组可以将多个图标组合在一起，实现模块化的设计，同时可以减少图标在流程图上所占的空间。

方法一，在图标工具栏中单击群组图标，将其拖动到流程线上，双击群组图标即可打开一个新的设计窗口放置各种图标，如图 8-32 所示。

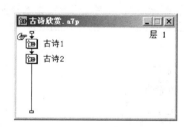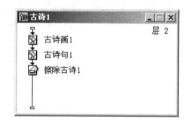

图 8-32　群组图标

方法二，在流程线上选择多个要组合的图标，打开【修改】菜单，选择【群组】命令，即可将被选择的图标组合在一个新的群组图标中。

练习二：古诗欣赏

（1）打开【文件】菜单，选择【新建】命令，在级联菜单中选择【文件】命令，出现知识对象向导界面，如图 8-2 所示，单击【取消】按钮，进入 Authorware 工作界面。

（2）在图标工具栏中单击显示图标并拖动到流程线上，命名为"古诗画"。双击"古诗画"图标，打开演示窗口，然后打开【文件】菜单，选择【导入和导出】命令，在级联菜单中选择【导入媒体】命令，出现【导入文件】对话框，选择素材文件"001.jpg"，并调整图像文件的位置,如图 8-33 所示。

图 8-33　图像位置

（3）在图标工具栏中单击显示图标并拖动到流程线上,命名为"古诗句",然后双击"古诗句"图标,打开演示窗口,在"古诗句"图标的工具箱中单击文本工具,输入诗句,如图 8-34 所示。

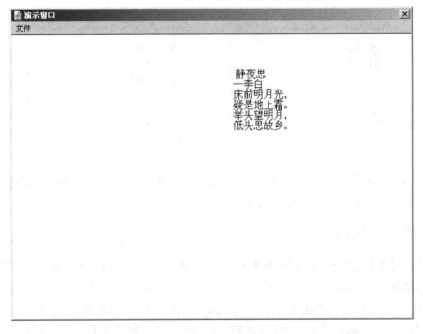

图 8-34　输入文本

（4）在"古诗句"图标的演示窗口中选择文本,设置字体为隶书、字体大小为 25、字形为加粗、颜色为黑色,效果如图 8-35 所示。

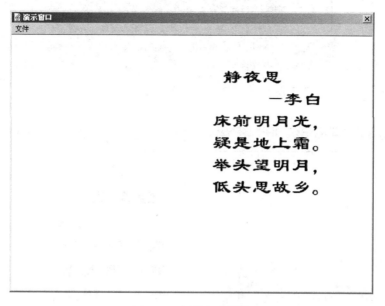

图 8-35　调整文本格式

（5）在流程线上选择"古诗句"图标,在其属性面板中单击【特效】按钮,打开【特效方式】对话框,设置参数如图 8-36 所示,单击【确定】按钮。

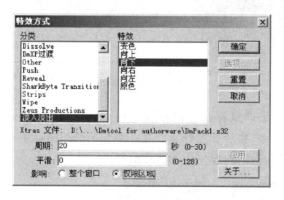

图 8-36　设置特效参数

（6）在图标工具栏中单击等待图标并拖动到流程线上,命名为"等待 3 秒",然后双击"等待 3 秒"图标,在等待图标属性面板的【时限】文本框中输入 3,其他参数如图 8-37 所示。

（7）在图标工具栏中单击擦除图标并拖动到流程线上,命名为"擦除古诗"。双击"古诗画"图标,然后按住 Shift 键双击"古诗句"图标,将两个图标的对象显示在一个演示窗口,如图 8-38 所示。选择"擦除古诗"图标,在其属性面板中选中【被擦除的图标】单选按钮,然后单击【特效】按钮,出现【擦除模式】对话框,设置参数如图 8-39 所示,单击【确定】按钮退出,接着在演示窗口中单击图像和文本对象,"古诗画"和"古诗句"图标显示在被擦除图标的列表框中。

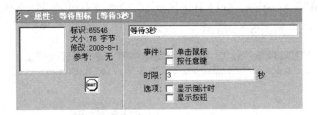

图 8-37　"等待 3 秒"图标的参数设置

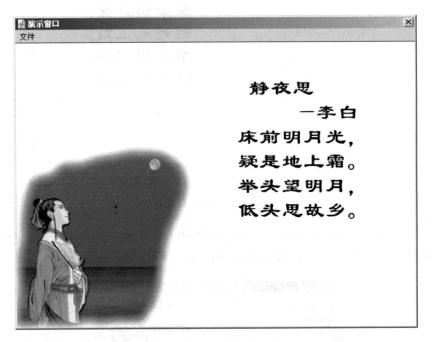

图 8-38　显示图像和文本

（8）在设计窗口中拖动鼠标选择流程线上的全部图标，如图 8-40 所示，然后打开【修改】菜单，选择【群组】命令，将所有图标组合在一个新的群组图标中，命名为"古诗欣赏"。单击常用工具栏中的【运行】按钮，预览应用程序效果。

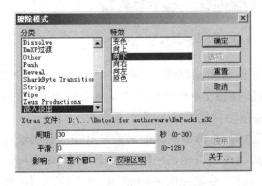

图 8-39　设置擦除特效参数

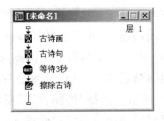

图 8-40　全部图标

（9）打开【文件】菜单，选择【保存】命令，出现【保存文件为】对话框，在【文件名】文本框中输入"古诗欣赏"，如图 8-41 所示，单击【保存】按钮，保存文件。

图 8-41 【保存文件为】对话框

8.3.5 计算图标

和其他编程语言一样，Authorware 中提供了大量的系统函数、变量以及结构化语句，另外，用户还可以自定义函数和变量，大大增强了应用程序的功能性和可扩展性。计算图标是存放函数、变量和编写程序代码的主要场所，双击计算图标可以打开计算窗口，如图 8-42 所示。

图 8-42 计算窗口

在 Authorware 中设置了函数和变量面板以帮助用户使用系统函数和变量，这对普通用户来说大大简化了操作，下面分别对函数和变量做介绍。

📖 Authorware 的应用程序遵循 Pascal 语法。

---

1. 函数

1）系统函数

系统函数可以通过函数面板来调用。在常用工具栏中单击【函数】按钮即可显示函数面板,如图 8-43 所示,其主要参数含义如下。

- 【分类】下拉列表框:用于选择函数的类别。在
  Authorware 中,系统函数根据功能不同分成多
  个不同的函数类别,每个函数类别中有多个实现
  同类型功能的函数。
- 【参考】列表框:用于显示当前应用程序中使用
  该函数的图标的名称。
- 【描述】列表框:用于显示所选函数的语法和功
  能说明。
- 【粘贴】按钮:用于将系统函数语句粘贴到计算
  窗口、图标属性面板等位置。

2) 自定义函数

用户自定义函数的文件格式有两种,一种是 DLL
文件格式,另一种是 UCD 文件格式。这些自定义函数
通常是利用 C 语言编写的,并且对编程不熟悉的用户来
说,使用上述两种格式自定义函数比较困难,在此不再
赘述。

图 8-43　函数面板

2. 变量

1) 系统变量

和系统函数相同,系统变量可以通过变量面板来调用。在常用工具栏中单击【变量】按
钮即可显示变量面板,如图 8-44 所示,其主要参数的含义与函数面板基本相同。

2) 自定义变量

在变量面板中单击【新建】按钮,出现【新建变量】对话框,如图 8-45 所示,其参数含义
如下。

图 8-44　变量面板

图 8-45　【新建变量】对话框

- 【名称】文本框：用于输入变量的名称。
- 【初始值】文本框：用于为变量赋初值。
- 【描述】列表框：用于对变量的用法和功能进行文字说明。

3. 常用的系统函数和变量

1）GoTo 函数

语法：GoTo(IconID@"IconTitle")

说明：实现跳转到以 IconTitle 为名称的图标中，例如 GoTo(IconID@"古诗画")。

2）Quit 函数

语法：Quit(option)

说明：直接退出应用程序。option 取 0 和 1 都是退出 Authorware 并返回到系统桌面或管理器中；option 取 2 退出 Authorware，返回 DOS。在多数情况下采用 Quit(0)的用法。

3）Random 函数

语法：Random(min,max,units)

说明：产生范围在 min 到 max 之间的小数点后类似 units 的随机数，例如 Random(0, 100,3)。

4）Date 变量

说明：存储当前计算机的系统时间。

5）Day 变量

说明：存储当前计算机系统的日期，变量值为 1～31。

6）Month 变量

说明：存储当前计算机系统的月份，变量值为 1～12。

7）Year 变量

说明：存储当前计算机系统的年份。

8）Sec 变量

说明：存储当前时刻的秒数值，变量值为 0～59。

8.3.6 移动图标

Authorware 中的移动图标可以将图像、文字等对象从屏幕的一个位置移到另一个位置。移动图标是以图标为单位的，如在一个显示图标中有 3 个对象(一个圆、一段文字、一只小鸟)，若想让其分别移动或只移动其中的一个，则必须将其放置在 3 个不同的显示图标中。

(1) 显示属性面板：在流程线上双击移动图标可以打开移动图标的属性面板，如图 8-46 所示。

(2) 移动方式：Authorware 提供了 5 种不同的移动方式，分别是指向固定点方式、指向固定直线上的某点方式、指向固定区域内的某点方式、指向固定路径的终点方式、指向固定路径上的任意点方式。

(3) 操作步骤：移动图标的 5 种方式的操作步骤基本相同，可以按以下 3 步进行。

第一步，打开演示窗口，然后在流程线上双击移动图标，显示移动图标的属性面板。

第二步，在移动图标属性面板中单击【类型】下拉列表框，选择相应的移动方式，然后在演示窗口中单击某一对象，设定移动路径。

图 8-46　移动图标的属性面板

第三步,利用属性面板设置移动参数,完成移动对象的操作。

　　📖　5 种移动方式操作过程的不同之处在于移动路径的设定。

1. 指向固定点方式

这种方式可以将演示窗口任一位置的对象沿一直线从当前位置移动到指定的固定终点。

1) 属性面板

指向固定点方式的属性面板如图 8-46 所示,其主要参数功能如下。

- 【层】文本框:用于定义移动层次,当移动过程中的两个对象移动到同一位置时相互覆盖,此时可用层的值来决定谁的覆盖能力更强。
- 【定时】下拉列表框:用于定义移动速度,有时间(秒)和速率(秒/英寸)两种单位。
- 【执行方式】下拉列表框:用于定义移动的执行方式,有等待直到完成和同时两种执行方式。等待直到完成方式规定程序必须等待移动图标执行完毕,即等待对象移动结束后才继续向下执行;同时方式规定程序可以和移动图标同时执行,即在对象运动的同时程序继续向下执行,此项功能保证了同步功能的实现。
- 【类型】下拉列表框:用于设置移动类型。
- 【目标】文本框:用于指定对象移动的终点坐标值。该坐标值可以直接输入,也可以用鼠标拖动对象到屏幕的某一位置来确定。
- 【预览】按钮:用于预览移动对象的效果。

2) 设定移动终点

在演示窗口中单击移动对象,并将其拖动到预设位置,即可设置移动终点。

练习三:冉冉升起的国旗

该实例的初始界面如图 8-47 所示,单击【开始升旗】按钮,五星红旗将移动到旗杆顶端,如图 8-48 所示,其操作过程如下:

(1) 新建一个文件,在图标工具栏中单击显示图标并拖放到流程线上,命名为"南极"。双击"南极"图标,出现演示窗口,打开【文件】菜单,选择【导入和导出】命令,在级联菜单中选择【导入媒体】命令,出现【导入文件】对话框,选择素材文件"006.jpg",将南极背景图像导入到演示窗口。在工具箱中使用选择工具调整图像的位置,如图 8-47 所示。

(2) 在图标工具栏中单击显示图标并拖放到流程线上,命名为"红旗"。打开"红旗"图

图 8-47　初始界面

图 8-48　结束界面

标的演示窗口,将素材文件"007.jpg"的红旗图像导入到演示窗口中,并调整其大小和位置,效果如图 8-47 所示。在"红旗"图标的属性面板的【层】文本框中输入 0。

（3）在图标工具栏中单击显示图标并拖放到流程线上,命名为"旗杆"。打开"旗杆"图标的演示窗口,在工具箱中选择椭圆工具,按住 Shift 键拖动鼠标,绘制一个正圆,然后选择矩形工具绘制一个矩形。调整正圆和矩形的大小、位置和颜色,如图 8-47 所示。在"旗杆"图标的属性面板的【层】文本框中输入 1。

（4）在图标工具栏中单击等待图标并拖放到流程线上,命名为"开始升旗"。双击"开始升旗"图标,设置参数如图 8-49 所示。

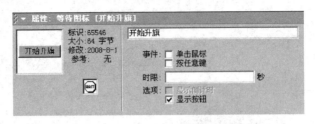

图 8-49　"开始升旗"图标参数

   在应用程序运行过程中按 Ctrl+P 组合键可以暂停程序,调整等待按钮的位置和大小,然后再按 Ctrl+P 组合键继续执行程序。

（5）在图标工具栏中单击移动图标并拖放到流程线上,命名为"升旗"。按住 Shift 键,依次双击"南极"、"红旗"、"旗杆"3 个图标,将其对象显示在一个演示窗口,然后双击"升旗"移动图标,单击【类型】下拉列表框,选择【指向固定点】选项,接着在演示窗口中单击红旗图像,并将其移动到旗杆图形的顶端,如图 8-48 所示,最后设置"升旗"图标的属性面板,如图 8-50 所示。

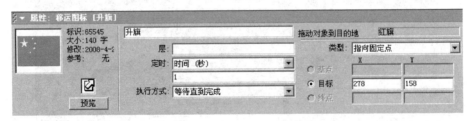

图 8-50　"升旗"图标参数

（6）在常用工具栏中单击【运行】按钮,预览效果并保存文件。

2. 指向固定直线上的某点方式

这种方式将演示窗口中任一位置的对象从当前位置移到某指定直线上的指定位置。

1）属性面板

指向固定直线上的某点方式的属性面板如图 8-51 所示,其主要参数功能如下。

- 【执行方式】下拉列表框:除了等待直到完成和同时两种执行方式外还增加了一种方式——永久方式。永久方式用于当对象移动终点坐标采用变量或表达式来控制时会在程序执行过程中一直监测变量,一旦变量值发生变化就移动对象到新的目标点。

- 【远端范围】下拉列表框:用于控制目标点的位置,有循环、在终点终止、到上一终点3 种方式。循环方式规定当目标点坐标值大于终点坐标值时以目标点坐标值除以

图 8-51 指向固定直线上的某点方式参数

终点坐标值,余数为对象移动的实际目标点坐标;在终点终止方式规定当目标点坐标值大于终点坐标值时对象只运动到终点就停止;到上一终点方式规定当目标点坐标值大于终点坐标值时对象将越过终点,一直运动到目标点。

- 【基点】文本框:用于定义直线路径的起点,默认值为 0。
- 【终点】文本框:用于定义直线路径的终点,默认值为 1。

其他参数和指向固定点方式相同,这里不再赘述。

2) 设定移动直线路径

在演示窗口中单击移动对象会出现一个黑色圆点,如图 8-52 所示,然后拖动对象到另一位置,可以看到直线路径,如图 8-53 所示。

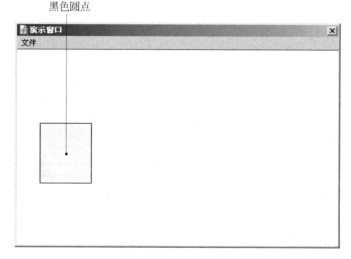

图 8-52 演示窗口中的黑点

在移动图标属性面板中选中【基点】单选按钮,对象回到初始位置,如图 8-52 所示,这时拖动鼠标可以调整对象的基点位置,如图 8-54 所示。

同样,选中【终点】单选按钮,拖动鼠标可以调整对象的终点位置。在【目标】文本框中输入数值作为对象运动的目标坐标值。

📖 在【目标】文本框中可以利用 Random 函数使对象的目标位置不固定。

直线路径

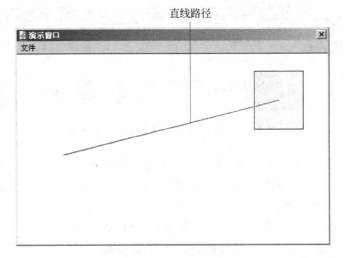

图 8-53　直线路径

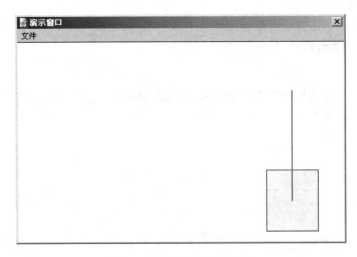

图 8-54　调整后的直线路径

练习四：移动的圆形

　　该实例的初始界面如图 8-55 所示，单击【继续】按钮，圆形将移动到右侧直线上，如图 8-56 所示，其操作过程如下：

　　(1) 新建一个文件，在图标工具栏中单击显示图标并拖放到流程线上，命名为"圆形"。双击"圆形"图标，打开演示窗口，利用工具箱中的椭圆工具绘制一个圆形，并调整圆形的位置、大小和颜色，如图 8-55 所示。

　　(2) 再新建一个显示图标，命名为"直线"。打开"直线"图标的演示窗口，利用工具箱中的矩形工具绘制一个矩形，如图 8-55 所示。

　　(3) 在图标工具栏中单击等待图标并拖放到流程线上，命名为"继续"。双击"继续"图标，选中【显示按钮】复选框，其他参数不选。

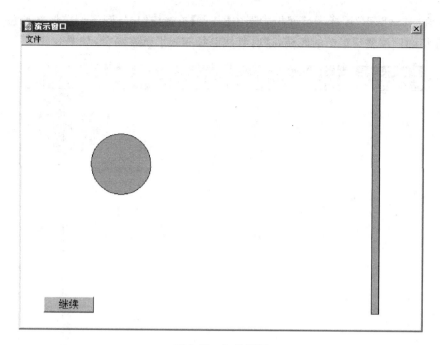

图 8-55　初始界面

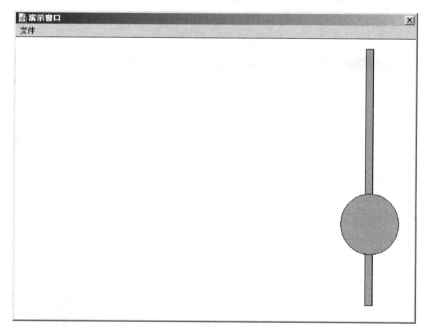

图 8-56　结束界面

（4）在图标工具栏中单击移动图标并拖放到流程线上，命名为"移动圆形"。按住 Shift 键，依次双击"圆形"、"直线"图标，将其对象显示在演示窗口中，然后双击"移动圆形"图标，单击【类型】下拉列表框，选择【指向固定直线上的某点】选项，接着在演示窗口中单击圆形，并将其移动到矩形顶端，如图 8-57 所示。

（5）在"移动圆形"图标属性面板中选中【基点】单选按钮，将圆形调整回初始位置，然后拖动鼠标将圆形调整到矩形的底端，这时直线路径和矩形基本吻合，如图 8-58 所示。

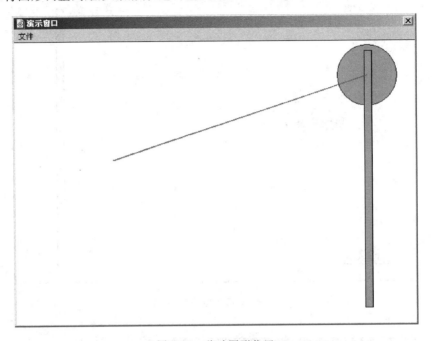

图 8-57　移动圆形位置

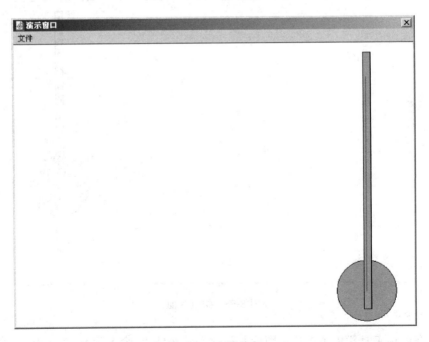

图 8-58　直线路径

（6）在"移动圆形"图标属性面板中单击【目标】文本框，输入"Random(0,100,3)"，其他参数如图 5-59 所示。单击【预览】按钮预览动画效果，重复单击该按钮，可以发现圆形在矩形的终点位置是随机的。

图 8-59 "移动圆形"图标参数

（7）整个应用程序设计窗口如图 8-60 所示，最后保存文件。

图 8-60 设计窗口的图标

3. 指向固定区域内的某点方式

使用这种方式可以将演示窗口中任一位置的对象从当前位置沿直线移动到指定区域中的指定位置(X,Y)。

1）属性面板

指向固定区域内的某点方式的属性面板如图 8-61 所示。相对于指向固定直线上的某点方式的参数而言，指向固定区域内的某点方式是在一个二维平面内移动对象，因此基点、目标、终点的坐标值需要设置两个，即 X 和 Y，其他参数相同，在此不做赘述。

图 8-61 指向固定区域内的某点方式参数

2）设定移动区域

在演示窗口中单击移动对象会出现一个黑色圆点，然后拖动对象到另一位置，可以看到闭合的矩形区域，如图 8-62 所示。

在移动图标属性面板中选中【基点】单选按钮，使对象回到初始位置，拖动鼠标可调整对象的基点位置；选中【终点】单选按钮，拖动鼠标可调整对象的终点位置。最后，在【目标】文本框中输入目标点的坐标值。

多媒体应用系统制作技术

矩形区域

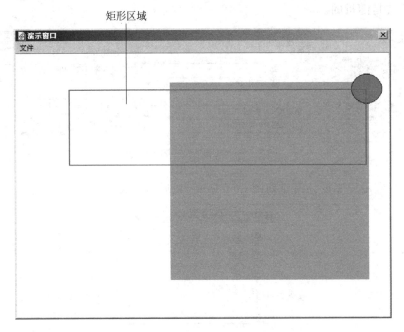

图 8-62　设定矩形区域

练习五：打台球

　　该实例的开始界面如图 8-63 所示，单击【开球】按钮，左侧的球杆击打绿球，绿球被击打在右上角区域，如图 8-64 所示，其操作过程如下：

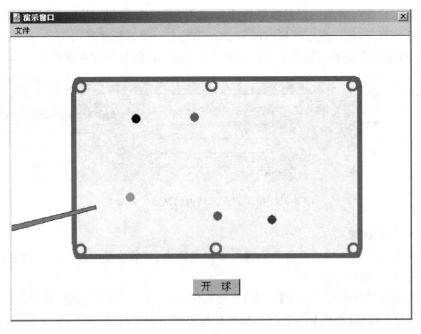

图 8-63　开始界面

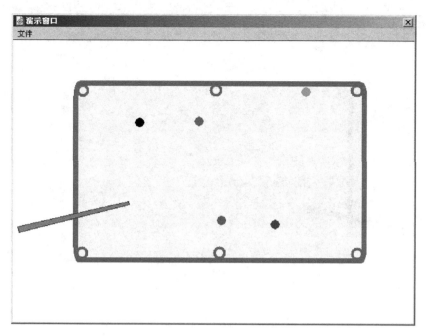

图 8-64 开球后的界面

（1）新建一个文件，在图标工具栏中选择显示图标拖放到流程线上，命名为"台球桌"。双击"台球桌"图标，打开演示窗口，分别使用工具箱中的椭圆、圆角矩形工具绘制一个台球桌，并调整台球桌的位置、线条、大小和颜色，如图 8-63 所示。

（2）新建一个显示图标到流程线上，命名为"绿球"。打开"绿球"图标的演示窗口，利用椭圆工具绘制一个绿球，并调整其位置等参数，如图 8-63 所示。

（3）再新建一个显示图标到流程线上，命名为"其他球"。重复绿球的操作步骤绘制 4 个其他颜色的台球，如图 8-63 所示。

（4）继续新建显示图标到流程线上，命名为"球杆"。打开"球杆"图标的演示窗口，利用多边形工具绘制一个球杆，并设置其参数如图 8-63 所示。

（5）新建一个等待图标到流程线上，命名为"开球"。双击"开球"图标，在其属性面板中选中【显示按钮】复选框，其他参数不设置。

（6）新建一个移动图标到流程线上，命名为"移动球杆"。按住 Shift 键，依次双击"台球桌"、"绿球"、"球杆"图标，将其对象显示在演示窗口中，然后双击"移动球杆"图标，在其属性面板的【类型】下拉列表框中选择【指向固定点】选项，接着在演示窗口单击球杆对象，并将球杆头部拖动到绿球的左边，如图 8-65 所示，最后设置"移动球杆"图标的其他参数，如图 8-66 所示。

（7）再新建一个移动图标到流程线上，命名为"移动绿球"。按住 Shift 键，依次双击"台球桌"、"绿球"、"其他球"图标，将其对象显示在演示窗口中，然后双击"移动绿球"图标，在其属性面板的【类型】下拉列表框中选择【指向固定区域内的某点】选项，接着在演示窗口中单击绿球，并将其拖动到台球桌右上角，创建移动区域，如图 8-67 所示。

（8）在"移动绿球"图标的属性面板中选中【基点】单选按钮，使对象回到开始位置，然后

243

第 8 章

多媒体应用系统制作技术

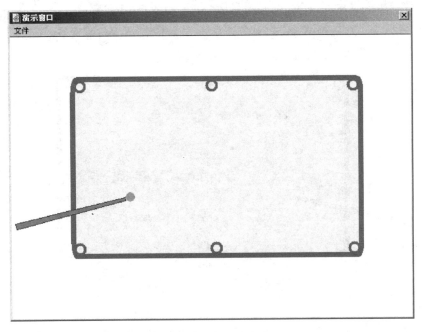

图 8-65　移动球杆位置

图 8-66　"移动球杆"图标参数

拖动鼠标调整绿球的基点位置,如图 8-68 所示。

(9) 设置"移动绿球"图标属性面板中【目标】文本框的 X 值为"Random(0,100,3)"、Y 值为"Random(0,100,5)",其他参数如图 8-69 所示。

(10) 单击常用工具栏中的【运行】按钮预览效果,然后保存文件。

4. 指向固定路径的终点方式

使用这种方式可以使移动对象从起点沿设定的固定路径运动到终点。

1) 属性面板

指向固定路径的终点方式的属性面板如图 8-70 所示,其主要参数含义如下。

- 【移动当】文本框:用于指定满足什么条件时移动对象。该选项经常和自定义变量结合使用,例如 $x=2$,即当 x 变量的值为 2 时移动对象。
- 【撤销】按钮:用于撤销设定路径过程中的操作。
- 【删除】按钮:用于删除设定路径上的锚点。

2) 设定固定路径

该固定路径由锚点连接而成,其中锚点分为角点和平滑点。角点为三角形,由角点连接的

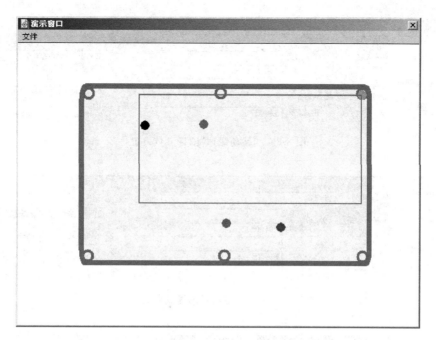

图 8-67　矩形移动区域

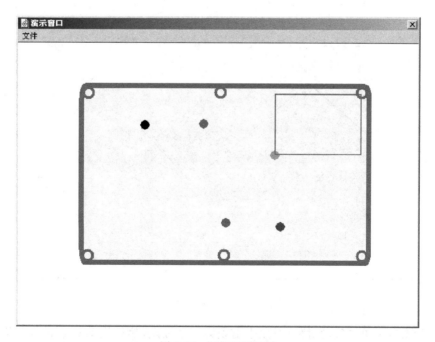

图 8-68　调整矩形区域

路径为折线,如图 8-71 所示;平滑点为圆形,由平滑点连接的路径为曲线,如图 8-72 所示。

📖　双击角点可转换为平滑点,相反,双击平滑点可转换为角点。

图 8-69　"移动绿球"图标参数设置

图 8-70　指向固定路径的终点方式参数

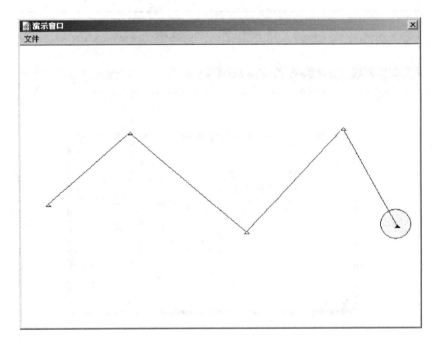

图 8-71　角点连接的路径

　　在演示窗口中单击移动对象,对象中出现第一个锚点,然后拖动对象到另一位置,出现第二个锚点,重复操作就可以创建出固定路径。

　　对于绘制完成的路径,选择某个锚点,单击属性面板中的【删除】按钮,可将锚点删除;在没有锚点的位置单击,可以添加一个锚点。

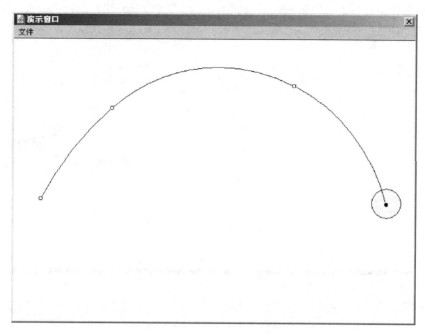

图 8-72　平滑点连接的路径

练习六：投篮

该实例的开始界面如图 8-73 所示，单击【开始投篮】按钮，沿着曲线路径向球篮掷去，然后沿折线路径落地并离开界面，如图 8-74 所示，其操作过程如下：

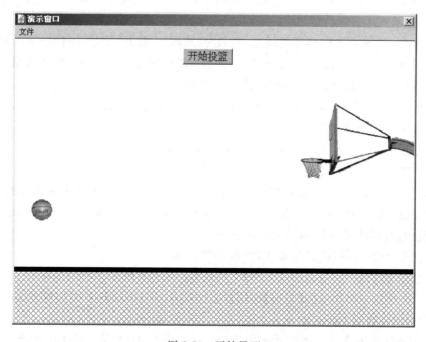

图 8-73　开始界面

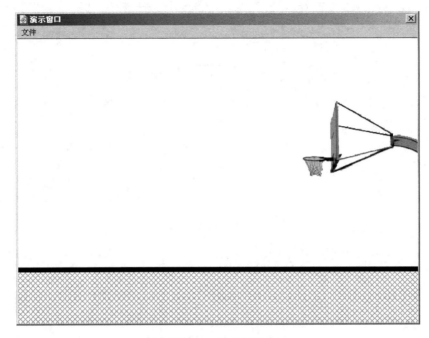

图 8-74　结束界面

（1）新建一个文件，打开【修改】菜单，选择【文件】命令，出现级联菜单，选择【属性】命令显示文件属性面板，在其【大小】下拉列表框中选择【640×480】选项。

（2）在图标工具栏中单击显示图标并拖动到流程线上，命名为"球篮"。打开"球篮"图标的演示窗口，导入素材文件"009.jpg"，并调整其位置。利用工具箱中的矩形工具绘制一个地面图案，调整其参数，如图 8-73 所示。

（3）新建一个显示图标到流程线上，命名为"篮球"。打开"篮球"图标的演示窗口，导入素材文件"008.gif"，调整其参数，如图 8-73 所示。然后单击工具箱中的模式按钮，出现模式面板，单击【透明模式】按钮将篮球图片设置为透明效果。

（4）新建一个等待图标到流程线上，命名为"开始投篮"。双击"开始投篮"图标，在其属性面板中选中【显示按钮】复选框，其他参数不设置。

（5）打开文件属性面板，在其【大小】下拉列表框中选择【800×600】选项。

（6）新建一个移动图标到流程线上，命名为"投篮"。按住 Shift 键，依次双击"球篮"、"篮球"图标，将其对象显示在演示窗口中，然后双击"投篮"图标，在其属性面板的【类型】下拉列表框中选择【指向固定路径的终点】选项，接着在演示窗口中单击篮球对象，创建第一个锚点，重复操作，创建图 8-75 所示的固定路径。

（7）设置"投篮"图标的其他参数，如图 8-76 所示。

（8）打开文件属性面板，在其【大小】下拉列表框中选择【640×480】选项。

（9）单击常用工具栏中的【运行】按钮预览效果，如图 8-73 所示，然后保存文件。

5．指向固定路径上的任意点方式

指向固定路径的终点方式要求移动对象必须运动到路径终点，而这种移动方式可使移动对象从起点沿设定路径移动到路径上的任意点。

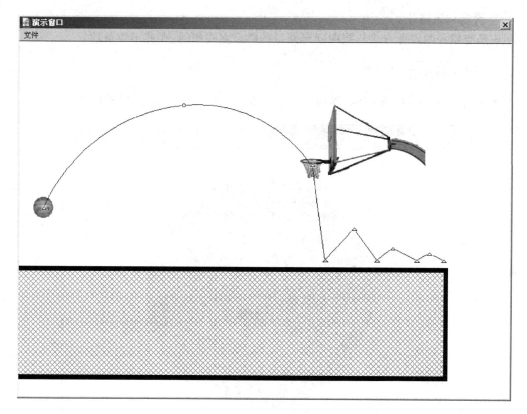

图 8-75　创建固定路径

图 8-76　"投篮"图标参数

1）属性面板

指向固定路径上的任意点方式的属性面板如图 8-77 所示，其参数与前述方式的含义相同，在此不再赘述。

图 8-77　指向固定路径上的任意点方式参数

2）设定固定路径

该固定路径的设置方法与指向固定路径的终点方式相同,在此不再赘述。

[练习七：制作一个时钟]

该实例界面如图 8-78 所示,界面中的表针围绕表盘循环移动,其操作过程如下:

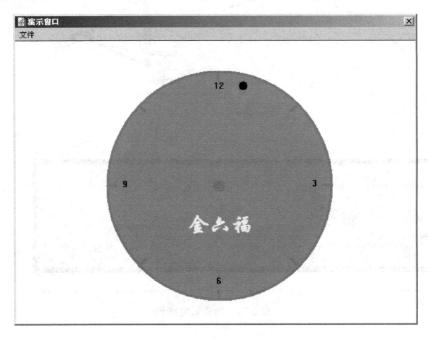

图 8-78　时钟界面

（1）新建一个文件,在图标工具栏中单击显示图标并拖动到流程线上,命名为"表盘"。利用椭圆、直线、文本工具创建如图 8-78 所示的表盘图形,并调整位置、大小、颜色、模式等参数。

（2）新建一个显示图标,命名为"表针"。按住 Shift 键,双击"表盘"图标,然后利用椭圆工具绘制一个表针,如图 8-78 所示。

（3）新建一个移动图标到流程线上,命名为"移动表针"。按住 Shift 键,依次双击"表盘"、"表针"图标,将其对象显示在演示窗口中,然后双击"移动表针"图标,在其属性面板的【类型】下拉列表框中选择【指向固定路径上的任意点】选项,接着在演示窗口中单击表针对象,创建第一个平滑点,重复操作,创建闭合曲线路径,如图 8-79 所示。

（4）打开"移动表针"的属性面板,在【基点】文本框中输入 0、在【终点】文本框中输入 59、在【目标】文本框中输入系统变量"Sec",其他参数如图 8-80 所示。

（5）单击常用工具栏中的【运行】按钮预览效果,最后保存文件。

8.3.7　交互图标

人机交互是多媒体应用系统最主要的特点之一,Authorware 作为一种多媒体制作软件具有强大的交互功能,该功能主要通过交互图标来实现。

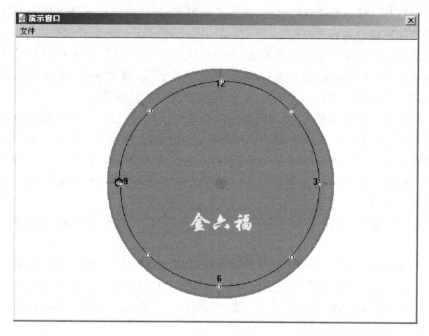

图 8-79　闭合曲线路径

图 8-80　"移动表针"图标参数

（1）交互过程的组成：一个交互过程有交互图标、响应类型、响应图标 3 个部分，如图 8-81 所示，各组成部分的含义如下。

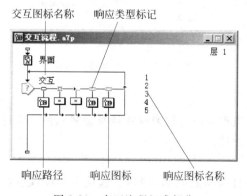

图 8-81　交互流程组成部分

多媒体应用系统制作技术

- 交互图标：每一个交互的核心，提供显示图文内容、决定程序分支流向、暂停程序执行和擦除窗口内容等功能。
- 响应类型：触发交互的控制方法，在 Authorware 中包括 11 种响应类型，分别为按钮响应、热区域响应、热对象响应、目标区响应、下拉菜单响应、条件响应、文本输入响应、按键响应、重试限制响应、时间限制响应和事件响应。
- 响应图标：建立交互后，程序沿相应的子流程线执行，这个子流程线称为响应路径，执行的响应路径上的图标称为响应图标。一个响应路径上只能有一个响应图标，如果需要用多个图标来完成某一功能，可以使用群组图标。此外，响应图标只能是显示、擦除、计算、群组、数字电影、声音、导航和移动等图标，而不能是判断、框架和交互图标本身。

（2）交互的建立：无论是哪种响应类型的交互，它们的操作步骤基本相同，主要分为 4 步进行。

第一步，在图标工具栏中单击交互图标并拖动到流程线上的指定位置，然后拖动显示、移动等图标放在交互图标的右侧位置作为响应图标。如果是第一次放置响应图标，系统会出现【交互类型】对话框，如图 8-82 所示，要求指定响应类型，之后放置的响应图标会自动复制上一个响应图标的响应类型。

第二步，双击响应类型标记，显示交互图标响应类型属性面板，如图 8-83 所示。在属性面板中单击【类型】下拉列表框可以更改响应类型，此外，还可以设置其他交互参数，包括鼠标形状、响应分支等。

图 8-82 【交互类型】对话框

第三步，编辑响应图标的内容。

第四步，双击交互图标，打开交互图标窗口，调整按钮、文本输入框、热区框等对象的大小、位置等。

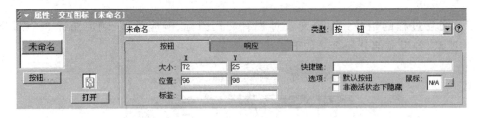

图 8-83 交互图标属性面板

1. 按钮响应

选择这种响应类型，当程序执行到响应路径时在演示窗口中将会出现一个按钮，该按钮可由系统提供，也可导入图像按钮。

1）属性面板

按钮响应属性面板由【按钮】和【响应】两个选项卡组成，【按钮】选项卡如图 8-83 所示，其参数含义如下。

- 【按钮】按钮：用于指定按钮的形状。单击该按钮会出现【按钮】对话框，如图 8-29 所示，其具体操作与等待图标的按钮操作相同，这里不再赘述。

- 【名称】文本框：用于输入按钮的显示文本。
- 【大小】文本框：用于设置按钮的大小。
- 【位置】文本框：用于指定按钮的位置。
- 【标签】文本框：为设置了使用标题选项的按钮设置标题的具体文字。
- 【快捷键】文本框：用于设置按钮对应的快捷键，可以是单个字母，也可以是组合键，例如 Ctrl＋S 组合键输入 ctrls 即可。
- 【默认按钮】复选框：用于指定按钮是一个默认按钮，且按 Enter 键等同于单击该按钮。
- 【非激活状态下隐藏】复选框：用于设置没有满足激活条件时按钮是否隐藏。
- 【鼠标】按钮：用于设置鼠标指针的形状。单击该按钮会出现【鼠标指针】对话框，如图 8-84 所示，在其列表框中可以设置鼠标指针的形状。

图 8-84　【鼠标指针】对话框

按钮响应的【响应】选项卡如图 8-85 所示，其主要参数含义如下。

图 8-85　按钮响应的【响应】选项卡参数

- 【范围】复选框：用于确定按钮响应的作用范围。如果选中该复选框，则按钮在程序的执行过程中始终起作用，除非用擦除图标删除。
- 【激活条件】文本框：指定在某种条件下使按钮响应起作用，例如 $x=2$。
- 【擦除】下拉列表框：用于指定擦除响应图标的方式，有【在下一次输入之后】、【在下一次输入之前】、【在退出时】、【不擦除】4 个选项。
- 【分支】下拉列表框：定义程序执行响应图标后的流向，有【重试】、【继续】、【退出交互】3 个选项。

2）调整按钮参数

按钮参数除了按钮形状外还涉及大小、位置等参数，虽然属性面板中的【大小】、【位置】文本框可以设置上述参数，但过于精确，为操作带来了不便。利用交互图标的演示窗口可以很方便地完成按钮大小和位置的调整操作。

双击交互图标打开交互图标的演示窗口，可以看到响应按钮，如图 8-86 所示。单击并拖动按钮可以调整按钮的大小和位置。

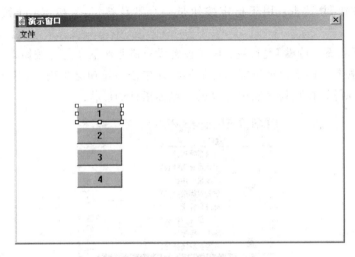

图 8-86　交互按钮

练习八：演示简单图形

本实例利用交互图标的按钮响应制作了一个演示简单图形的过程，界面如图 8-87 所示，其操作过程如下：

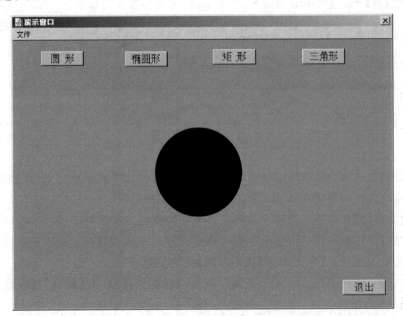

图 8-87　演示简单图形界面

（1）新建一个文件，拖动图标工具栏中的显示图标到流程线上，命名为"背景"。双击"背景"图标，打开其演示窗口，利用工具箱中的矩形工具绘制一个大矩形，并调整其颜色、位置，作为背景，如图8-87所示。

（2）在图标工具栏中单击并拖动交互图标到流程线上，命名为"演示图形"。

（3）拖动图标工具栏中的显示图标到"演示图形"图标的右侧，出现【交互类型】对话框，如图8-82所示，选择【按钮】单选按钮，单击【确定】按钮退出，将此响应图标命名为"圆形"。

（4）重复第（3）步的操作，依次在"演示图形"图标的右侧添加"椭圆形"、"矩形"、"三角形"等响应图标，然后在图标工具栏中单击并拖动群组图标放置在"演示图形"图标的最右侧，命名为"退出"，如图8-88所示。

（5）双击"圆形"响应图标的响应类型标记 ▭，打开其属性面板。在属性面板中单击【鼠标】按钮，出现【鼠标指针】对话框，选择【设置鼠标指针（6）】选项，如图8-84所示，单击【确定】按钮；在【名称】文本框中为"圆形"文本添加两个空格，即"圆 形"，其他参数不变。

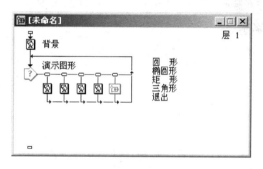

图8-88　设计窗口中的响应图标

（6）重复第（5）步的操作，依次设置"椭圆形"、"矩形"、"三角形"、"退出"等响应图标的属性面板的参数。

（7）切换到"退出"响应图标的【响应】选项卡，在【分支】下拉列表框中选择【退出交互】选项，"退出"响应图标的响应路径退出交互过程，如图8-89所示。

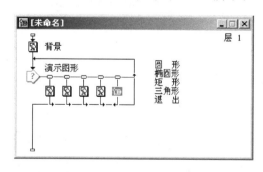

图8-89　"退出"图标响应路径

（8）双击"圆形"响应图标，打开其演示窗口，利用椭圆工具绘制一个圆形，并设置圆形的颜色、大小、位置等参数。

（9）重复第（8）步的操作，依次在"椭圆形"、"矩形"、"三角形"响应图标中绘制椭圆形、矩形和三角形。

(10) 双击"演示图形"图标,打开其演示窗口,按钮如图 8-90 所示。按照从左至右的顺序依次将圆形、椭圆形、矩形、三角形按钮水平摆放在演示窗口顶部,按住 Shift 键将 4 个按钮全部选中,然后打开【修改】菜单,选择【排列】命令,打开排列工具箱,依次单击【顶对齐】和【水平分布】按钮,接着将"退出"按钮调整至右下角位置,如图 8-91 所示。

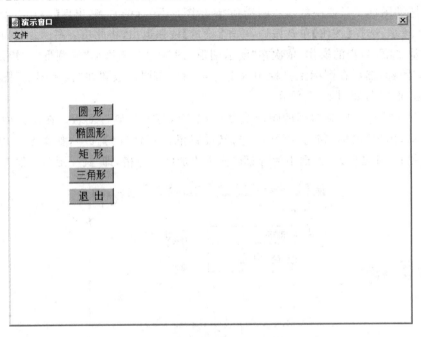

图 8-90　"演示图形"图标演示窗口

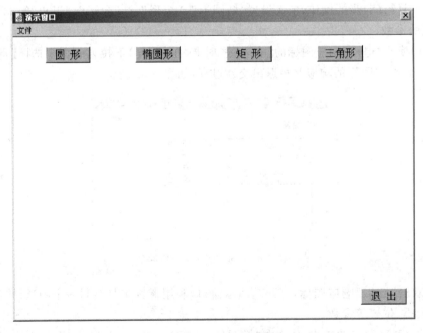

图 8-91　排列后的按钮位置

（11）在图标工具栏中拖动一个显示图标至流程线上，命名为"感谢"。打开"感谢"图标的演示窗口，单击文本工具，输入文本"谢谢欣赏"，然后设置文本的颜色、大小、字体等属性。

（12）单击常用工具栏中的【运行】按钮预览效果，最后保存文件。

2. 热区域响应

选择这种响应类型，当程序执行到响应路径时在演示窗口中隐含一个矩形区域，即热区域，从而实现人机交互。热区域在程序运行时是不可见的，只有在编辑状态下才能看到。

1）属性面板

热区域响应属性面板由【热区域】和【响应】两个选项卡组成，【热区域】选项卡如图 8-92 所示，其主要参数含义如下。

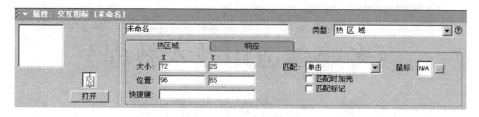

图 8-92　热区域响应的【热区域】选项卡参数

- 【匹配】下拉列表框：用来指定触发交互的动作，有【单击】、【双击】、【指针处于指定区域内】3 个选项。
- 【匹配时加亮】复选框：用于指定触发交互瞬间热区域的颜色是否以高亮显示。
- 【匹配标记】复选框：用于设置在热区域的左方出现一个空心方块作为标记，当触发交互后变为实心方块。

【热区域】选项卡的其他参数以及【响应】选项卡的参数与按钮响应相同，在此不再赘述。

2）调整热区域参数

双击交互图标打开交互图标演示窗口，显示出热区域，如图 8-93 所示。单击并拖动热区域边框可以调整热区域的大小及位置。

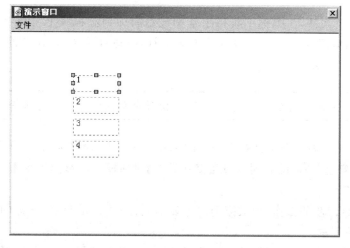

图 8-93　热区域

多媒体应用系统制作技术

　　📖　在调整热区域参数时先打开交互图标之前的其他图标的演示窗口，再按住 Shift 键打开交互图标演示窗口，以方便对象和热区域更好的匹配。

练习九：变色的系统目录

　　在多媒体应用系统中，为了引起用户的注意和增加界面效果，经常为系统目录设置变色功能，即将鼠标指针放置在目录文本上时文本会改变颜色，如图 8-94 所示，其操作过程如下：

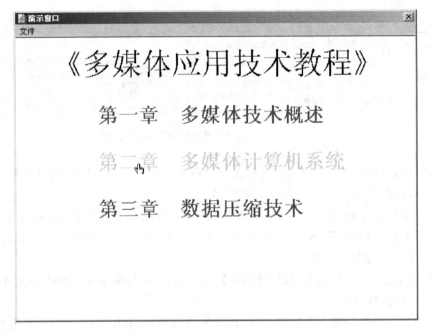

图 8-94　变色的目录文本

　　（1）新建一个文件，在图标工具栏中拖动显示图标到流程线上，命名为"目录"。打开"目录"图标的演示窗口，在工具箱中单击文本工具，编写目录文本，并设置字体、字号、字形和颜色，如图 8-95 所示。

　　📖　用 4 次文本工具分别创建目录文本，使每个目录都能被单独选择。

　　（2）在图标工具栏中单击并拖动交互图标到流程线上，命名为"目录变色"，然后拖动显示图标到"目录变色"图标的右侧，出现【交互类型】对话框，选中【热区域】单选按钮，并将其命名为"第一章"。

　　（3）重复第（2）步的操作，依次拖动两个显示图标到"目录变色"图标的右侧，分别命名为"第二章"、"第三章"。

　　（4）双击"第一章"响应图标的响应类型标记 ▦，打开其属性面板。在【热区域】选项卡中单击【匹配】下拉列表框选择【指针处于指定区域内】选项，单击【鼠标】按钮选择【设置鼠标

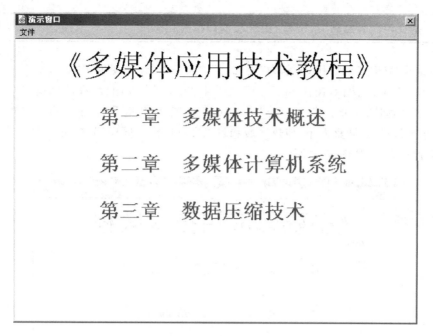

图 8-95　创建目录文本

指针（6）】选项，其他参数如图 8-96 所示。在【响应】选项卡中单击【擦除】下拉列表框选择
【在下一次输入之前】选项，其他参数如图 8-97 所示。

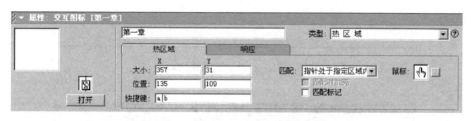

图 8-96　"第一章"图标的【热区域】选项卡参数

图 8-97　"第一章"图标的【响应】选项卡参数

　（5）重复第（4）步的操作，依次设置"第二章"、"第三章"响应图标参数。

　（6）打开"目录"显示图标的演示窗口，单击"第一章　多媒体技术概述"文本，按 Ctrl＋C
组合键复制文本，然后双击"第一章"响应图标，在其演示窗口中按 Ctrl＋V 组合键粘贴文
本，并调整其颜色作为变色文本。

多媒体应用系统制作技术

260

📖 不要调整粘贴到"第一章"图标文本的位置。

(7) 重复第(6)步的操作,分别为"第二章"、"第三章"设置变色文本。

(8) 双击"目录"图标,按住 Shift 键双击"目录变色"交互图标,在演示窗口中显示目录文本和热区域,如图 8-98 所示。单击"第一章"热区域,将其拖动到"第一章　多媒体技术概述"目录文本位置,并调整大小,使热区域和目录文本匹配。同样调整"第二章"、"第三章"热区域的位置和大小,如图 8-99 所示。

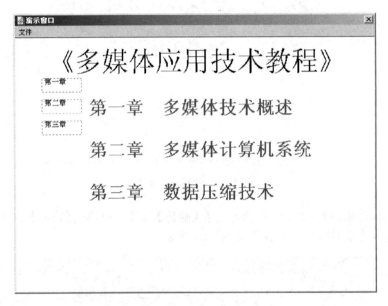

图 8-98　目录文本和热区域

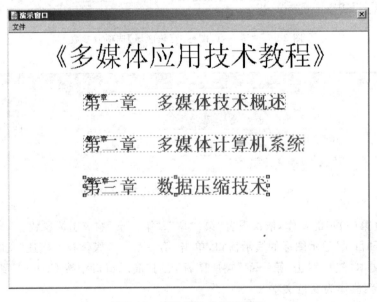

图 8-99　调整后的热区域位置

（9）应用程序设计窗口如图 8-100 所示，单击常用工具栏中的【运行】按钮预览效果，最后保存文件。

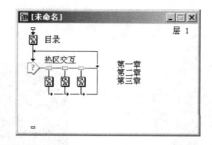

图 8-100　程序设计窗口

3. 热对象响应

这种响应类型与热区响应的区别在于可以选择不规则的对象以激活交互。热对象响应突破了热区域响应中矩形热区的限制，使得交互更加形象、直观，但在热对象交互之前必须创建一个对象作为交互对象，而且多个交互对象需要放置在不同的显示图标中。

1）属性面板

热对象响应的属性面板中的【热对象】选项卡如图 8-101 所示，其参数和【响应】选项卡参数的含义与热区域响应相同，这里不再赘述。

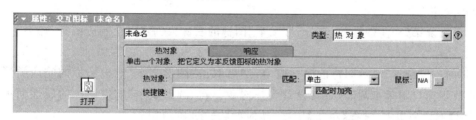

图 8-101　热对象响应的【热对象】选项卡参数

2）调整热对象参数

双击热对象所在的显示图标打开演示窗口，然后双击热对象响应标记，在演示窗口中单击对象，即可将其设置为热对象。

热对象参数的调整（例如位置、颜色、大小等）需要在热对象所在的显示图标中设置。

练习十：识别简单图形

本实例是一个关于识别简单图形的应用程序，单击屏幕上的图形会给出这个图形的名称，如图 8-102 所示，其操作过程如下：

（1）新建一个文件，在流程线上新建一个显示图标，命名为“圆形”。打开“圆形”图标的演示窗口，单击椭圆工具，按住 Shift 键绘制一个正圆，设置正圆的颜色、大小等参数。

（2）在流程线上新建一个显示图标，命名为“矩形”。在“矩形”图标的演示窗口中利用矩形工具绘制一个矩形，并调整其大小、位置等参数。

（3）在图标工具栏中拖动交互图标到流程线上，命名为“识别图形”，然后拖动一个显示图标到“识别图形”图标的右侧，出现【交互类型】对话框，选中【热对象】单选按钮，将其命名

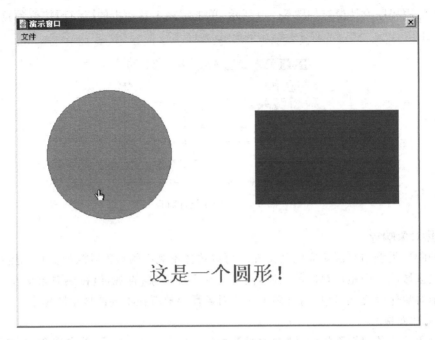

图 8-102　识别简单图形界面

为"圆形文本"。

（4）重复第（3）步的操作，在"圆形文本"图标的右侧再创建一个响应图标，命名为"矩形文本"。

（5）打开"圆形"显示图标的演示窗口，然后双击"圆形文本"响应图标的响应类形标记，在演示窗口中单击圆形，将其设置为热对象。在"圆形文本"响应图标的属性面板中单击【匹配】下拉列表框，选择【单击】选项，其他参数如图 8-103 所示。

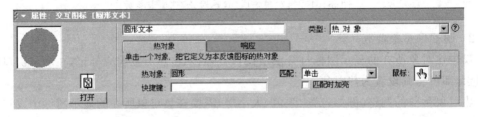

图 8-103　"圆形文本"图标的【热对象】选项卡参数

（6）重复第（5）步的操作，将"矩形"图标中的矩形设置为热对象，并设置"矩形文本"响应图标的参数。

（7）双击"圆形文本"响应图标打开演示窗口，单击工具箱中的文本工具，输入"这是一个圆形！"文本，并设置其大小、位置、颜色等属性，如图 8-102 所示。

（8）重复第（7）步的操作，为"矩形文本"图标创建"这是一个矩形！"文本。

（9）本实例的设计窗口如图 8-104 所示，预览程序执行效果，然后保存文件。

4. 文本输入响应

这种响应类型主要用于接受屏幕输入的文本信息。

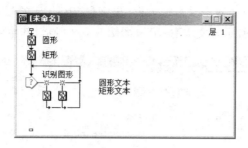

图 8-104　设计窗口

1）属性面板

文本输入响应的属性面板中的【文本输入】选项卡如图 8-105 所示，其主要参数含义如下。

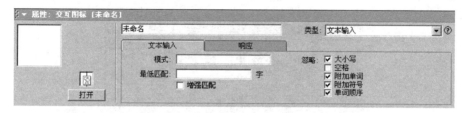

图 8-105　文本输入响应的【文本输入】选项卡参数

- 【模式】文本框：用来输入匹配文本以激发交互。其中可以使用通配符 * 和?，* 代表任意多个字符，? 代表任意单个字符。如果接受用户的任意输入，则必须输入 * 。
- 【最低匹配】文本框：用于指定输入单词最少的匹配个数。
- 【增强匹配】复选框：用于指定是否允许分几次将多个匹配单词依次输入。
- 【大小写】复选框：用于指定匹配文本时是否区分大小写。

2）调整文本输入参数

双击交互图标打开交互图标演示框，显示出文本输入框，如图 8-106 所示，单击并拖动鼠标可以调整文本输入框的大小和位置。

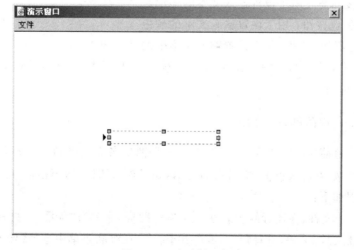

图 8-106　文本输入框

在交互图标演示窗口中双击文本输入框,出现【交互图标文本字段】对话框,其中【交互作用】选项卡如图 8-107 所示,【文本】选项卡如图 8-108 所示,其主要参数含义如下。

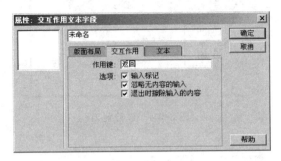

图 8-107 【交互作用】选项卡

图 8-108 【文本】选项卡

- 【作用键】文本框:用于设置文本输入后激发交互的快捷键,默认是 Enter 键,也可以是其他键,例如 S 键等。
- 【输入标记】复选框:用于指定是否在文本输入框前显示▶标记。
- 【字体】下拉列表框:用于设置输入文本的字体。
- 【大小】下拉列表框:用于设置输入文本的字号。
- 【风格】复选框:用于设置输入文本的字形。
- 【文本】颜色按钮:用于设置输入文本的颜色。
- 【背景色】颜色按钮:用于设置输入文本框的背景颜色。
- 【模式】下拉列表框:用于设置输入文本的模式,有【不透明】、【透明】、【反转】、【擦除】4 个选项。

练习十一:一道简单的算术题

本实例是一道简单的算术题,在屏幕上的加号两侧各有一条鱼,等号后要求输入结果,如图 8-109 所示,如果输入正确,给出正确提示,如果输入错误,给出错误提示并要求重新输入。其操作过程如下:

(1) 新建一个文件,在流程线上新建一个显示图标,命名为“背景”。打开“背景”图标的演示窗口,打开【文件】菜单,选择【导入和导出】命令,在级联菜单中选择【导入媒体】命令,出现【导入文件】对话框,选择素材文件“010.jpg”,将金鱼图像导入到演示窗口。相同操作,将素材文件"011.jpg"导入到演示窗口中,并调整两条鱼图像的大小和位置。在工具箱中选择文本工具,输入"＋"和"＝"符号,调整它们的大小,效果如图 8-109 所示。

图 8-109　算术题实例界面

（2）在图标工具栏中拖动交互图标到流程线上,命名为"算术"。从图标工具栏中拖动群组图标到"算术"图标的右侧,出现【交互类型】对话框,单击【文本输入】按钮,并将其命名为"正确"。在"正确"响应图标的右侧放置一个群组图标,命名为"错误"。

（3）双击"正确"响应图标的响应类型标记 ▶…,打开属性面板,在【文本输入】选项卡的【模式】文本框中输入 2,在【响应】选项卡的【分支】下拉列表框中选择【退出交互】选项,其他参数默认。

（4）双击"错误"响应图标的响应类型标记,打开其属性面板,在【文本输入】选项卡的【模式】文本框中输入"＊",如图 8-110 所示,在【响应】选项卡的【分支】下拉列表框中选择【重试】选项,其他参数默认。

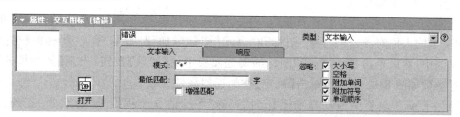

图 8-110　"错误"图标的【文本输入】选项卡参数

（5）打开"背景"显示图标的演示窗口,按住 Shift 键双击交互图标,调整文本输入框的大小和位置,如图 8-111 所示。然后双击文本输入框,出现【交互作用文本字段】对话框,在【交互作用】选项卡中取消选中【输入标记】复选框,【文本】选项卡中的参数如图 8-112 所示。

图 8-111　调整文本输入框

图 8-112　输入文本参数

（6）双击"正确"群组图标，打开其设计窗口，然后在图标工具栏中拖动擦除图标到支流程线上，命名为"擦除背景"。

（7）按住 Shift 键依次双击"背景"、"算术"、"擦除背景"3 个图标，在演示窗口中单击鱼对象和文本输入框对象，将"背景"图标和"算术"图标添加到"擦除背景"图标的【被擦除图标】列表框中，然后单击"擦除背景"图标的属性面板中的【特效】按钮，出现【擦除模式】对话框，设置参数如图 8-113 所示，单击【确定】按钮返回属性面板。

（8）在图标工具栏中拖动显示图标到"正确"图标的支流程线上，命名为"正确提示"。打开"正确提示"图标的演示窗口，利用文本工具输入"恭喜你答对了！"文本，并调整文本的颜色、大小等参数。

（9）在图标工具栏中拖动等待图标到"正确"图标的支流程线上，命名为"等待 3 秒"。双击"等待 3 秒"图标，在其属性面板的【时限】文本框中输入 3，其他复选框不选。

（10）在图标工具栏中拖动计算图标到"正确"图标的支流程线上，命名为"退出系统"。

双击"退出系统"图标，出现计算窗口，输入"Quit(0)"，如图 8-114 所示。

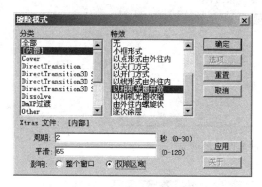

图 8-113　擦除特效参数　　　　　　　　　图 8-114　输入 Quit 函数

（11）双击"正确"图标打开其设计窗口，拖动鼠标全选支流程线上的 4 个图标，按 Ctrl＋C 组合键，然后双击"错误"图标打开其设计窗口，按 Ctrl＋V 组合键粘贴图标。

（12）在"错误"图标的设计窗口中将"正确提示"图标重命名为"错误提示"。双击"错误提示"图标，利用工具箱中的文本工具输入"你的答案有误，请重新输入！"文本，并调整其大小、颜色、位置等参数。

（13）打开"错误"图标的设计窗口，将"退出系统"图标重命名为"重新输入"。然后打开"重新输入"图标的计算窗口，将"Quit(0)"语句删除，输入"GoTo(IconID@"背景")"。

（14）应用程序的 3 个设计窗口如图 8-115 所示，在常用工具栏中单击【运行】按钮预览效果，最后保存文件。

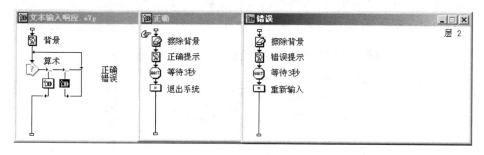

图 8-115　算术题实例的 3 个设计窗口

8.3.8　框架图标

框架图标能为程序建立一个可以前后翻页的流程框架，可以实现在多个判断之间的导航功能，并提供了建立页面系统的简单途径。

在框架图标中每一个设计图标称为一个页面，如图 8-116 所示。页面可以是显示、移动、群组等图标，但不可以是交互、判断等图标。

1. 属性面板

在流程线上单击框架图标将显示框架图标的属性面板，如图 8-117 所示，其参数含义如下。

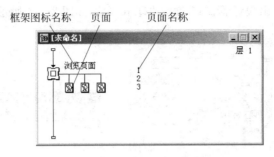

图 8-116　框架图标的组成

图 8-117　框架图标的属性面板

- 【页面特效】按钮：用于设置浏览页面时的显示效果。
- 【页面计数】标签：用于显示当前框架图标的页面数。

2. 框架图标设计窗口

在流程线上双击框架图标打开框架图标设计窗口，如图 8-118 所示，很显然，这是一个交互过程，交互类型为按钮响应，响应图标为导航图标。双击"Navigation hyperlinks"交互图标，打开其演示窗口，可以看到 8 个图像按钮，如图 8-119 所示，其图像按钮的功能如下。

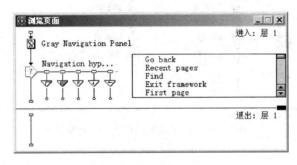

图 8-118　框架图标设计窗口

- Go back 按钮 ：用于返回已经浏览过的最后一页。
- Recent pages 按钮 ：用于显示浏览过的所有页面。
- Find 按钮 ：用于打开【查找】对话框进行页面的查找。
- Exit framework 按钮 ：用于退出框架。
- First page 按钮 ：用于返回到第一页。
- Previous page 按钮 ：用于返回到前一页。
- Next page 按钮 ：用于进入到下一页。

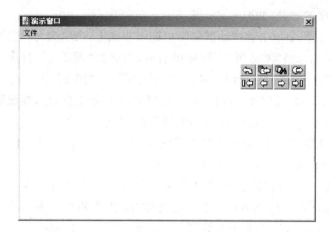

图 8-119　8 个图像按钮

- Last page 按钮 ：用于进入到最后一页。

　　📖　框架图标设计窗口中的图标可以进行修改操作,包括删除图标、修改响应类型等。

练习十二：建立一个浏览图像的系统

　　本实例是一个浏览图像的小系统,单击屏幕上的按钮可以向前、向后浏览图片,如图 8-120 所示,其操作过程如下:

图 8-120　浏览图像界面

　　(1) 新建一个文件,从图标工具栏中单击并拖动显示图标到流程线上,命名为"背景"。打开"背景"图标的演示窗口,单击矩形工具,创建一个的矩形,并调整其大小、位置、颜色、填充等参数,作为程序的背景,如图 8-120 所示。

（2）从图标工具栏中单击并拖动框架图标到流程线上,命名为"浏览图像",然后从图标工具栏中拖动显示图标到"浏览图像"图标的右侧,命名为"图 1",重复操作,依次创建 3 个显示图标到"图 1"图标的右侧,分别命名为"图 2"、"图 3"、"图 4"。

（3）双击"图 1"图标,打开【文件】菜单,选择【导入和导出】命令,在级联菜单中选择【导入媒体】命令,导入素材文件"012.jpg",调整其位置、大小。

（4）重复第（3）步的操作,分别为"图 2"图标导入"013.jpg",为"图 3"图标导入"014.jpg",为"图 4"图标导入"015.jpg",并调整其位置、大小。

（5）双击"浏览图像"图标,打开其设计窗口,如图 8-118 所示。单击"Gray Navigation Panel"图标,按 Delete 键将其删除,然后重复操作,依次将"Go back"、"Recent pages"、"Find"、"Exit framework"4 个响应图标删除。此外,将"Navigation hyperlinks"交互图标重命名为"图片导航",将"First page"、"Previous page"、"Next page"、"Last page"4 个响应图标分别重命名为"第一幅"、"上一幅"、"下一幅"、"最后一幅",如图 8-121 所示。

（6）在"浏览图像"图标的设计窗口中双击"第一幅"响应图标的响应标记,打开其属性面板,单击【按钮】按钮,出现【按钮】对话框,选择图 8-122 所示的按钮,其他参数不变。

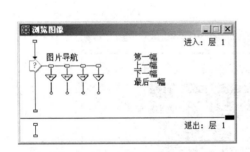

图 8-121　"浏览图像"图标的设计窗口

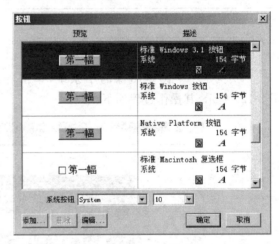

图 8-122　【按钮】对话框

（7）重复第（6）步的操作,依次修改"上一幅"、"下一幅"、"最后一幅"响应图标按钮。

（8）本实例的设计窗口如图 8-123 所示,单击常用工具栏中的【运行】按钮预览效果,并保存文件。

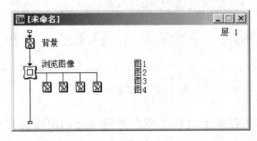

图 8-123　浏览图像实例设计窗口

8.3.9 声音图标

声音图标可以使应用程序在运行过程中播放音乐、特效音等,声音图标的属性面板由【声音】和【计时】选项卡组成。

1.【声音】选项卡

声音图标的【声音】选项卡主要显示声音文件的一些信息,不能更改,如图 8-124 所示。

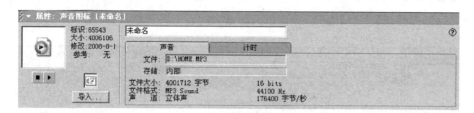

图 8-124 声音图标的【声音】选项卡参数

2.【计时】选项卡

声音图标的【计时】选项卡主要对导入的声音文件进行播放设置,如图 8-125 所示,其主要参数含义如下。

图 8-125 声音图标的【计时】选项卡参数

- 【导入】按钮:用于导入声音文件。单击该按钮会出现【导入文件】对话框,如图 8-127 所示,可以选择需要导入的声音文件。
- 【执行方式】下拉列表框:用于设置声音文件的播放方式,有【等待直到完成】、【同时】、【永久】3 个选项。【等待直到完成】选项是指当声音文件播放后再继续执行程序;【同时】选项是指声音文件播放时同时执行程序;【永久】选项是指声音文件播放后同时执行程序,直到程序结束。
- 【播放】下拉列表框:用于设置声音文件的播放次数,有【播放次数】、【直到为真】两个选项。【播放次数】选项用于设定声音播放几次;【直到为真】选项和变量结合使用,直到满足变量成立条件为止,例如 $x=2$。
- 【速率】文本框:用于设置声音的播放速度。100% 表示声音正常播放;小于 100% 表示声音慢速播放;大于 100% 表示声音快速播放。
- 【开始】文本框:用于设定变量或表达式来决定什么时候播放声音。当变量或条件为真时播放声音,否则不播放。若此项为空,则默认为真。

271

• 【等待前一声音完成】复选框：指等到前一个声音播放完以后才播放自身声音。

8.3.10　数字电影图标

数字电影图标可以在应用程序执行过程中播放视频文件,增加了多媒体应用系统的效果。数字电影图标的属性面板有【电影】、【计时】和【版面布局】3 个选项卡。

1.【电影】选项卡

数字电影图标的【电影】选项卡如图 8-126 所示,其主要参数含义如下。

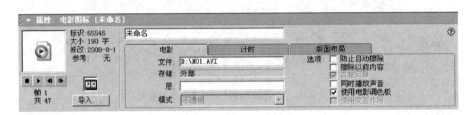

图 8-126　数字电影图标的【电影】选项卡参数

• 【层】文本框：用于设置视频文件在演示窗口中的层级。
• 【同时播放声音】复选框：用来控制是否播放电影中所带的声音文件。

2.【计时】选项卡

数字电影图标的【计时】选项卡如图 8-127 所示,其主要参数含义如下。

图 8-127　数字电影图标的【计时】选项卡参数

• 【开始帧】：用于指定视频从第几帧开始播放,默认是从第一帧开始。
• 【结束帧】：用于指定视频播放到第几帧结束,默认是最后一帧。

3.【版面布局】选项卡

数字电影图标的【版面布局】选项卡用于设置视频的播放位置,如图 8-128 所示。

图 8-128　数字电影图标的【版面布局】选项卡参数

8.4 Authorware 其他操作

8.4.1 知识对象

1. 知识对象的概念

知识对象(Knowledge Object)是将一些常用的程序片段逻辑封装为一个带有向导的、可以插入到其他程序中的独立模型。

知识对象就像一个插入到 Authorware 应用程序中的逻辑包,它是一个强有力的开发工具,能使一个没有经验的开发人员更容易、更有效地完成一般性任务,一个有经验的开发者使用知识对象就能自动地处理一些重复性的工作。

知识对象具有以下 4 项功能:

(1) 可以创建有多个选择的问题。

(2) 可以利用知识对象建立模板。

(3) 可以创建有一系列框架页的巨大项目,可以创建一个知识对象来自动改变每个图标的标题。

(4) 可以创建并完成许多相同事情的知识对象集。

2. 知识对象的分类

知识对象分为 9 大类,分别是 Internet 类、LMS 类、RTF 对象类、界面构成类、评估类、轻松工具箱类、文件类、新建类和指南类。每一大类下面又分为若干子类,例如 LMS 类分为 LMS(初始化)类和 LMS(发送数据)类。

3. 操作方法

在常用工具栏中单击【知识对象】按钮 KO 打开知识对象面板,单击【分类】下拉列表框选择分类选项,如图 8-129 所示,然后在分类列表框中单击子类并拖动到设计窗口中的流程线上,系统自动弹出知识对象向导窗口,如图 8-130 所示,根据向导提示完成相应的设置即可。

图 8-129 知识对象面板

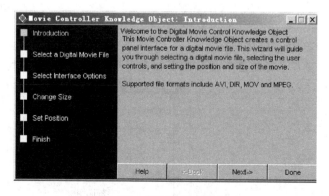

图 8-130 知识对象向导窗口

8.4.2 库和模块

1. 库

库作为 Authorware 中的一种文件类型,是若干个图标的集合。在库中可以包含显示、交互、声音、数字电影、计算 5 种图标。

库的使用可以共享使程序的数据分离,使程序和素材分离,从而使内容的组织与管理更加方便。库中的图标可以在应用程序中反复使用,减少了整个程序的数据量,提高了运行效率。

放置在流程线上的库图标称为映像图标。流程线上的映像只是库图标的链接,在库中更改库图标的内容,流程线上映像图标的内容会同步发生变化;删除库中的图标,流程线上的映像图标将不能使用。

1) 库的建立和保存

库的建立和保存需要 4 步操作,具体如下:

第一步,打开【文件】菜单,选择【新建】命令,在级联菜单中选择【库】命令,出现库窗口,如图 8-131 所示。

第二步,从图标工具栏中拖动功能图标到库窗口或者从流程线上拖动现有功能图标到库窗口建立库图标,如图 8-132 所示。

第三步,在库窗口中双击库图标打开其演示窗口,编辑库图标内容并设置其参数。

第四步,激活库窗口,打开【文件】菜单,选择【保存】命令保存库文件。

图 8-131　库窗口

图 8-132　创建库图标

2) 建立映像图标

映像图标的建立很简单,只需在库窗口中拖动库图标到流程线上即可,如图 8-133 所示。

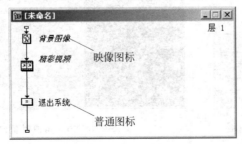

图 8-133　创建的映像图标

📖　映像图标名称的文字均为斜体显示,这是区别于普通图标的地方。

2. 模块

　　模块是包含一系列图标的组合,其作用类似于子程序。模块分为两大类,即自定义模块和知识对象。知识对象在前面已经介绍,这里不再赘述,下面重点介绍自定义模块的用法。

　　1) 模块的建立和保存

　　模块的建立和保存需要两步操作,具体如下:

　　第一步,在设计窗口中拖动鼠标选择需要建立模块的若干图标,如图 8-134 所示。注意,这些图标要具有相对独立的逻辑功能。

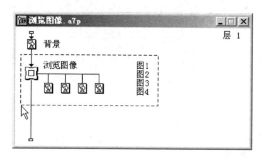

图 8-134　选择图标

　　第二步,打开【文件】菜单,选择【存为模板】命令,出现【保存在模板】对话框,对话框默认路径是 Knowledge Objects 文件夹,不要更改路径,在【文件名】文本框中输入文件名,如图 8-135 所示,单击【保存】按钮。

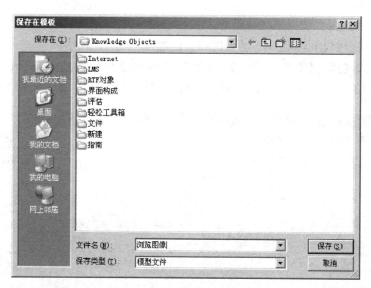

图 8-135　【保存在模板】对话框

　　2) 模块的使用

　　模块的使用分为 3 步操作,具体如下:

多媒体应用系统制作技术

第一步,在常用工具栏中单击【知识对象】按钮,打开知识对象面板。

第二步,在知识对象面板中单击【刷新】按钮,然后单击【分类】下拉列表框,选择【全部】选项,接着在分类列表框中单击新建的模块,如图 8-136 所示。

第三步,拖动新建的模块到流程线上的指定位置即可使用模块。

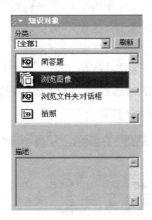

图 8-136　选择自定义模块

8.4.3　导入 GIF 动画

GIF 动画是由很多幅图像连续播放形成的。Authorware 7.0 支持 GIF89a 格式的 GIF 动画,不仅可以将动画引入程序内部,还能够作为外部文件进行链接,此外,还可以进行播放速率、显示模式等属性设置。

1. 导入方法

导入 GIF 动画需要按以下步骤进行:

第一步,在流程线上确定 GIF 动画的插入位置。

第二步,打开【插入】菜单,选择【媒体】命令,在级联菜单中选择 Animated GIF 命令,出现 Animated GIF Asset Properties 对话框,如图 8-137 所示,其主要参数含义如下。

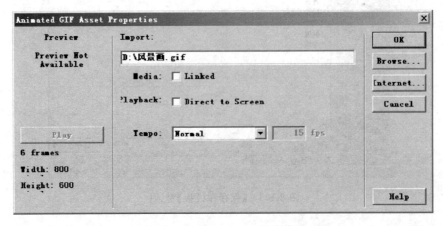

图 8-137　Animated GIF Asset Properties 对话框

- Import 文本框：用于显示当前导入的 GIF 动画文件的文件名和路径。
- Linked 复选框：用于指定是否与源动画文件建立链接。如果建立链接，GIF 动画以外部方式存储，会受到源文件路径的影响，因此不建议选中此复选框。
- Direct to Screen 复选框：用于指定直接在屏幕上显示。
- Tempo 下拉列表框：用于设置播放速率。
- Browse 按钮：用于选择 GIF 动画文件。

第三步，在对话框中单击 Browse 按钮，出现 Open animated GIF file 对话框，如图 8-138 所示，选择需要导入的 GIF 动画文件，单击【打开】按钮，返回到 Animated GIF Asset Properties 对话框，单击 OK 按钮，即可将动画导入到流程线上。

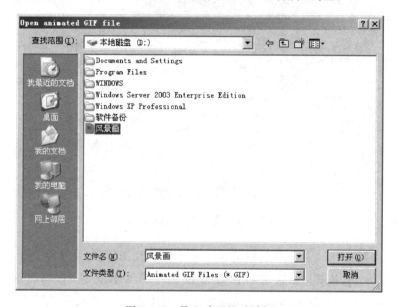

图 8-138　导入动画的对话框

2. 属性面板

在流程线上双击 GIF 动画图标，打开其属性面板，如图 8-139 所示。该属性面板由【功能】、【显示】和【版面布局】3 个选项卡组成。

图 8-139　GIF 动画图标的属性面板

8.4.4　打包应用程序

在应用程序制作完成后需要将其打包成可执行文件，以便跨平台使用，增强可移植性。

打开【文件】菜单,选择【发布】命令,在级联菜单中选择【发布设置】命令,出现【一键发布】对话框,设置该对话框中【格式】、【打包】选项卡的参数后单击【发布】按钮即可发布为可执行文件。

1.【格式】选项卡

【格式】选项卡如图 8-140 所示,主要参数含义如下。

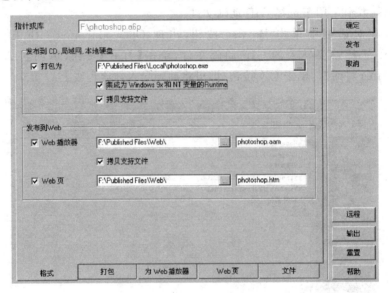

图 8-140 【一键发布】对话框

- 【打包为】复选框:列出打包后的应用系统路径及文件名,系统默认为 a7r 文件。单击右侧的 <u>...</u> 按钮,可以重新设置打包文件路径和文件名。a7r 文件必须通过 Authorware 7.0 的 runa6w32.exe 程序调用才能运行,因此不是可执行文件。

- 【集成为 Windows 9x 和 NT 变量的 Runtime】复选框:用于使打包后的应用系统完全脱离 Authorware 环境,生成扩展名为 .exe 的可执行文件。

- 【拷贝支持文件】复选框:用于指定系统将应用系统所涉及的文件自动复制到打包程序所在的路径。

- 【Web 播放器】复选框:用于在互联网上发布,通过浏览器进行浏览,但必须安装 Macromedia 的 Web Player 插件。

- 【Web 页】复选框:用于在互联网上发布,通过浏览器进行浏览,但必须安装 Macromedia 的 Shockwave 插件。

2.【打包】选项卡

【打包】选项卡如图 8-141 所示,主要参数含义如下。

图 8-141 【打包】选项卡

- 【打包所有库在内】复选框：用于将所有与文件有链接的库图标打包成文件的一部分，即将库和文件打包成一个大文件。
- 【打包外部媒体在内】复选框：用于将所有外部的媒体打包成文件的一部分，特别是在应用程序中导入视频、音频、动画等文件时必须选中此复选框，否则在可执行文件中这些文件有可能无法正常显示。
- 【仅为引用图标】复选框：用于将库中与当前程序有链接关系的图标打包。
- 【重组断开的链接在 Runtime】复选框：对包含库的程序文件，系统自动对其链接进行调整。为了使程序运行过程中不出现问题，最好选中此复选框，让 Authorware 自动处理断链。

8.5 "温室效应"多媒体应用系统制作实例

本书配套素材中的"《温室效应》多媒体应用系统"文件夹中提供了一个已开发好的多媒体应用系统，双击"温室效应.exe"文件可以演示该系统。

"温室效应"多媒体应用系统是一个以介绍温室效应为主的系统，具有学习、测试、娱乐等功能。

"温室效应"多媒体应用系统具有登录、目录、学习、测试、轻松一下、娱乐、结束 7 个界面，下面逐一对各个界面的制作过程进行介绍。

8.5.1 登录界面的制作

登录界面要求输入登录密码，密码正确进入系统，否则不能进入系统，效果如图 8-142 所示，其操作过程如下：

(1) 建立一个新文件，打开【修改】菜单，选择【文件】命令，出现级联菜单，选择【属性】命令打开文件属性面板，在【回放】选项卡的【大小】下拉列表框中选择【800×600】选项。

(2) 在图标工具栏中单击群组图标并拖动到主流程线上，命名为"登录系统"。

(3) 双击"登录系统"图标，打开其设计窗口。在图标工具栏中拖动声音图标到支流程线上，命名为"背景乐"。双击"背景乐"图标，在属性面板中单击【导入】按钮，选择素材文件"背景乐.mp3"，并设置参数如图 8-143 所示，然后按 Enter 键，系统自动弹出【新建变量】对话框，将 x 变量的初始值设置为 0，单击【确定】按钮退出。

(4) 打开"登录系统"图标的设计窗口，在图标工具栏中拖动显示图标到支流程线上，命名为"登录界面"。打开"登录界面"演示窗口，打开【文件】菜单，选择【导入和导出】命令，在级联菜单中选择【导入媒体】命令，出现【导入文件】对话框，选择素材文件"登录背景.jpg"，然后在工具箱中单击文本工具，输入文本"请输入登录密码"，并设置其大小、颜色、字体等属性，效果如图 8-143 所示。

(5) 在图标工具栏中拖动交互图标到支流程线上，命名为"登录交互"。然后在图标工具栏中拖动一个群组图标到"登录交互"图标的右侧，出现【交互类型】对话框，选择【文本输入】单选按钮，单击【确定】按钮退出，将此响应图标命名为"密码"。双击"密码"响应图标的响应标记，打开其属性面板，在【文本输入】选项卡的【模式】文本框中输入 1234，在【响应】选项卡的【分支】下拉列表框中选择【退出交互】选项，其他参数使用默认值。

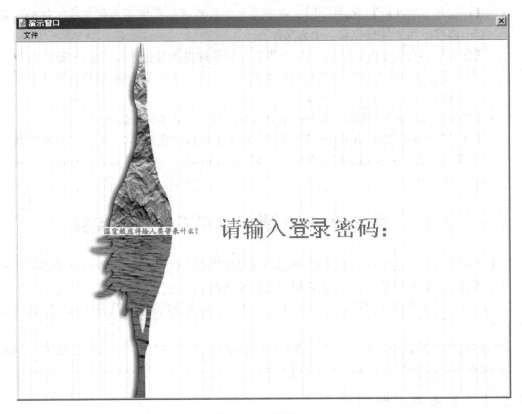

图 8-142　登录界面

图 8-143　"背景乐"图标属性面板

（6）打开"登录界面"图标的演示窗口，按住 Shift 键双击"登录交互"图标，将文本输入框和登录背景图像显示在一个演示窗口中，然后设置文本输入框中文本的字体、颜色、大小等属性，并调整文本输入框的大小、位置等参数，如图 8-144 所示。

（7）双击"登录系统"图标设计窗口，其支流程线上的图标如图 8-145 所示。然后单击常用工具栏中的【运行】按钮预览程序效果。

8.5.2　目录界面的制作

目录界面用于显示系统目录。当将鼠标指针放置在目录文本上方时，目录文本变色且配有音效，单击目录文本可进入学习界面，目录界面效果如图 8-146 所示。

（1）在图标工具栏中单击群组图标并拖动到主流程线上，命名为"进入系统"。

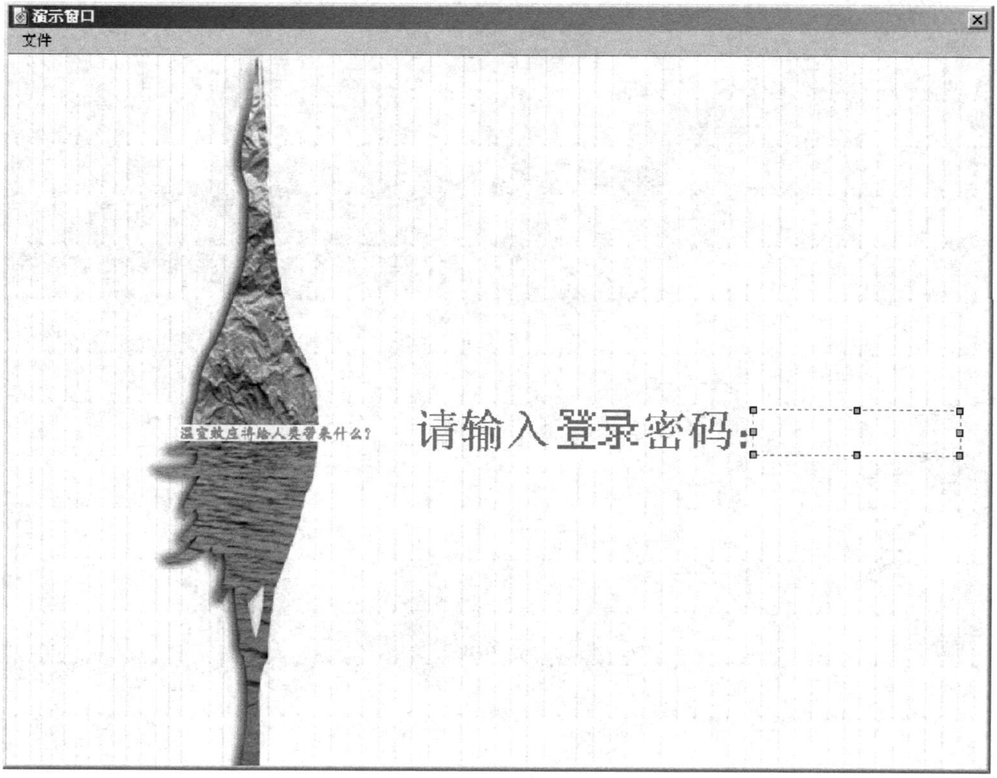

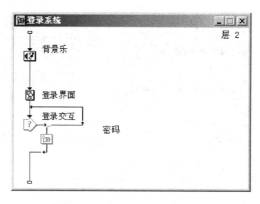

图 8-144　文本输入框

图 8-145　"登录系统"设计窗口

（2）打开"进入系统"设计窗口，拖动图标工具栏上的显示图标到支流程线上，命名为"目录"。双击"目录"图标，打开演示窗口，导入素材文件"目录背景.jpg"，调整其位置、大小等参数，然后单击"目录"图标属性面板中的【特效】按钮，出现【特效方式】对话框，设置参数如图 8-147 所示，单击【确定】按钮，接着在工具箱中单击文本工具，依次输入"概述"、"形成原因"等文本，并调整大小、位置、颜色、排列等参数，效果如图 8-146 所示。

（3）在图标工具栏中拖动交互图标到"进入系统"设计窗口的支流程线上，命名为"进入目录"，再拖动群组图标到"进入目录"图标的右侧，设置为热区域响应，并命名为"概述 1"。

多媒体应用系统制作技术

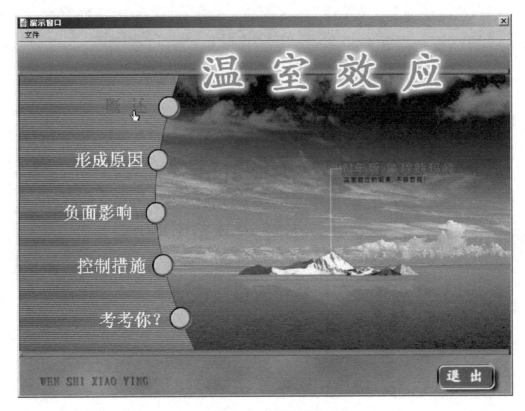

图 8-146　目录界面

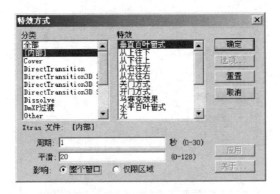

图 8-147　"目录"图标特效设置

（4）双击"概述 1"响应图标的响应类型标记，打开其属性面板，设置【热区域】选项卡参数如图 8-148 所示、【响应】选项卡参数如图 8-149 所示。

（5）打开"目录"图标的演示窗口，按住 Shift 键双击"进入目录"图标，调整"概述 1"热区域框的大小、位置，如图 8-150 所示。

（6）双击"概述 1"图标，打开其设计窗口。从图标工具栏中拖动显示图标到"概述 1"图标的支流程线上，命名为"变色文本"。打开"目录"图标的演示窗口，选择"概述"文本，按Ctrl＋C 组合键复制文本，然后打开"变色文本"演示窗口，按 Ctrl＋V 组合键粘贴文本，并

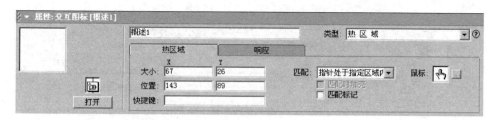

图 8-148 "概述 1"图标的【热区域】选项卡

图 8-149 "概述 1"图标的【响应】选项卡

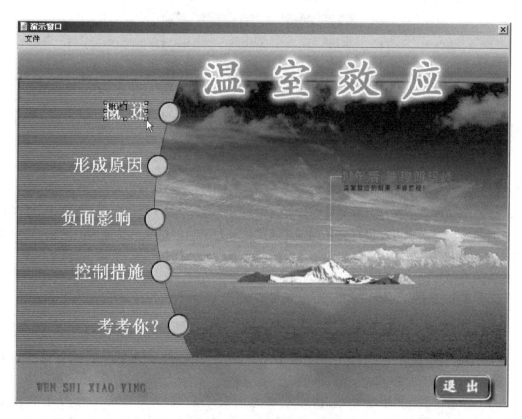

图 8-150 "概述 1"热区域框

调整粘贴文本的颜色。

（7）在图标工具栏中拖动声音图标到"概述 1"图标的支流程线上，命名为"音效"。双击"音效"图标，打开其属性面板，导入素材文件"目录音效.wav"，其他参数如图 8-151 所示。

图 8-151 "音效"图标参数

(8) 在图标工具栏中拖动群组图标到"进入目录"图标的右侧,命名为"概述 2"。双击"概述 2"图标的响应标记,在其属性面板的【匹配】下拉列表框中选择【单击】选项,在【擦除】下拉列表框中选择【在下一次输入之后】选项,其他参数和"概述 1"图标相同。

(9) 打开"目录"图标的演示窗口,按住 Shift 键双击"进入目录"图标,调整"概述 2"热区域框参数使其与"概述 1"热区域框重合。

(10) 其他目录与上述操作相同,这里不再赘述。"进入系统"图标设计窗口如图 8-152 所示。

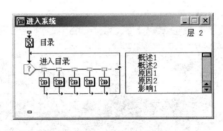

图 8-152 "进入系统"设计窗口

8.5.3 学习界面的制作

学习界面的功能是显示有关温室效应知识的文本内容供用户学习,单击界面中的【开始配音】按钮,将对文本内容进行配音,单击【返回目录】按钮,将返回到目录界面。除了"考考你?"、"退出"模块以外,目录界面中其他模块的学习界面及操作相同,下面以"概述"的学习界面为例介绍其操作过程,界面效果如图 8-153 所示。

(1) 双击"概述 2"图标,打开其设计窗口。在图标工具栏中拖动显示图标到"概述 2"设计窗口的支流程线上,命名为"概述界面"。

(2) 打开"概述界面"的演示窗口,导入素材文件"学习背景.jpg"和"分割线.jpg",并调整其大小和位置,然后在工具箱中单击文本工具,输入如图 8-153 所示的文本,并调整其大小、颜色等参数。

(3) 在图标工具栏中拖动交互图标到"概述 2"设计窗口的支流程线上,命名为"概述交互",再拖动一个群组图标到"概述交互"图标的右侧,出现【交互类型】对话框,选中【按钮】单选按钮,并将其命名为"配音"。

(4) 双击"配音"图标的响应类型标记,打开其属性面板,单击【按钮】按钮,将"开始配音.jpg"设置为按钮;单击【鼠标】按钮,将鼠标指针设置为 形状,其他参数如图 8-154 所示。

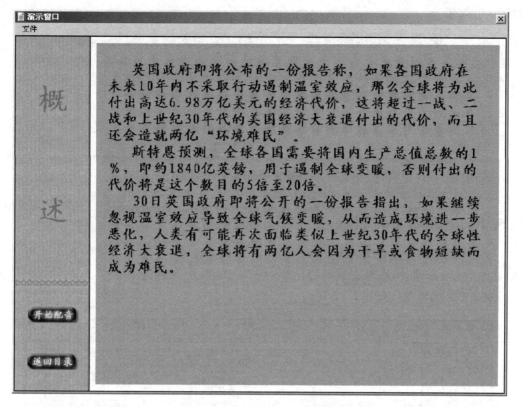

图 8-153 "概述"的学习界面

（5）打开"概述界面"图标演示窗口，按住 Shift 键双击"概述交互"图标，调整"配音"按钮的位置，如图 8-153 所示。

图 8-154 "配音"图标参数

（6）双击"配音"图标，打开其设计窗口，然后在图标工具栏中拖动声音图标到"配音"图标的支流程线上，命名为"概述配音"。打开"概述配音"图标的属性面板，单击【导入】按钮，导入"概述配音.mp3"，并设置其参数如图 8-151 所示。

（7）在图标工具栏中拖动计算图标到"配音"图标的右侧，命名为"返回目录"。双击"返回目录"图标的响应类型标记，打开其属性面板，单击【按钮】按钮，将"返回目录.jpg"设置为按钮；单击【鼠标】按钮，将鼠标指针设置为 形状，其他参数如图 8-154 所示。此外，打开"概述交互"图标的演示窗口，调整"返回目录"按钮的位置，如图 8-153 所示。

（8）双击"返回目录"图标，打开计算窗口，输入"GoTo(IconID@"目录")"语句。

（9）"概述 2"和"配音"设计窗口如图 8-155 所示，单击常用工具栏中的【运行】按钮预览程序执行效果。

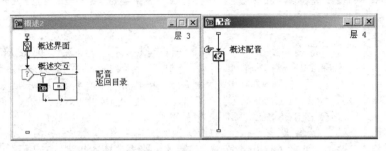

图 8-155　"概述 2"和"配音"设计窗口

8.5.4　测试界面的制作

测试界面的功能是对学习温室效应的相关知识进行考核。测试界面中共有 4 道选择题,如图 8-156 所示,当结果正确时提示答对了,当结果错误时提示答错了,如图 8-157 所示。测试界面的操作过程如下:

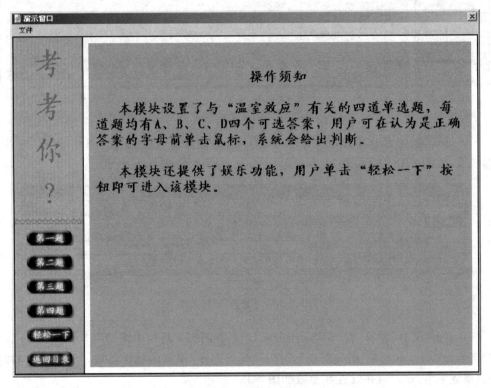

图 8-156　测试界面

(1) 双击"测试 2"图标,打开其设计窗口。在图标工具栏中拖动显示图标到"测试 2"设计窗口的支流程线上,命名为"测试界面",然后双击"测试界面"图标,打开其演示窗口,导入素材文件"学习背景.jpg"和"分割线.jpg",并调整导入图像的大小和位置,如图 8-156 所示。

(2) 在图标工具栏中拖动显示图标到"测试 2"设计窗口的支流程线上,命名为"测试内

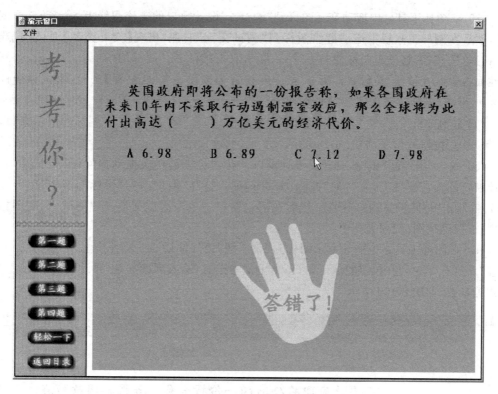

图 8-157　测试结果界面

容"。打开"测试内容"的演示窗口,单击文本工具,输入测试文本,并设置其大小、颜色、模式等参数,如图 8-158 所示。

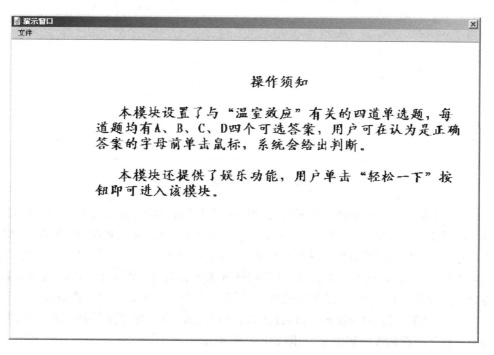

图 8-158　测试文本

(3) 在图标工具栏中拖动交互图标到"测试 2"设计窗口的支流程线上,命名为"测试交互",然后在图标工具栏中拖动群组图标到"测试交互"右侧,出现【交互类型】对话框,选中【按钮】单选按钮,将群组图标命名为"第一题",双击"第一题"图标的响应类型标记,打开其属性面板,单击【按钮】按钮,将"第一题.jpg"设置为按钮;单击【鼠标】按钮,将鼠标指针设置为 ⍟ 形状,其他参数如图 8-154 所示。

(4) 按住 Shift 键,依次打开"测试界面"、"测试内容"和"测试交互"图标的演示窗口,调整"第一题"按钮的位置,如图 8-156 所示。

(5) 双击"第一题"图标,打开其设计窗口。在图标工具栏中拖动擦除图标到"第一题"设计窗口的支流程线上,命名为"擦除测试内容"。打开"测试内容"图标的演示窗口,按住 Shift 键双击"擦除测试内容"图标,然后在演示窗口中单击测试文本,将"测试内容"图标添加到【被擦除的图标】列表框中。

(6) 在图标工具栏中拖动显示图标到"第一题"设计窗口的支流程线上,命名为"第一题内容"。打开"第一题内容"的演示窗口,单击文本工具,输入测试文本,并设置其大小、颜色、模式等参数,如图 8-159 所示。

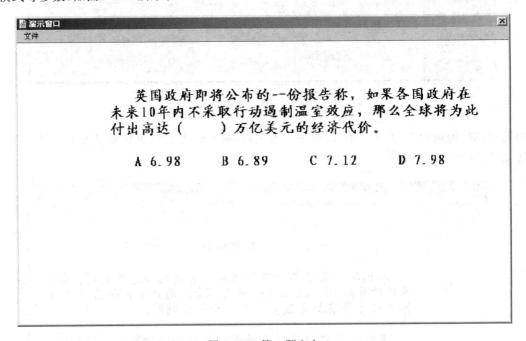

图 8-159　第一题文本

(7) 在图标工具栏中拖动交互图标到"第一题"设计窗口的支流程线上,命名为"第一题交互",然后拖动群组图标到"第一题"交互图标的右侧,设置为热区域响应,命名为"A",接着依次拖动 3 个群组图标到"A"图标的右侧,分别命名为"B"、"C"、"D"。双击"A"响应图标的响应类型标记,打开其属性面板,【热区域】选项卡参数设置如图 8-160 所示,【响应】选项卡参数设置如图 8-161 所示。重复上述操作,设置"B"、"C"、"D"图标的属性面板。

(8) 打开"第一题"内容演示窗口,按住 Shift 键双击"第一题交互"图标,在演示窗口中调整 4 个热区域框的大小和位置,如图 8-162 所示。

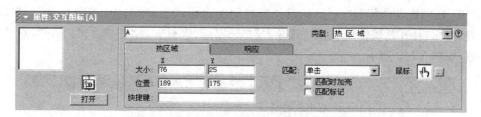

图 8-160 "A"图标的【热区域】选项卡参数

图 8-161 "A"图标的【响应】选项卡参数

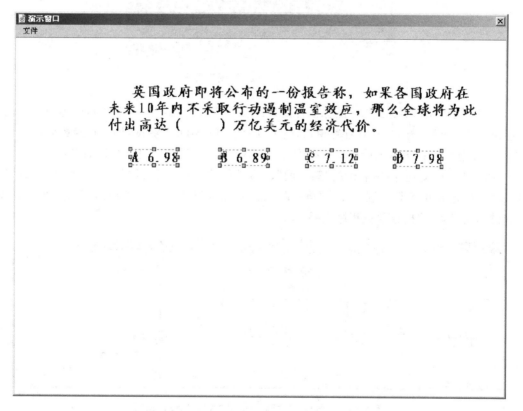

图 8-162 热区域框设置

（9）打开"A"图标的设计窗口,在图标工具栏中拖动显示图标到"A"图标设计窗口的支流程线上,命名为"正确答案"。打开"正确答案"的演示窗口,导入素材文件"答对了.jpg",并调整图像的位置和大小。

（10）拖动声音图标到"A"图标设计窗口的支流程线上，命名为"答案音效"。双击"答案音效"图标，打开其属性面板，单击【导入】按钮，导入素材文件"正确音效.wav"，并设置其他参数，如图 8-163 所示。

图 8-163 "答案音效"图标参数

（11）拖动等待图标到"A"图标设计窗口的支流程线上，命名为"等待 2 秒"。双击"等待2 秒"图标，设置其参数如图 8-164 所示。

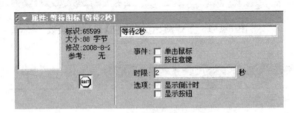

图 8-164 "等待 2 秒"图标参数

（12）拖动计算图标到"A"图标设计窗口的支流程线上，命名为"返回测试界面"。双击"返回测试界面"图标，打开其计算窗口，输入"GoTo(IconID@"测试界面")"函数语句。

（13）重复"A"图标设计窗口的操作，完成"B"、"C"、"D"图标设计窗口的设置。

（14）"测试交互"图标右侧的"第二题"、"第三题"等响应图标的操作方法与"第一题"图标相同，在此不再赘述。"测试 2"、"第一题"和"A"图标设计窗口如图 8-165 所示，单击常用工具栏中的【运行】按钮预览程序效果。

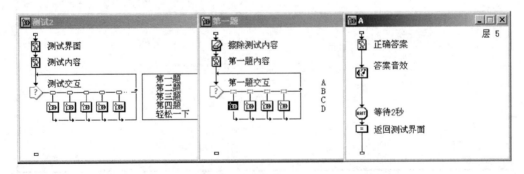

图 8-165 "测试 2"、"第一题"和"A"图标设计窗口

8.5.5 "轻松一下"界面的制作

"轻松一下"界面的功能是在学习和测试之后为用户提供一个娱乐环境。在测试界面中单击【轻松一下】按钮即可进入"轻松一下"界面，如图 8-166 所示，单击"轻松一下"界面中的

水晶球会进入到相应的娱乐界面。"轻松一下"界面的制作过程如下：

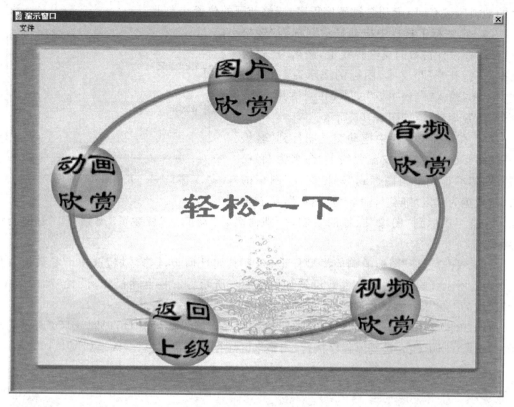

图 8-166　"轻松一下"界面

（1）在"测试 2"图标设计窗口中双击"轻松一下"图标，打开其设计窗口。在图标工具栏中拖动声音图标到"轻松一下"图标设计窗口的支流程线上，命名为"轻松背景乐"。双击"轻松背景乐"图标，在属性面板中单击【导入】按钮，选择素材文件"轻松一下背景乐. mp3"，并设置参数如图 8-167 所示，然后按 Enter 键，系统会自动弹出【新建变量】对话框，将 y 变量的初始值设置为 0，单击【确定】按钮退出。

图 8-167　"轻松背景乐"图标参数

（2）打开【插入】菜单，选择【媒体】命令，在级联菜单中选择 Animated GIF 命令，出现 Animated GIF Asset Properties 对话框，导入素材文件"轻松一下. gif"，并将图标命名为"轻松动画"。

（3）拖动图标工具栏中的开始标志旗到"轻松一下"图标设计窗口的支流程线上，如

多媒体应用系统制作技术

图 8-168 所示,单击常用工具栏中的【运行】按钮执行程序,当运行界面中出现如图 8-166 所示的动画后按 Ctrl＋P 组合键暂停程序,调整动画的位置和大小。

(4) 在图标工具栏中拖动显示图标到"轻松一下"图标设计窗口的支流程线上,命名为"轻松文本"。打开"轻松文本"图标的演示窗口,单击文本工具,输入"轻松一下"文本,并调整其大小、颜色、位置等参数,如图 8-166 所示。

(5) 在图标工具栏中拖动交互图标到"轻松一下"图标设计窗口的支流程线上,命名为"轻松交互",然后拖动群组图标到"轻松交互"图标的右侧,设置为热区域响应,命名为"图像",接着拖动 4 个群组图标到"图像"图标的右侧,分别命名为"动画"、"音频"、"视频"和"返回测试界面"。

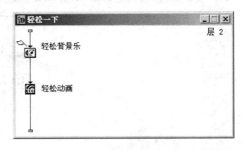

图 8-168　开始标志旗的位置

(6) 双击"图像"图标的响应类型标记,打开其属性面板,【热区域】选项卡参数设置如图 8-160 所示,【响应】选项卡参数设置如图 8-161 所示。重复上述操作,设置"动画"、"音频"、"视频"和"返回测试界面"图标的属性面板。

(7) 单击常用工具栏中的【运行】按钮执行程序,当运行界面中出现图 8-166 所示的动画后,按 Ctrl＋P 组合键暂停程序执行,调整热区域框的大小和位置,效果如图 8-169 所示。

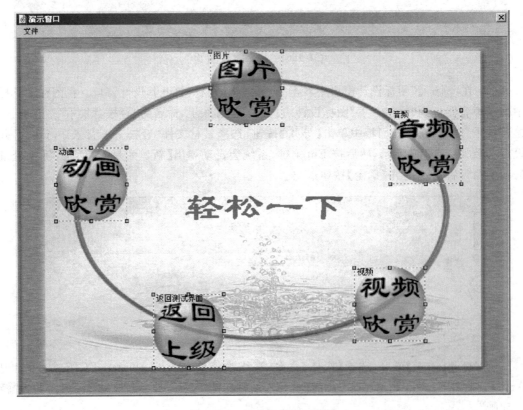

图 8-169　调整后的热区域框

（8）"轻松一下"图标的设计窗口如图 8-170 所示。

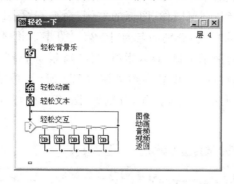

图 8-170　设计窗口

8.5.6　娱乐界面的制作

娱乐界面的功能是欣赏利用多媒体编辑软件制作的作品，包括图像、音频、视频、动画等。因为图像、音频、视频、动画等娱乐界面的操作步骤基本相同，下面以图像的娱乐界面为例介绍其制作过程，对其他的娱乐界面不再赘述。图像的娱乐界面效果如图 8-171 所示，单击【第一幅】等功能按钮可以上下切换图像，单击【返回上一级】按钮可以返回到"轻松背景乐"图标，其操作步骤如下：

图 8-171　娱乐界面

（1）在"轻松一下"图标的设计窗口中双击"图像"群组图标，打开其设计窗口。从图标工具栏中拖动显示图标到"图像"图标设计窗口的支流程线上，命名为"图像背景"，然后打开"图像背景"的演示窗口，导入素材文件"娱乐背景.jpg"，并调整其大小和位置。

多媒体应用系统制作技术

（2）从图标工具栏中拖动框架图标到"图像"图标设计窗口的支流程线上，命名为"浏览图像"，然后拖动显示图标到"浏览图像"图标的右侧，命名为"图 1"。重复操作，依次创建 5 个显示图标到"图 1"图标的右侧，分别命名为"图 2"、"图 3"、"图 4"、"图 5"、"图 6"。

（3）打开"图 1"图标的演示窗口，导入素材文件"风景 1.jpg"，在其属性面板中单击【特效】按钮，出现【特效方式】对话框，设置参数如图 8-172 所示，单击【确定】按钮返回属性面板，然后调整图像的位置、大小。重复操作，分别为"图 2"等图标导入风景图像，并调整其位置、大小。

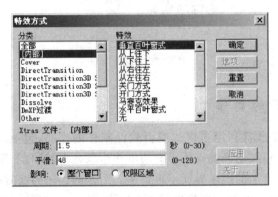

图 8-172　设置特效参数

（4）双击"浏览图像"图标，打开其设计窗口。单击"Gray Navigation Panel"图标，按 Delete 键将其删除，重复操作，依次将"Go back"、"Recent pages"、"Find"、"Exit framework"4 个响应图标删除。此外，将"Navigation hyperlinks"交互图标重命名为"图像交互"，将"First page"、"Previous page"、"Next page"、"Last page"4 个响应图标分别重命名为"第一幅"、"上一幅"、"下一幅"、"最后一幅"。

（5）从图标工具栏中拖动计算图标到"最后一幅"图标的右侧，命名为"返回轻松背景乐"。双击"返回轻松背景乐"图标，打开计算窗口，输入"GoTo(IconID@ "轻松背景乐")"函数语句。

（6）双击"第一幅"响应图标的响应类型标记，打开属性面板，单击【按钮】按钮，将素材文件"第一幅.jpg"设置为按钮形状。重复操作，改变"第二幅"等图标的响应按钮形状。

（7）打开"图像背景"的演示窗口，按住 Shift 键双击"图像交互"图标。在演示窗口中调整按钮图像的排列和位置，如图 8-171 所示。

（8）"图像"和"浏览图像"图标的设计窗口如图 8-173 所示。

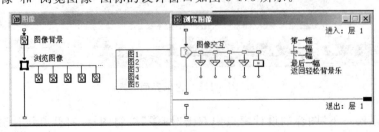

图 8-173　"图像"和"浏览图像"图标设计窗口

8.5.7 结束界面的制作

在目录界面中单击右下角的【退出】按钮，即可打开结束界面，如图 8-174 所示。结束界面的功能是退出"温室效应"多媒体应用系统，并给出文字说明，其操作步骤如下：

图 8-174　结束界面

(1) 在主流程线上双击"进入系统"图标，打开其设计窗口，然后双击"进入目录"图标右侧的"退出 2"图标，打开其设计窗口。

(2) 从图标工具栏中拖动擦除图标到"退出 2"图标设计窗口的支流程线上，命名为"擦除目录"。打开"目录"图标的演示窗口，按住 Shift 键双击"擦除目录"图标，在演示窗口中单击，"目录"图标显示在【被擦除的图标】列表框中，然后设置垂直百叶窗的擦除方式，如图 8-175 所示。

图 8-175　"擦除目录"图标参数

(3) 从图标工具栏中拖动显示图标到"退出 2"图标设计窗口的支流程线上，命名为"结束界面"。打开"结束界面"的演示窗口，导入素材文件"结束背景.jpg"并调整其大小、位置，然后在工具箱中单击文本工具，输入图 8-174 所示的文本，设置其颜色、模式、大小等参数。

（4）在图标工具栏中拖动等待图标到"退出2"图标设计窗口的支流程线上，命名为"等待7秒"。双击"等待7秒"图标，打开其属性面板，在【时限】文本框中输入7，其他复选框不选。

（5）在图标工具栏中拖动计算图标到"退出2"图标设计窗口的支流程线上，命名为"退出系统"。打开"退出系统"图标的计算窗口，输入"Quit(0)"函数语句。

（6）"退出2"图标的设计窗口如图8-176所示，整个应用系统的设计窗口如图8-177所示。

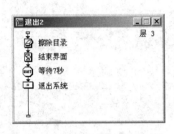

图8-176 "退出2"设计窗口

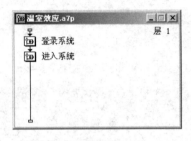

图8-177 整个系统设计窗口

（7）单击常用工具栏中的【运行】按钮执行程序，预览效果。打开【文件】菜单，选择【保存】命令，将程序保存。

8.6 习　　题

一、单选题

1. 基于图标的多媒体制作工具代表有（　　）。

　　A. Director　　　　　B. Authorware　　　　C. ToolBook　　　　D. Action

2. 在 Authorware 的演示窗口中绘制矩形需要使用（　　）图标。

　　A. 显示　　　　　　B. 移动　　　　　　C. 擦除　　　　　　D. 等待

3. 在 Authorware 中共有（　　）种响应类型。

　　A. 13　　　　　　　B. 12　　　　　　　C. 11　　　　　　　D. 10

4. 等待图标的作用是（　　）。

　　A. 停止程序的运行　　　　　　　　　B. 暂停程序运行

　　C. 暂停程序运行，通过交互可以继续运行　D. 程序等待

5. 以下是框架图标的是（　　）。

　　A. ▨　　　　　　B. ▨　　　　　　C. ▨　　　　　　D. ▤

6. 在交互过程中，使用文本输入响应类型设计"登录密码"的程序时，给错误密码响应图标命名为"＊"，表示（　　）。

　　A. 任意一个字符，这里的图标名称"＊"是通配符

　　B. 当输入"＊"符号时属于错误密码，退出交互

　　C. 任意多个字符，这里的图标名称"＊"是通配符

　　D. 没有实际意义

7. 打开功能图标的属性面板的操作是( )。

    A. 打开【编辑】菜单,选择【图标属性】命令

    B. 打开【修改】菜单,选择【图标】命令,在级联菜单中选择【属性】命令

    C. 打开【修改】菜单,选择【图标属性】命令

    D. 打开【编辑】菜单,选择【图标】命令,在级联菜单中选择【属性】命令

8. 在 Authorware 中打包的作用是( )。

    A. 保存文件,以便以后使用

    B. 生成 EXE 文件,但不能脱离 Authorware 环境运行

    C. 生成 EXE 文件,可以脱离 Authorware 环境运行

    D. 生成 BAT 文件,可以脱离 Authorware 环境运行

二、简答题

1. 简述多媒体制作工具的功能和特点。

2. 简述多媒体制作工具的分类及其各自的结构特点。

3. 简述 Authorware 7.0 的特点及新增功能。

4. 简述 Authorware 中移动图标的 5 种移动方式及它们的区别。

5. 简述 Authorware 交互过程中热区域和热对象响应有何异同。

6. 简述知识对象和库的概念及其应用场合。

第9章 多媒体应用系统设计原则

9.1 多媒体应用系统创意设计

9.1.1 多媒体应用系统创意设计简介

哲学家康德曾经说过:"想象力作为一种创新的认识能力是一种强大的创新力量,它从实际所提供的材料中创造出第二自然"。这就要求在进行设计时突破习惯性思维定式,从不同的视角看待事物,进行思考,做出与众不同的作品,这就是所谓的创意设计。

创意设计是多媒体系统具有活泼性和吸引力的重要来源,好的创意不仅使应用系统独具特色,也大大提高了系统的可用性和可视性。精彩的创意为整个多媒体系统注入生命与色彩,多媒体应用系统之所以有巨大的诱惑力,主要因为它具有丰富多彩的多种媒体同步表现形式和直观灵活的交互功能,而成功的创意则是使一个多媒体系统脱颖而出的不可或缺的成分。

9.1.2 多媒体应用系统创意的实施方法

在进行多媒体应用系统的创意设计时应遵循以下基本原则。

(1) 要在媒体的"呈现"和"交互"上做文章:在人机交互界面和屏幕设计上下工夫,人机交互界面是整个系统的"脸面",一个成功的多媒体系统应该能够在第一时间抓住观众的视线,并引发他们进一步观赏或应用的欲望,界面的整体设计、配色以及交互的友好性、易用性都是需要重点考虑的元素。

(2) 应关注各种媒体信息在时间和空间上的同步表现:要对计算机屏幕进行空间划分,在空间与时间轴上进行立体构思,组建并构成和谐的设计蓝图。用户在体验一个成功的多媒体系统时是一种动态的、时间和空间同步进行的过程,若空间的转换与用户期待的下一时刻的结果不能对应,则会产生不舒服的感觉,因此要反复进行系统运行测试,进行最完善的时空同步。

(3) 追求艺术性原则:所谓艺术性原则是指多媒体系统的画面、声音等要素的表现要符合审美的规律,在不违背科学性和教育性的前提下使内容的呈现具有艺术的表现力和感染力。对多媒体系统进行创意设计可以从构思、色彩、造型、光线、景物、道具解说词、音乐处理、特技、动画、交互、场景切换等方面展开,对多媒体应用系统的艺术性进行评价时应该考虑是否符合感知原则、美学原则;构思是否巧妙新颖;色彩运用是否合理;解说词、音乐处理是否恰当;所用特技、动画、美工是否能够表达主题等。

(4) 遵循科学性原则:虽然强调好的创意是多媒体应用系统的灵魂,但我们必须正视这样一个前提——多媒体应用系统的开发是以技术为基础的,在具体的应用系统设计中要充分考虑到所采用的编程环境或创作工具的功能与特点,特别是计算机资源,不要创意脱离实际的应用设计。

在进行系统中媒体创意设计时应注意以下两点:

(1) 图像、动画、音乐及效果设计特别讲究灵感,包括一个小小 Logo 的设计,这样的细节往往可以体现整个系统制作的精良性,应尽量与专业人员讨论沟通。

(2) 创意设计要注意紧扣主题,对准设计目标,不可一味地追求新、奇、特,否则会喧宾夺主、得不偿失。

9.2 多媒体应用系统开发的美学基础

美学不依赖于计算机知识,是美术设计的基础,是由多种因素共同构成的项目,通过绘画,对多种色彩的运用与搭配,设计多个对象在空间的摆放关系等具体的艺术手段,增加设计的人性化和美感,包含了平面构成、色彩设计和视觉效果等要素。

用多媒体技术开发的产品由于具备多种媒体同时展示的能力,因此格外讲究美观、实用,并且符合人们的审美观念和阅读习惯。在多媒体产品的开发过程中,人们已经不满足那种千篇一律的呆板面孔,而是希望在软件设计和开发中充分运用美学概念开发具有审美情趣的软件界面,设计符合视觉习惯的显示模式,实现使用方便的控制功能等特点的产品,因此了解和掌握必要的美学基础对设计一个成功的多媒体应用系统十分必要。

9.2.1 平面构图

平面构成是美学的逻辑规则,主要研究若干对象之间的位置关系,随着人们对平面构成的深入研究,已经把平面构成归纳为对版面上的"点"、"线"、"面"的想象研究。而平面构图是平面构成的具体形式,主要针对平面上两个或两个以上的对象进行设计和研究,以美学为基础的平面构图遵循一定的规则,以便更好地表达设计的意图和思想。多媒体作品在设计中引入了构图的规则,那么它的操作界面和演示画面将更加符合美学要求、更加人性化。

在二维平面中,各种视觉媒体元素(如文字、图像、图形等)占有自己的位置,相互之间又可形成层叠、排列、交叉等关系,不同的构成可以体现不同的视觉效果,下面介绍几种常见的构图规则。

(1) 突出艺术性和装饰性:所谓艺术性是指追求感觉、时尚和个性,装饰性则大多追求效果、夸张和比喻。

(2) 突出整体性与协调性:整体性追求表现形式和内容的整体效果,强调完整不可分割的艺术效果;协调性则把多个对象素材协调布局,强调版式上和内容上的协调统一,具有匀称、协调、均衡的视觉效果。

(3) 点、线、面的构图规则:所谓点、线、面主要是指构图的 3 种不同形式,一个平面作品如果突出了其中一种构图形式,则该作品就体现了该形式所具有的属性和视觉效果。点、线、面的构图规则是在长期的研究和探索中总结归纳出来的,具有普遍意义,是版面构成的重要组成部分。

- 点的构图规则:版面上的主题以点的形式存在,为突出局部效果而设计,这样在观察以点的形式表现的主体时会不由自主地观察局部的细节,产生了突出主题的视觉效果。在图 9-1 中以眼睛为点的构图突出了爱眼日的设计主题。

- 线的构图规则:使用直线或曲线对需要表现的内容进行分割,类型划分,或者只是纯粹的装饰,以此实现版面的多样性、突出思想性和鲜明的个性。图 9-2 巧妙地利用字母 T 作为线条设计元素,使整个画面充满设计感。

- 面的构图规则:面的构图需要占据大空间,比点、线的视觉效果更加强烈,一目了然。面的使用有两种形式,即几何形式和自由形式。几何形式的面往往把平面几何图形进行错落有序的摆放,形成纵深感和层次感,版面内容丰富充实,具有浑然一体的视觉效果,如图 9-3 所示。自由形式的面往往根据设计者的意图进行设计,可以突出一个画面的整体效果。

图 9-1　点的构图形式

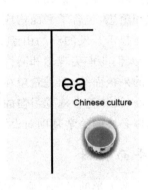

图 9-2　线的构图形式

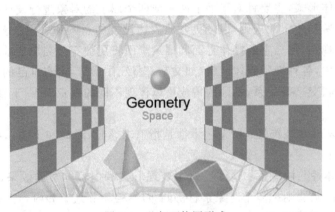

图 9-3　几何面构图形式

　　(4) 突出重复性与交错性:当多个对象在同一个版面中时可通过重复性和交错性技巧达到特殊效果的构图,尤其是在设计背景时这种设计方式更为常用。重复性是指多个形态一致的对象进行规则排列,产生整齐划一的视觉效果;交错性是指多个对象交错排列,使整个画面呈现错落有序的效果,能够避免呆板的感觉。图 9-5 中交错的图案设计避免了图 9-4

中过于整齐所带来的呆板感。

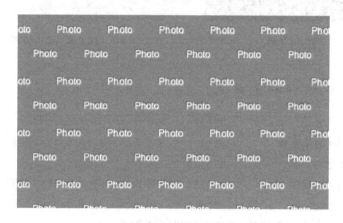

图 9-4　重复性设计

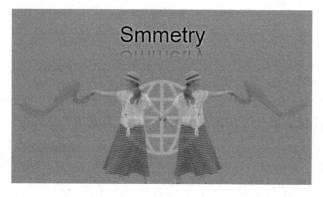

图 9-5　交错性设计

（5）突出对称性与平衡性：对称是对同一个对象做上下、左右、对角线或者镜像效果的处理，从而产生一种和谐的美感，对称版面的特点是平衡、整齐和稳重。图 9-6 以对称圆为轴心，利用人物的水平镜面效果产生对称性美感。上方的文字设计则利用文字的垂直翻转，然后设置半透明和隐藏局部模拟了文字的倒影效果。

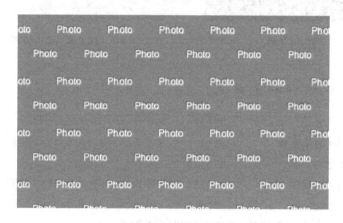

图 9-6　对称性设计

(6) 突出对比性和调和性：对比性强调两个或多个对象的差异,这些差异可以是尺寸、明暗、色彩的对比,直线和曲线的对比,动态与静态的对比等。采用对比手法设计的版面具有强烈的视觉冲击力,醒目、有个性,使观赏者受到震撼。在版面的美学设计中往往利用调和性设计版面的整体,而利用对比性设计局部,以达到整体和谐、突出主题的目的。图 9-7 利用黑、白两色的对比对文字进行了突出设计。调和性与对比性正好相反,它强调两个或者多个对象的近似性和共性,具有舒适、平和、统一的视觉效果,如图 9-8 所示。

图 9-7　突出对比性

图 9-8　突出协调性

9.2.2　色彩设计和视觉效果

色彩是美学的重要组成部分,它的构成也是最有规律和充满感性的,色彩设计是根据不同的目的而进行的色彩搭配。

1. 三原色概念

自然界中物体本身没有颜色,人们之所以能看到颜色是由于物体不同程度地吸收和反射了某些波长的光线所致。原色包含两个系统,即色料三原色系统和光的三原色系统,两个系统分别隶属于各自的理论范畴,其中打印机所遵循的是色料三原色系统,而显示器遵循光的三原色系统,这就是为什么平面设计在最后出品的时候要进行色彩模式转换的原因,以求打印效果与屏幕效果尽量一致。

(1) RYB(红黄蓝)色料三原色：在绘画中使用 3 种基本色料——红(Red)、黄(Yellow)、蓝(Blue)可以混合搭配出多种颜色,掌握色料的三原色搭配是绘画的基本功,色料配色的基本规律如下。

　　红＋黄＝橘黄

　　黄＋蓝＝绿

　　蓝＋红＝紫

　　红＋黄＋蓝＝黑

(2) RGB(红绿蓝)光三原色：红(Red)、绿(Green)、蓝(Blue)3 种颜色构成了光线的三原色,计算机显示器就是根据这个原理成色的,光的三原色的配色规律如下。

　　红＋绿＝黄

　　绿＋蓝＝湖蓝

　　蓝＋红＝紫

　　红＋绿＋蓝＝白

在光色搭配中,参与搭配的颜色越多,其明度越高。

2. 色彩三要素

明度、色相、纯度构成了色彩的三要素。

色彩的明度、色相、纯度互相制约,互相影响,其带给人们的直观感受主要如下:

- 明度高的颜色有向前的感觉,明度低的颜色有后退的感觉。
- 暖色有向前的感觉,冷色有后退的感觉。
- 高纯度色有向前的感觉,低纯度色有后退的感觉。
- 色彩整有向前的感觉,色彩不整、边缘虚有后退的感觉。
- 色彩面积大有向前的感觉,色彩面积小有后退的感觉。

3. 颜色搭配要点

色彩搭配是色彩构成的主要研究课题,根据要表达的思想和目的将尽可能少的颜色搭配起来才会产生美感,针对多媒体应用系统设计,主要围绕以下原则:

1) 突出标题的配色

标题应该尽量醒目,使标题突出的方法如下:

(1) 加大字号,使标题字号与正文字号有合适的差距,具体差距的大小要根据实际情况决定,以突出题目又不头重脚轻为原则。

(2) 为标题字体增加描边、投影、发光等效果。

2) 计算机演示的前景和背景配色

在多媒体作品或软件界面中,前景通常指标题和文字,背景通常指由单色、过渡色或图片构成的大面积背景。以色彩心理为依据,前景色与背景色的搭配应注意以下几点。

(1) 严肃、正式的场合:如教学、科技讲座等,前景文字尽量采用白色、黄色等明度高的颜色,背景则采用明度低的颜色,以冷色为主,例如暗蓝色、深紫色等。为了增加标题的醒目程度和条理性,可以把颜色鲜明的色块、圆点或者图形放置在标题的前面,以起到提升标题的效果。

(2) 活跃的场合:如广告、游戏等,前景要富于变化,主要体现在文字的字体、字号、颜色以及排列的方式等方面。文字的颜色要富于变化,背景则多采用经过处理的图片,为了突出主题,可适当降低背景图片的明度或者纯度,色调也可以进行适当调整,以突出主题为目标。

(3) 喜庆的场合:例如婚礼、电影发布等,色彩的运用以鲜艳、热闹、富于情感为主,我国民间多用红色表现热烈的气氛,中国红就是以其色相清晰、纯度高、明度适中而深受大家喜爱。

以色彩的三要素为依据应注意以下几点。

(1) 色相为依据:当需要视觉冲击时需要用强烈的纯对比色,如红和绿、橙和蓝、黄和紫等,反之用近似的低纯度色相。

(2) 明度为依据:在同一色相中加入不同比例的黑、白可使简单的图像富有空间感和立体感,具有一种单纯的秩序美。不同色相的明度对比则可以产生统一调和又不单调乏味的效果。

(3) 纯度为依据:按纯度的高低不同填入简练而生动的图形中,由于含有相同的色相,所以其最大的特点是含蓄又不乏丰富。

4. 颜色的象征意义

了解色彩象征的意义,引起人们对色彩的联想,是正确、有效地使用色彩的重要依据。表 9-1 中列出了不同色彩所具有的不同象征意义,在进行设计时可依据色彩的象征意义进行合理的配色。

表 9-1　色彩的象征意义

颜　色	直　接　联　想	象　征　意　义
红色	太阳、火、旗帜	热情、奔放,喜庆、幸福,活力、危险
黄色	光线、星月、香蕉等	光明、快活、希望、皇室
橙色	柑橘、秋叶、灯光	金秋、温暖、欢喜、活泼、嫉妒、警告
绿色	草原、绿叶、森林	和平、生命、清新、自然
蓝色	海洋、填空	宁静、希望、深渊、忧郁
黑色	夜晚、宇宙	严肃、刚直、恐怖
白色	白雪、云朵	纯洁、神圣、光明
紫色	葡萄、丁香花	高贵、庄重、神秘
灰色	阴影、徽商建筑、素描	平凡、朴素、默默无闻、谦逊

9.2.3　多种数字信息的美学基础

在多媒体应用系统中,除了界面需要美学设计以外,对作为表达媒体的图形、图像、动画、声音等素材也需要美学设计,因为它们是准确表达内容和主要手段的媒介,合理的美学设计可以提高多媒体产品的品质。

1. 图像美学

图像是多媒体演示画面的主体,通过美学设计思想处理图像可以使图片更具美感和表现力,可以从以下几个方面设计处理:

1) 图像的选择

图像的选择要根据使用场所而定,通常遵循以下原则。

(1) 根据构图的需要选择:从图片的尺寸、色调到内容都需要精确地挑选,其中内容最为关键,其他元素可以使用图像处理软件进行加工,从而达到想要的效果。

(2) 保证图像的清晰度:图像的清晰度是不可逆转的元素,因此要选用清晰度高、色彩饱满纯正的图像素材。如果是用户自己拍摄的图像素材,应尽量将相机的图像品质参数设置为最高,这样拍摄出来的图片清晰度高、细节丰富,加工的余地也大。

(3) 图像的缩放操作要慎重:图像在放大和缩小时需要重新计算像素的位置和值,尤其是反复操作会损失大量的细节,造成清晰度下降。

(4) 应用图像处理软件可以轻松地完成图像的局部选取、多幅图片的自然组合等功能,因此当一幅图片达不到设计要求时可采用多幅画面组合的形式。利用图 9-9 所示的海洋素材、图 9-10 所示的山丘素材,使用蒙版技术将两幅画面巧妙地结合在一起,再用图 9-11 所示的海鸥图片进行抠图、复制、翻转等处理,重新组合形成了一幅全新的画面,如图 9-12 所示。

图 9-9　大海图像

图 9-10　山丘图像

图 9-11　海鸟图像

图 9-12　组合图像

（5）图像的保存格式：图像可以采用多种格式进行保存，目前比较常用的能够保证清晰度又占空间较小的图片格式是 JPG，因为它采用了比较高效的压缩算法，网页上目前也比较常用 PNG 格式，它不仅在小尺寸的情况下仍然保持了图像的清晰度，还能够提供图像的透明属性。

2）图像的色调

不同的色调往往具有不同的象征意义，它可以表达情绪、创造意境，通过图像处理软件可以对原图进行色调的调整，以实现某种设计效果，常用的处理如下。

（1）去色处理：常见的方式有两种，一种是彩色变灰度图像，图像的细节仍然保留，如图 9-13 所示；一种是彩色变黑白，图片只有黑、白两色，后者往往更具视觉冲击力，如图 9-14 所示。

（2）色调调整：将图像调整成统一的色调，单色调的图像特别适合做背景，产生衬托主题、和谐画面的功能。例如将图像调整成暗黄色调并降低对比度可以模拟旧照片效果，婚纱摄影时也常常将图像处理成单色调，以表达唯美的意境。

3）图像的特殊处理

（1）提高图像的清晰度：这里所说的提高清晰度并不是通过增加图像的细节而是通过提高明度对比度以及锐化处理，使图像在视觉上变得较为清晰。

（2）柔化图像：当需要突出人物或主题时，往往可以对其所在的背景进行虚化处理，一般采用模糊效果来实现。

图 9-13　灰度人物图像　　　　　　　　　图 9-14　黑白人物图像

（3）变换图像：通过缩放、旋转、透视、镜像等图像处理命令可以让图像在形态上发生变化，尤其是使用滤镜命令可以让图像产生夸张的变形，从而更加符合设计需求。

2. 动画美学

动画美学与图像美学的研究课题不同，图像美学研究的是静止状态的色彩和版面布局，而动画美学所涉及的是画面调度和运动模式。动画美学主要涉及以下内容。

（1）画面的结构布局：由于动画的主要元素是运动性，因此要为动画主题留出足够的运动空间。

（2）动画的画面调度：在镜头的移动、纵深感的变化、平面运动模式和动画发生顺序等方面进行编辑。

（3）制作符合视觉规律的动画：固定不动的物体构成背景的主题，起到画面均衡的作用，高速运动的物体会引起人们特别注意，要着力渲染。低速运动的物体给人以平稳、沉重的感觉，要注重其稳定性设计。

（4）掌握好动画的时间：动画的时间以符合自然规律为衡量标尺，动画动作是否流畅、是否符合设计意图都取决于对时间的把握。

（5）造型设计与动作设计：动画的造型和动作设计是动画美学中最为重要的基本条件，它们共同决定了动画的观赏性和美感。好的动画造型是一段动画成功的关键，尤其是富有创意的造型会给人留下深刻的印象。动作设计则要依赖于设计者的运动造型把控能力，需要比较多的美术功底，尤其是复杂的帧动画。

3. 声音美学

声音美学的研究侧重于声音的质量、特效和合成等内容，一个成功的多媒体系统离不开合理的声音配置，影响声音美感的主要因素和处理方式如下。

（1）清晰度：录制声音时应尽量设置高品质的录制参数，例如采样的频率、采样的声道数、采样的位数，另外高品质的音频采集设备可以减少录制过程中产生的噪音，这也是录制优质声音的关键。

（2）音色：音色是声音的特质，例如不同的乐器会产生不同的音色，也能带给人不同的感受，钢琴、小提琴是国际上比较流行的乐器，而我国的二胡、琵琶等乐器往往在中国元素的动画中更为常用，因此根据受众选择合适的背景音乐更能引起听者的共鸣。

（3）旋律：根据不同的场景选取不同旋律的音乐，例如舒缓的音乐适合宁静祥和的场景，节奏欢快的音乐适合活泼、游戏类的场景，而快节奏、有压力感的音乐适合表达一种紧张的气氛等。在多媒体作品中应尽量选择曲调优美、旋律流畅的音乐作为背景音乐，营造一种宁静、和谐的气氛，使观众处于愉悦、良好的心态。

9.3　多媒体软件工程基础

9.3.1　软件工程概述

从程序设计角度看，多媒体应用系统设计属于计算机应用软件设计范畴，因此可使用软件工程开发方法进行设计，包括生命周期、瀑布模型、螺旋式模式和面向对象模型等。软件中包括的媒体信息类型多样，无论从技术还是从管理上都有其特殊性。

早期的软件开发技术不能满足用户对软件的要求，软件开发效率低、质量差、周期长、费用高的问题日益严重，导致了软件危机。1968 年，北大西洋公约组织的计算机科学家在联邦德国召开国际会议，讨论软件危机问题，提出并使用了"软件工程"的概念，自此软件的生产进入了软件工程的时代。

1. 什么是软件工程

软件工程的基本思想是用科学的知识和技术原理来定义、开发、维护软件；用工程科学的观点进行费用估算，制定进度、计划和方案；用管理科学的方法和原理进行生产的管理；用数学的方法建立软件开发中的各种模型和算法。其目标是以较低的开发成本达到要求的功能，取得较好的性能，使开发的软件易于移植，只需要较低的维护费用，能按时完成开发任务，及时交付使用，开发的软件可靠性高。

2. 软件的生命周期

一个软件从提出开发要求开始到软件报废为止的整个时期称为软件生命周期。软件生命周期把整个软件生存周期划分为若干阶段，使得每个阶段都有明确的任务，使规模大、结构复杂和管理复杂的软件开发变得容易控制和管理。通常，软件生命周期包括以下内容。

1）软件需求

要求系统分析员与用户进行交流，弄清"用户需要计算及解决什么问题"，然后提出关于"系统目标与范围的说明"，提交用户审查和确认，这一时期需编写的文档包括规格说明书、初步用户使用手册、确认测试计划和修改完善软件开发计划等。

2）软件设计

软件设计的目标是描述系统如何在设计阶段被实现。设计活动以体系结构设计为中心，用若干结构视图来表达，它们是软件结构的框架描述，初期一般不设计细节。这一时期的问题是软件总体的结构，系统与使用者的交互界面设计，系统用到的内部和外部数据，用什么方法实现所要求的功能和性能等。总之，软件设计这一阶段要完成软件系统结构设计、数据设计、界面设计和过程设计。

3) 软件构造

软件构造的目的是定义代码的组织结构及形式,包括源文件、二进制文件、可执行文件等。对于多媒体软件,其主要的工作就是多媒体信息的采集、处理记忆对多媒体信息进行加工和组合。

4) 软件测试

软件测试的目的是发现系统问题并加以解决,测试活动分为以下几类。

(1) 单元测试:对一个模块或几个模块组成的小功能单元做测试,对程序要检查其逻辑的正确性,对多媒体信息应保证每个部分的艺术性、协调性和功能性。

(2) 集成测试:将各个模块组装到一起进行测试,看软件是否达到了设计的要求。

(3) 确认测试:通常由使用者参与,将软件在真实环境中运行,以检测其整体功能是否达到原定的需求。

测试往往存在于软件设计的各个环节,要不断检查各期成果是否达到设计要求和预期目标,这样才能防止不必要的工程返工的情况。

5) 软件维护

软件维护是软件开发完成后为软件的正确性、适用性、完善性维护所做的修改工作。多媒体软件多以传递大量的知识和使用多种媒体信息为特征,尤其对艺术性要求更高,因此维护工作并不比其他应用软件少。软件维护包括以下 4 个方面。

(1) 改正性维护:在软件交付使用后,由于开发测试时的不彻底、不完全必然会有一部分隐藏的错误被带到运行阶段,这些隐藏的错误在某些特定的使用环境下就会暴露。

(2) 适应性维护:为适应环境的变化而修改软件的活动。

(3) 完善性维护:根据用户在使用过程中提出的一些建设性意见而进行的维护活动。

(4) 预防性维护:目的是进一步改善软件系统的可维护性和可靠性,并为以后的改进奠定基础。

9.3.2 软件开发模型

在软件生命周期的各个阶段,有些过程有先后顺序,必须串行进行,有些无先后关系,可以在任意时间安排完成,有的必须同时进行,具有并行性,有的需要反复进行,具有反复性。描述软件开发过程中各种活动如何执行的模型称为软件开发模型。软件开发模型确立了软件开发中各阶段的层次关系、活动准则,便于各种活动的协调以及人员之间的有效通信,有利于活动重用和活动管理,能极大地提高软件开发的效率。目前主要的软件开发模型如下:

1. 瀑布模型

最早出现的软件开发模型是 1970 年由 W·Royce 在《管理大型软件的开发》中提出的瀑布模型。该模型给出了固定的顺序,将生存期活动从上一个阶段向下一个阶段逐级过渡,如同流水下泻,最终得到所开发的软件产品投入使用。

瀑布模型将软件生命周期划分为制定计划、需求分析、系统设计、软件编程、软件测试和软件维护 6 个基本活动,如图 9-15 所示。

在瀑布模型中,软件开发的各项活动严格按照线性方式进行,当前活动接受上一项活动的工作结果,实施完成所需的工作内容。当前活动的结果在通过验证后同样作为下一项活动的输入,否则返回修改,每一个步骤都循序渐进,尽量及早消除隐患,从而保证软件的开发

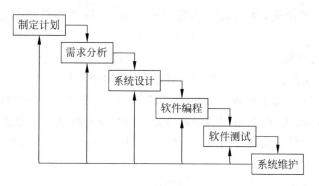

图 9-15　瀑布模型

质量。瀑布模型适合小型软件开发组,它的主要缺陷是只有做出精确的需求分析才能取得预期的结果。由于各种客观、主观原因,需求分析往往不很精确,常常给日后的开发带来隐患。

2. 原型模型

原型模型也称样品模型,开始时根据用户的需求快速建立一个系统的"样品"雏形,再根据用户意见不断修改、完善样品,最后得到的就是用户所需要的产品。原型模型的示意图如图 9-16 所示。

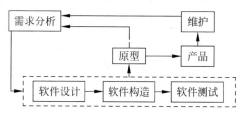

图 9-16　原型模型

原型模型在减少由于软件需求不明确而带来的开发风险方面有显著的成效。用户可能难以清楚描述具体的需求,但可以清楚地表达原型的不足与欠缺。开发人员和用户容易在原型上达成一致,共同拟定修改计划,承担因修改原型而造成的风险。多媒体著作软件比较适合用原型模型开发。

3. 螺旋模型

1988 年,巴利·玻姆(Barry Boehm)正式发表了软件系统开发的"螺旋模型",它将瀑布模型和原型模型结合起来,强调了其他模型所忽视的风险分析,特别适合于大型复杂的系统。

螺旋模型沿着螺旋线进行若干次迭代,图 9-17 中的 4 个象限代表了以下活动。

(1) 制定计划:确定软件目标,选定实施方案,列出项目开发的限制条件。

(2) 风险分析:分析、评估所选方案,考虑如何识别和消除风险。

(3) 实施工程:实施软件开发和验证。

(4) 客户评估:评价开发工作,提出修正建议,制定下一步计划。

螺旋模型由风险驱动,强调可选方案和约束条件,支持软件的重用,有助于将软件质量作为特殊目标融入产品的开发过程。其缺点是非常强调风险分析,要求客户也接受和相信

多媒体应用系统设计原则

这种分析并做出相关决定,这一点不容易做到。因此,该模型往往只适用于大规模软件开发。

4. 面向对象的开发模型

多媒体应用系统的开发工具很多,其中面向对象的程序设计语言在高端,尤其是动态、可控型多媒体系统的开发中起到了非常重要的作用。常见的面向对象的程序设计语言有 C♯、Visual C++、Java 等,这类语言引起设计方法的独特和较高的专业要求而适合于制作一些规模较大、网络兼容性好、具有高度交互性能、系统专业性强的多媒体应用系统。

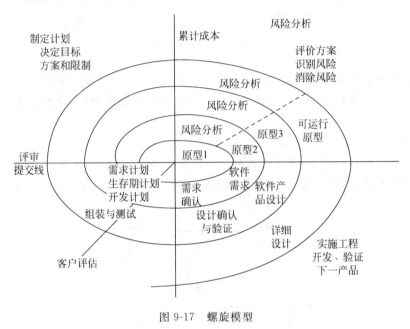

图 9-17　螺旋模型

在使用面向对象的语言做开发工具时要用面向对象的方法(OOP),OOP 的基本思想是从实际问题中抽象出一系列封装了数据和操作的"对象",通过定义属性和方法事件来描述它们的特性和功能,通过定义接口来描述它们之间的关系,然后再用面向对象的高级语言来试一下这些"对象"组成的系统。

因此,用户在制作各种应用软件时面对的不再是庞大的指令、数据及定义,而是面对一个个"对象"实体,让用户以更接近视觉问题的方法来处理。它的灵活性、可重用性、可扩展性和可管理性使得"设计—开发—运行"这一软件开发过程更有效、方便、直观,避免了传统方法中前期工作不彻底,不得不推翻原有设计重新组织数据结构和程序结构的弊端。

9.4　人机界面设计原则

人机界面(Human Computer Interface,HCI)也可以称为用户界面或使用者界面,是指通过一定的手段对用户界面有目标和计划的一种创作活动,它是系统和用户之间进行交互和信息交换的媒介。利用人机界面可以实现信息的内部形式与人类可以接受形式之间的转换。在实际生活中,凡参与人机信息交流的领域都存在着人机界面。

一个友好美观的界面会给人带来舒适的视觉享受,拉近人与计算机的距离。界面设计不是单纯的美术绘画,它需要定位使用者、使用环境、使用方式并且为最终用户而设计,是纯粹的、科学性的艺术设计。检验一个界面的标准是最终用户的感受。所以界面设计要和用户研究紧密结合,遵循人性化的设计原则,基于用户的思维和工作模式,是一个不断为最终用户设计满意视觉效果的过程。

人机界面设计应该考虑以下原则:

1. 简易原则

(1)操作容易:多媒体应用系统的界面设计应尽量简便,在使用方面符合常规的设计原则,交互相应科学、合理,符合人们的常规动作和思维模式,尽量减少用户在掌握使用方法上花费的时间和精力。

(2)内容简洁:内容原则上要求界面上的用语准确、简单、明了,符合认知心理学规律;指示、指导、帮助内容或提示语句应采用一些日常无二义性用语,不能过于简略或概括,更不能采用专用的词语或用语;界面设计要美观大方,忌色彩过于杂乱,这样的界面容易使信息的展示不分主次。

2. 功能性原则

即按照对象应用环境及场合具体使用功能要求,各种子系统控制类型、不同管理对象的同一界面并行处理要求和多项对话交互的同时性要求等,设计分功能区分多级菜单、分层提示信息和多项对话栏并举的窗口等的人机交互界面,从而使用户易于分辨和掌握交互界面的使用规律和特点,提高其友好性和易操作性。

3. 合理布局

(1)风格一致性:包括色彩的一致、操作区域的一致、文字的一致。即一方面界面颜色、形状、字体与国家、国际或行业通用标准相一致,另一方面界面颜色、形状、字体自成一体,不同设备及其相同设计状态的颜色应保持一致。界面细节美工设计的一致性使运行人员看界面时感到舒适,从而不分散他的注意力。对于新运行人员,或紧急情况下处理问题的运行人员来说,一致性还能减少他们的操作失误。

(2)重点突出:人眼定位的研究表明人们看到信息时第一眼往往看显示屏左上部中间的位置,并迅速向逆时针方向移动,人的感觉机制总是寻求有序、有意义的信息,在遭遇混乱时总是试图强行建立有序结构,因此无论一个屏幕是富有含义、具有明显格式还是混乱、模糊,人总是迅速地辨认和理解。根据此规律,重点展示的信息布局在显示器左上部中间比较合适,按照管理对象的对话交互频率设计人机界面的层次顺序和对话窗口菜单的显示位置等。屏幕的编排又符合均衡、对称、有可预料性、连续、比例协调等规律。

4. 面向对象原则

用户个体的差异是一种无法回避的现实,设计者应按照操作人员的身份特征和工作性质设计与之相适应和友好的人机界面。人的认知风格一般可分为视觉型、听觉型、触觉型 3类,对于视觉型的人,应多提供视觉的图文、视频;对于听觉型的人,要多提供旁白解释或者音响效果;对于触觉型的人,除了听和看之外,还应更多地提供一些操作图标和按钮等,要体现出设计思路上的以人为本的特点,让各类使用者均能获得良好的体验。

5. 动静结合原则

在多媒体应用系统的界面设计中要注意动静结合,动感的画面可以使人产生较为强烈的视觉刺激,尤其在拥有大量文字和静态画面的多媒体系统中更应注意动的因素,从而激发用户的兴趣。需要注意的是,在加入动态元素时要避免杂乱,做到画龙点睛。

9.5　习　　题

一、单选题

1. 光三原色中不包括( )色。

    A. 红　　　　　　　　B. 黄　　　　　　　　C. 绿　　　　　　　　D. 蓝

2. 色彩三要素中不包括( )。

    A. 颜色　　　　　　　B. 明度　　　　　　　C. 色相　　　　　　　D. 纯度

3. 软件测试中不包括( )。

    A. 单元测试　　　　　B. 集成测试　　　　　C. 确认测试　　　　　D. 硬件测试

4. 处理图像时的分辨率包括屏幕分辨率、图像分辨率和( )。

    A. 打印机分辨率　　　　　　　　　　　B. 扫描仪分辨率

    C. 像素分辨率　　　　　　　　　　　　D. 计算机分辨率

5. 最早出现的软件开发模型是( )。

    A. 螺旋模式　　　　　　　　　　　　　B. 瀑布模型

    C. 原型模型　　　　　　　　　　　　　D. 面向对象的开发模型

6. 以下因素能带来向前空间感的是( )。

    A. 明度高　　　　　　B. 冷色调　　　　　　C. 低纯度　　　　　　D. 边缘虚

7. 螺旋模型由( )驱动。

    A. 客户评价　　　　　B. 原型　　　　　　　C. 风险　　　　　　　D. 累计成本

8. 在面向对象的开发模型中,以下( )不属于常用的面向对象的程序设计语言。

    A. C 语言　　　　　　B. C♯　　　　　　　C. Java　　　　　　　D. Visual C++

二、简答题

1. 多媒体应用系统创意的基本原则是什么?

2. 常见的平面构图规则有哪些?

3. 色彩的明度、色相、纯度互相制约,互相影响,其带给人们什么直观感受规则?

4. 不同色彩的象征意义是什么?

5. 图像的选材主要考虑哪些因素?

6. 软件维护包括哪几个方面?

7. 常见的软件开发模型有哪些?它们都有什么特点?

8. 人机界面的设计原则是什么?

第 10 章　多媒体光盘制作技术

10.1　光盘制作技术概述

光盘作为一种大容量的存储介质,在多媒体存储系统中得到了广泛的应用,受到人们的青睐。由于光盘记录密度高、耐用性好和互换性强等特点,人们也倾向于用光盘存储数据,尤其是多媒体数据。制作多媒体作品的最后一步就是要考虑数据的分类处理、数据存储介质的选择和制作、自运行光盘的制作等技术问题,还要考虑编写使用说明书、技术说明书以及包装,这样一个真正的多媒体作品才算完成。

10.1.1　多媒体数据的类型和特点

多媒体数据是各种媒体数据的总称,各种媒体都具有各自的特点,主要如下。

(1) 文字:纯文本形式,文件格式通常是 TXT,可应用在各种场合。

(2) 图像:位图形式,常用的文件格式有 BMP、GIF、JPG、PNG 等,受存储空间限制,通常采用 256 色,分辨率为 96dpi 左右。

(3) 动画:常采用 FLC、GIF89a、SWF 等文件格式,数据均为压缩格式,彩色数量通常为 256 色,位图格式动画的一般分辨率为 96dpi 左右,矢量图则无限制。

(4) 声音:常采用 WAV、MP3、MID 等格式,数据量大,可根据使用场所适当降低采样频率和采样位数。

(5) 视频:文件通常采用 AVI、MPEG 格式,数据量大。

在实际的多媒体作品制作过程中采用的工具不同,能够接受的数据格式也不尽相同,以上数据特点和文件格式仅供用户参考,在文件格式上应尽量采用多媒体平台能够接受的格式,当然目前也有很多格式转换软件供用户使用,可以最终克服格式兼容问题。

10.1.2　多媒体数据文件的整理

整理数据和文件夹是存放多媒体数据前必须要做的工作,一般按以下规则:

(1) 按照程序、文件、数据、信息等类别建立不同的文件夹。

(2) 将程序、工具软件、多媒体应用平台软件所产生的文件放在主文件夹中。

(3) 将程序中用到的数据、控制参数、常数以及函数子程序放在数据文件夹中。

(4) 将多媒体文件(如图像、声音、动画、视频等)分别放在各自的文件夹中。

(5) 将各种说明和帮助信息(例如使用说明书、技术说明书、帮助信息、版权信息、网络登记注册等)存放在独立的文件夹中。

（6）程序中生成的临时文件和信息要保存在特定的文件夹中，一般系统会自动生成，用户一起打包带走即可。

图 10-1 是本书中"温室效应"多媒体应用系统的一种数据组织形式，共分为 7 个文件夹。图片、音频、动画、视频 4 个文件夹存放的是系统中所用到的所有多媒体素材；源程序文件夹存放的是 Authorware 源程序文件；操作说明文件夹存放的是系统运行说明文件；打包实例文件夹存放的是 Authorware 对源文件打包成可执行文件时生成的可执行文件和相关支持文件。

图 10-1　数据整理案例

需要注意的是，多媒体文件应该在制作系统前就做好分类，很多系统中媒体文件都是以链接的形式使用的，即只保留一个文件的链接路径，如果系统制作完成后重新整理素材文件，则会造成系统运行时文件无法正确链接，从而出现不能正常运行的情况。可执行文件一般放到多媒体系统的根目录下，便于普通用户直接找到并正常运行。在该系统中，由于可执行文件是由 Authorware 系统自动生成的，其中还涉及很多支撑文件，目录无法修改，所以将可执行文件的快捷方式生成到系统的根目录下，可以起到同样的效果。

在为文件夹和文件命名时应遵循以下原则：

（1）文件名不宜过长，最好采用 8.3 命名法则，即主文件名由不超过 8 个的字符组成，扩展名由 1～3 个字符组成。

（2）多媒体数据种类繁多，支持系统各有差别，某些光盘刻录程序和英文版程序也不识别中文名，因此文件和文件夹最好用英文字母命名。

（3）对于系统自动生成的文件应原封不动地采用，否则系统将无法正常运行。

10.1.3　光盘制作软件简介

光盘制作软件属于多媒体软件的一种，传统意义上是指将其他视频格式转换成国际标准制式的 VCD/SVCD/DVD/HD-DVD 等格式，并将其刻录的工具，同时还应该兼具有视频编辑、添加字幕、水印等功能。随着多媒体制作系统的多样化和专业化，目前的光盘制作软件的含义有了很大的改变，它的主要功能转化为将各类数据文件（如多媒体系统文件）刻录到光盘上保存，同时也可以制作具有自运行功能的光盘，因此人们目前所说的光盘制作软件主要指光盘刻录软件，常见的光盘刻录软件如下。

（1）Nero 刻录软件：一个德国公司出品的光碟烧录程序，该软件功能强大、性能稳定。Nero 刻录软件支持中文长文件名烧录，也支持 ATAPI(IDE)的光碟烧录机，可烧录多种类型的光碟片，是一个相当不错的光碟烧录程序。

（2）光盘刻录大师：一款所有功能完全免费的软件。光盘刻录大师涵盖了数据刻录、光盘备份与复制、影碟光盘制作、音乐光盘制作、音/视频格式转换、音/视频编辑、CD/DVD 音/视频提取等多种功能。

（3）Ones 刻录软件：一个高品质的数字刻录工具，支持 CD-ROM、CD、视频文件、MP3、WMA、WAV 等，可自动识别错误。其容量小，基本操作从界面上就可以直接点取，一般 3 步就能解决问题，没有过于繁杂的向导，能够快速地完成任务。

本书以 Nero 刻录软件的使用为例详细介绍刻录软件的使用方法。

10.2　Nero 刻录光盘

本书以 Nero 8.3.20 版本的使用为例进行介绍。Nero 由很多组件构成，不同用户可选择不同的组件，一般用得最多的是 Nero Express 或 Nero Burning ROM，其中 Nero Burning ROM 是较为高端的用户使用的组件，作为普通用户而言，使用简单、快捷的 Nero Express 组件即可。

1. Nero Express 功能简介

该组件的启动界面如图 10-2 所示。

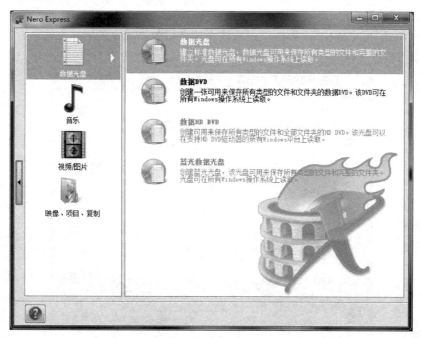

图 10-2　Nero Express 启动界面

多媒体光盘制作技术

在左侧共有 4 个选项。

(1) 数据光盘：所刻录的光盘一般只能在计算机中读取。对应右侧有 4 个选项，主要根据所要刻录的光盘类型进行划分。

- 数据光盘：刻录标准的 CD 数据光盘，用来保存所有类型的文件和完整的文件夹，光盘信息可在所有 Windows 操作系统上读取。

- 数据 DVD：刻录标准的 DVD 数据光盘，可保存所有类型的文件和完整的文件夹，DVD 可在所有 Windows 操作系统上读取。

- 数据 HD DVD：刻录标准的 HD DVD 数据光盘。HD DVD(或称 High Definition DVD)是一种数字光储存格式的蓝色光束光碟产品，可保存所有类型的文件和完整的文件夹，可在装有 HD DVD 驱动光驱的 Windows 操作系统上读取。

- 蓝光数据光盘：刻录蓝光光盘，蓝光光盘(Blu-ray Disc,BD)是 DVD 之后的下一代光盘格式之一，用于存储高品质的影音以及高容量的数据存储。一个单层的蓝光光盘的容量为 25GB 或 27GB，足够烧录一个长达 4 个小时的高解析影片。双层可达到 46GB 或 54GB，足够烧录一个长达 8 个小时的高解析影片。其同样可保存所有类型的文件和完整的文件夹，但必须在装有蓝光驱动光驱的 Windows 操作系统上读取。

(2) 音乐：MP3 光盘(可以在支持 MP3 歌曲的 CD 播放器中播放)，同样对应右侧很多不同的选项，如音乐 CD、有声读物等。

(3) 视频/图片：视频或图片光盘，可在 VCD 或 DVD 中使用，右侧对应 VCD、SVCD、DVD 不同刻录介质选项。

(4) 映像、项目、复制：完成虚拟光驱中映像文件的刻录以及光盘的复制等功能。

2. 光盘刻录实例

下面以刻录"温室效应"多媒体应用系统为例介绍数据光盘的制作方法。

(1) 单击数据光盘右侧的【数据 DVD】选项，进入【光盘内容】对话框，如图 10-3 所示。

图 10-3 【光盘内容】对话框

（2）单击【添加】按钮，弹出图 10-4 所示的【添加文件和文件夹】对话框，选择需要刻录的数据，按 Ctrl 键单击可选择多个不连续的文件，按 Shift 键单击可选择多个连续的文件。工作界面下面显示的刻度为光盘的容量，进度条为添加的文件的大小，添加的数据文件不能超过光盘的容量，否则将会导致刻录失败。

图 10-4　【添加文件和文件夹】对话框

一般来说，可刻录 CD 的容量为 720MB 左右，刻录 700MB 为宜；可刻录 DVD 的容量为 4.7GB，刻录 4.5GB 为宜。之所以实际刻录数据量比光盘标称容量稍小，是因为现在可刻录光盘生产厂家繁多、光盘质量良莠不齐，在实际刻录操作中留有一定的空余空间可以帮助提高光盘刻录的成功率。

（3）添加刻录数据完成后界面如图 10-5 所示。

（4）单击【下一步】按钮，弹出如图 10-6 所示的【最终刻录设置】对话框，选择要使用的刻录设备，可以设置光盘名称，将来在"资源管理器"或"我的电脑"中的光盘盘符处会直接显示该名称，此处可以改为"温室效应"。另外，还可以设置刻录的份数，刻录后是否校验光盘数据（如果设置，则在刻录完成后会比较光盘上的数据和原始数据，可以增加数据刻录的精确度，但会让刻录时间延长），以及是否允许以后添加文件（按多区段方式刻录），选择此方式后可以多次向同一张光盘中刻录数据，避免了光盘空间的浪费。

在【最终刻录设置】对话框中单击最左侧的下三角按钮，还会弹出进一步设置参数的对话框，在其中可设置光盘的刻录速度，$1\times=150\text{KB/s}$，$8\times$ 的速度就等于计算机每秒向刻录机传输 $8\times150\text{KB}=1200\text{KB}$ 的数据。刻录速度的选择取决于刻录机、盘片质量以及刻录内容，例如进行 MP3 光盘等音频光盘刻录时应尽量采用低速写入方式刻录，否则光盘中的音乐文件可能会出现"暴音"的现象。

（5）单击【刻录】按钮，如果光驱中有空白光盘，则开始刻录数据，否则会提醒用户添加光盘。

多媒体光盘制作技术

图 10-5 添加完刻录内容

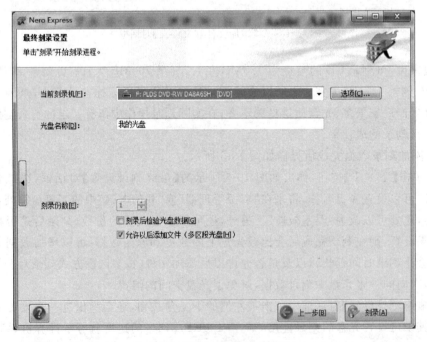

图 10-6 【最终刻录设置】对话框

　　刻录过程无须人为干预,用户会看到【刻录过程】对话框,如图 10-7 所示。【刻录过程】对话框会实时显示刻录进度。刻录结束后光驱会自动弹出,并弹出【刻录完毕】对话框,如图 10-8 所示,提示光盘刻录完毕。

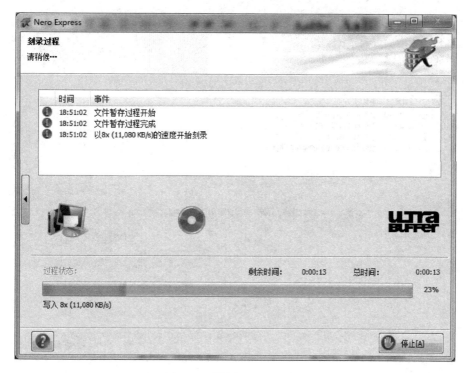

图 10-7 【刻录过程】对话框

图 10-8 【刻录完毕】对话框

（6）单击【确定】按钮后出现图 10-9 所示的对话框，在该对话框中可以对刻录的详细报告进行保存或打印，保存时会生成文本格式的文件。

（7）单击【下一步】按钮出现图 10-10 所示的对话框，其中共有 3 个选项，单击【新建项目】选项可以进入下一个项目的刻录过程；单击【封面设计程序】选项可启动 Nero CoverDesigner 组件进行光盘标签、插页、曲目册等内容的设计；单击【保存项目】选项可以生成一个扩展名为 .nri 的 Nero 系统特有的文件，将本次刻录的信息进行保留，单击该文件可直接跳过文件的选择，进入到本次所选文件的界面。

要想保证成功地刻录光盘用户还需要注意其他方面，除了选择适当的写入速度外，在刻录之前应该关闭其他的应用程序，最好把屏幕保护程序也关掉，否则在等待刻录的过程中会因为屏保的出现而影响刻录进程。

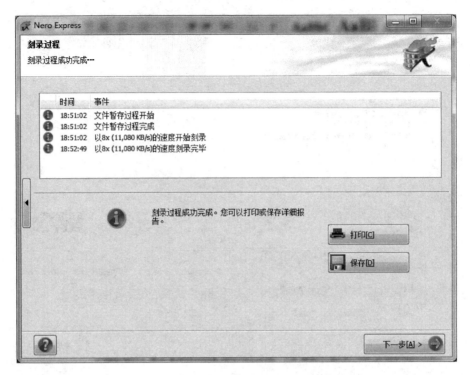

图 10-9　单击【确定】按钮后出现的对话框

图 10-10　单击【下一步】按钮后出现的对话框

其他形式的光盘刻录操作步骤与制作数据光盘类似,用户根据需要进行相应的参数设置即可。

10.3 制作自运行光盘

Windows 操作系统支持光盘的自动启动,用户将光盘插入光驱或双击光盘图标即可自动运行,这就为非专业用户运行多媒体系统提供了极大的便利。

1. 制作自启动光盘的一般步骤

(1) 首先建立一个文本文件 autorun.inf,这个文件的内容如下:

```
[autorun]                       //此行照抄
open = *.exe                    //open = 后面直接放置要自动运行的文件,可以带路径
```

(2) 将该文件刻录光盘时直接刻录到光盘的根目录下。

(3) 把打包后的文件全部复制到光盘中,复制到根目录下或者指定的目录下,注意通过链接方式使用的文件、声音、视频等资料也要复制到光盘。

(4) 在将光盘插入光驱时,系统会自动查找光盘根目录下有无自启动文件 autorun.inf。如果有,则按照 autorun 段中的指令执行相应的命令。

如果不希望自动播放光盘,则在按下 Shift 键的同时插入光盘,系统会跳过检测文件 autorun.inf 的过程。

在自启动文件中还可以设置光盘的图标,方法是先确定图标文件(扩展名为.ico),在“open= *.exe”代码行下增加一行:

```
icon = *.ico                    //*号代表实际的图标文件名
```

用户可以利用 Any to Icon、Image to Ico Converter 等软件将 PNG、GIF、JPG、BMP 等图像格式文件一键转换成 ICO 图标文件。

多媒体软件刻录到光盘上后,可通过“我的电脑”或“资源管理器”查看其中的全部内容。如果光盘不能自启动,排除路径、文件名错误之外,有可能是操作系统的设置问题,可进行如下处理:

单击桌面任务栏中的【开始】按钮,选择【运行】命令,打开【运行】对话框,在文本框中输入“gpedit.msc”,单击【确定】按钮,打开【组策略】对话框,依次双击【计算机配置】、【管理模板】和【系统】,双击【关闭自动播放】选项,在【设置】中选择【已禁止】选项,单击【确定】按钮。

其中 gpedit.msc 是 Windows 系统提供的组策略工具,是管理员为用户和计算机定义并控制程序、网络资源及操作系统行为的主要工具。通过使用组策略可以设置各种软件、计算机和用户策略。

2. 制作“温室效应”多媒体应用系统自启动光盘

在此以本书中“温室效应”多媒体应用系统的自启动光盘的制作为例。

(1) 创建自启动文件 autorun.inf,内容如下:

```
[autorun]
open = 温室效应\打包实例\温室效应.exe
icon = logo.ico
```

(2) 光盘刻录:启动 Nero Express,将自启动文件 autorun.inf、图标文件 logo.ico 以及

"温室效应"多媒体应用系统文件夹选入待刻录内容窗口，如图 10-11 所示。为了将资源更好地归类，图标文件也可以放置到"温室效应"文件夹的图片文件夹下，此时需要将第 3 行参数设置的内容改为"icon＝温室效应\图片\logo.ico"。

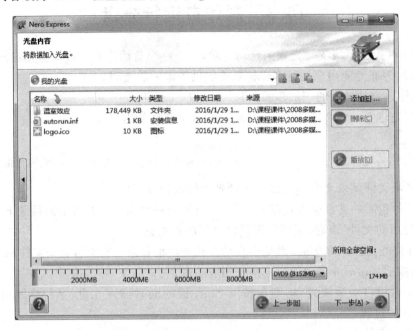

图 10-11　添加刻录信息

（3）刻录完成后，在"我的电脑"或"资源管理器"中可以查看光盘的信息。图 10-12 所示为在"我的电脑"中所看到的光盘盘符，由于设置了图标，可以看到移动存储设备处的显示图标变成了自启动文件中设置的图标样式。

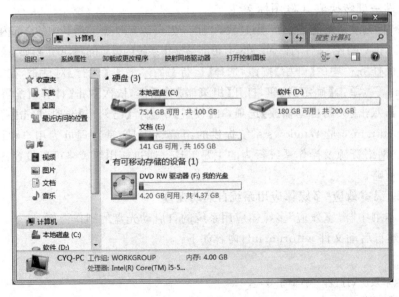

图 10-12　光盘的名称和图标

（4）双击光盘图标可直接进入"温室效应"多媒体应用系统的运行界面。

10.4 习　　题

简答题

1. 多媒体数据的类型和特点是什么？

2. 多媒体数据文件的整理应该遵循哪些基本原则？

3. 常用的光盘制作软件有哪些？

4. 使用 Nero Express 可以刻录哪些类型的光盘？如何刻录数据光盘？成功刻录光盘需要注意哪些因素？

5. 如何制作自运行光盘？假设有图 10-13 所示的资源结构，其中 autorun.inf 文件相当于光盘的根目录，多媒体系统的所有信息存储在系统文件夹下，整个多媒体系统的可执行文件在"系统文件夹→唐诗欣赏文件夹→main 文件夹"下，名为"唐诗欣赏.exe"，图标文件在"系统文件夹→唐诗欣赏文件夹→素材文件夹→图片文件夹"下，名字为"pome.ico"。问 autorun.inf 中应该书写什么样的控制命令才能实现光盘的自启动？并设置成指定的图标。

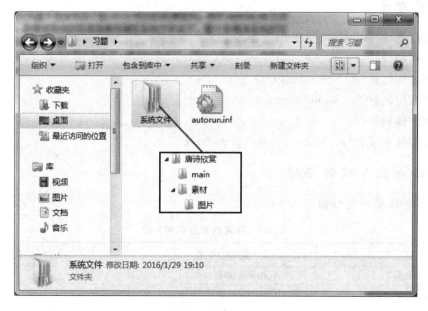

图 10-13　资源目录

多媒体光盘制作技术

附录 A · 多媒体应用软件实验项目

一、实验目的

通过实验使学生掌握 Windows 环境下多媒体应用软件的操作方法,熟练掌握多媒体应用系统创作软件 Authorware 和图像编辑软件 Photoshop 的基本用法,并能将所学的多媒体理论知识与其他音频、视频、动画编辑软件结合起来灵活地运用到实际工作中,完成多媒体应用系统的创作,为今后从事多媒体工作打下坚实的基础。

二、实验环境

1. 操作系统:Windows 7 及以上版本。
2. 音频编辑软件:Adobe Audition 3.0。
3. 图像编辑软件:Photoshop CS3 Extended。
4. 视频编辑软件:Adobe Premiere Pro2。
5. 动画编辑软件:Adobe ImageReady CS2。
6. 多媒体集成软件:Macromedia Authorware 7.0。

三、实验内容及课时安排

实验内容及课时安排如表 A-1 所示。

表 A-1　实验内容及课时安排

序　号	实验内容	课时安排
实验 1	Audition 操作	2
实验 2	Photoshop 操作(一)	2
实验 3	Photoshop 操作(二)	2
实验 4	Photoshop 操作(三)	2
实验 5	Photoshop 操作(四)	2
实验 6	ImageReady 操作	2
实验 7	Premiere 操作	2
实验 8	Authorware 操作(一)	2
实验 9	Authorware 操作(二)	2
实验 10	Authorware 操作(三)	2
实验 11	Authorware 操作(四)	2
课 时 合 计		22

实验 1　Audition 操作

一、实验目的

1. 理解音频数据处理的基本概念。
2. 熟练掌握 Audition 新建文件、保存等基础操作的方法。
3. 掌握 Audition 中录制音频的方法。
4. 熟练掌握 Audition 中设置选区的方法。
5. 熟练掌握 Audition 中混合粘贴的方法。
6. 熟悉 Audition 中为音频添加特效的方法。

二、实验环境

多媒体计算机、Windows 7 及以上版本操作系统、音箱或耳机、麦克风、Adobe Audition 3.0、第 4 章素材。

三、实验内容

1. 录制 1 分钟的声音,分别保存为 WAV、MP3 和 WMA 3 种格式的文件,比较它们的文件大小。

2. 录制以下一段寓言故事:

黔驴技穷

过去贵州(黔)这个地方没有驴。有个多事的人用船运来了一头驴,运来后却没有什么用处,就把驴放到山脚下。

一只老虎看见了驴,以为这个躯体高大的家伙一定很神奇,就躲在树林里偷偷观察着,后来又悄悄走出来,小心翼翼地接近驴,不知道驴子的底细。

有一天,驴叫了一声,老虎大吃一惊,远远躲开,以为驴要咬自己了,非常恐惧。然而,老虎反复观察以后,觉得驴并没有什么特殊本领,而且越来越熟悉驴的叫声了。

老虎开始走到驴的前后,转来转去,还不敢上去攻击驴。以后,老虎慢慢逼近驴,越来越放肆,或者碰它一下,或者靠它一下,不断冒犯它。驴非常恼怒,就用蹄子去踢老虎。

老虎心里盘算着:"你的本事也不过如此罢了!"于是老虎腾空扑去,大吼一声,咬断了驴的喉管,啃完了驴的肉,才离去了。

唉! 那驴的躯体高大,好像有德行;声音洪亮,好像有本事。假如不显出那有限的本事,老虎虽然凶猛,也会存有疑虑畏惧的心理,终究不敢攻击它。现在落得如此下场,不是很可悲吗?

将这段音频剪辑为:

黔驴技穷

过去贵州(黔)这个地方没有驴。有个多事的人用船运来了一头驴,运来后却没有什么用处,就把驴放到山脚下。

一只老虎看见了驴,以为这个躯体高大的家伙一定很神奇,就躲在树林里偷偷观察着,后来又悄悄走出来,小心翼翼地接近驴,不知道驴子的底细。

有一天,驴叫了一声,老虎大吃一惊,远远躲开,以为驴要咬自己了,非常恐惧。然而,老虎反复观察以后,觉得驴并没有什么特殊本领,而且越来越熟悉驴的叫声了。

3. 录制成语故事《退避三舍》,结合音频素材制作一个配音故事。

退避三舍
——选自《左传·僖公二十二年》

春秋时候,晋献公听信谗言,杀了太子申生,又派人捉拿申生的弟弟重耳。重耳闻讯,逃出了晋国,在外流亡十几年。

经过千辛万苦,重耳来到楚国。楚成王认为重耳日后必有大作为,就以国君之礼相迎,待他如上宾。

一天,楚王设宴招待重耳,两人饮酒叙话,气氛十分融洽。忽然楚王问重耳:"你若有一天回晋国当上国君,该怎么报答我呢?"重耳略作思索说:"美女待从、珍宝丝绸,大王您有的是,珍禽羽毛,象牙兽皮,更是楚地的盛产,晋国哪有什么珍奇物品献给大王呢?"楚王说:"公子过谦了。话虽然这么说,可总该对我有所表示吧?"重耳笑笑回答道:"要是托您的福,果真能回国当政的话,我愿与贵国友好。假如有一天,晋楚之间发生战争,我一定命令军队先退避三舍(一舍等于三十里),如果还不能得到您的原谅,我再与您交战。"

四年后,重耳真的回到晋国当了国君,就是历史上有名的晋文公。晋国在他的治理下日益强大。

公元前633年,楚国和晋国的军队在作战时相遇。晋文公为了实现他许下的诺言,下令军队后退九十里,驻扎在城濮。楚军见晋军后退,以为对方害怕了,马上追击。晋军利用楚军骄傲轻敌的弱点,集中兵力,大破楚军,取得了城濮之战的胜利。

实验 2　Photoshop 操作(一)

一、实验目的

1. 理解图像处理的基本概念。
2. 熟悉 Photoshop 的工作界面及环境。
3. 熟练掌握 Photoshop 新建、保存等文件操作的方法。
4. 掌握 Photoshop 中转换色彩模式、显示比例控制、填充颜色等基础操作的方法。

二、实验环境

多媒体计算机、Windows 7 及以上版本操作系统、Photoshop CS3 Extended、第 5 章素材。

三、实验内容

1. 新建一个图像文件,要求 800×600 像素、RGB 色彩模式、白色背景,并将其保存为"空白.psd"文件。

2. 将上题新建的"空白.psd"文件转换为 CMYK 模式,设置图像分辨率为 1024×768

像素,并将其另存为"空白副本.jpg"文件。

3. 打开素材文件 005.jpg,将工作区中小狗的眼部进行满屏显示,如图 A-1 所示。

4. 打开素材文件 025.jpg,如图 A-2 所示,将工具箱中的前景色框的颜色更改为工作区中的西红柿颜色。

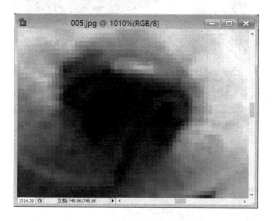

图 A-1　小狗的眼部满屏放大

图 A-2　素材文件 025.jpg

实验 3　Photoshop 操作(二)

一、实验目的

1. 熟练掌握规则选区、魔棒等常用选区工具的用法。
2. 掌握移动、取消、反选等选区的基本操作方法。
3. 理解图层的基本概念。
4. 熟练掌握 Photoshop 中图层的用法。

二、实验环境

多媒体计算机、Windows 7 及以上版本操作系统、Photoshop CS3 Extended、第 5 章素材。

三、实验内容

1. 利用选区工具创建图 A-3 所示的自定义选区。

📖　提示:在制作过程中需要使用规则选区工具、多边形套索工具以及选区按钮。

---

2. 将上题创建的选区扩展两个像素,然后保存选区,命名为"自定义选区"。
3. 打开素材文件 011.jpg,将工作区窗口中的非黑色区域填充为白色,如图 A-4 所示。
4. 将实验内容 3 中的白色区域添加外发光的图层效果,如图 A-5 所示。

327

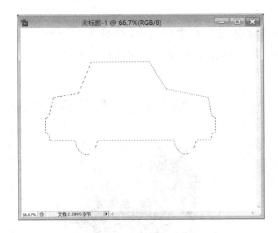

图 A-3　自定义选区

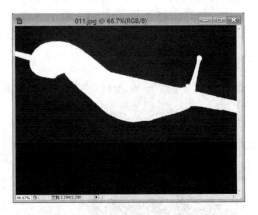

图 A-4　填充非黑色区域为白色

　　5. 将实验内容 4 中的白色发光区域设置为半透明效果,如图 A-6 所示。

　　6. 删除实验内容 4 中的效果图层,恢复素材文件 011.jpg 至初始效果。

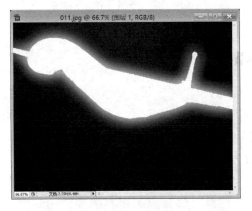

图 A-5　添加外发光效果

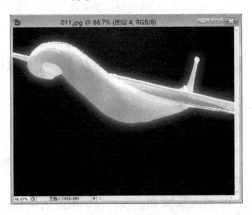

图 A-6　半透明效果

实验 4　Photoshop 操作(三)

一、实验目的

　　1. 熟练掌握移动工具的用法。

　　2. 熟悉裁切工具的用法。

　　3. 掌握填充工具、修复画笔工具、画笔工具等图像编辑工具的用法。

二、实验环境

　　多媒体计算机、Windows 7 及以上版本操作系统、Photoshop CS3 Extended、第 5 章素材。

三、实验内容

1. 打开素材文件 031.jpg，如图 A-7 所示，创建渐变效果图。

📖　提示：在制作过程中需要使用规则选区工具、【定义图案】命令、油漆桶工具、魔棒工具、渐变工具等。

---

2. 打开素材文件 031.jpg，如图 A-8 所示，创建描边文字。

图 A-7　渐变效果图　　　　　　　　　　　　图 A-8　描边文字

3. 打开素材文件 030.jpg，该文件是一幅有许多斑点的旧照片，如图 A-9 所示，请利用修复画笔工具修复该图像的缺陷部分。

4. 利用自定形状等工具绘制一幅类似素材文件 033.jpg 的风景画，要求图像中有动物、植物、白云、太阳等，如图 A-10 所示。

图 A-9　旧照片图像　　　　　　　　　　　图 A-10　风景画

实验 5　Photoshop 操作(四)

一、实验目的

1. 掌握路径的基本操作方法。
2. 熟悉常用的调整命令。
3. 熟悉常用的滤镜命令。

二、实验环境

多媒体计算机、Windows 7 及以上版本操作系统、Photoshop CS3 Extended、第 5 章素材。

三、实验内容

1. 打开素材文件 034.jpg,该文件是"温室效应"多媒体应用系统中"图片欣赏"界面的背景图像,如图 A-11 所示,创建该图像。

📖　提示:在制作过程中需要使用钢笔工具、【路径描边】命令、油漆桶工具、画笔工具、渐变工具等。

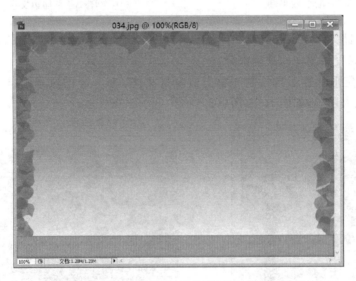

图 A-11　"图片欣赏"背景图像

2. 打开素材文件 007.jpg,如图 A-12 所示,运用调整命令将鱼身的颜色改为红色。
3. 运用滤镜等命令制作素材文件 035.jpg,如图 A-13 所示。

📖　提示:在制作过程中需要使用【镜头光晕】命令、【变形】命令、效果图层等。

图 A-12　素材文件 007.jpg

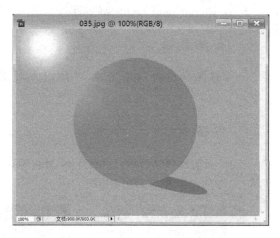

图 A-13　"图片欣赏"背景图像

4. 打开素材文件 036.jpg，该文件是"温室效应"多媒体应用系统中目录界面的背景图像，如图 A-14 所示，创建该图像。

　　📖　提示：在制作过程中需要使用钢笔工具、【定义图案】命令、油漆桶工具、渐变工具、横排文字工具、样式面板等。

图 A-14　目录界面背景图像

实验 6　ImageReady 操作

一、实验目的

1. 熟练掌握用 ImageReady 新建文件、保存文件、预览动画等方法。
2. 熟练掌握动画面板的操作方法。
3. 掌握过渡帧的操作方法。

4. 熟练掌握保存动画的方法。

二、实验环境

多媒体计算机、Windows 7 及以上版本操作系统、Adobe ImageReady CS2、第 6 章素材。

三、实验内容

1. 利用素材文件 001.jpg、002.jpg 制作一个淡入淡出的画面切换效果，如图 A-15 所示，并将动画保存为 GIF 格式。

图 A-15　001.jpg 图像过渡到 002.jpg 图像

📖　提示：在制作过程中需要使用【过渡】对话框、优化面板等。

---

2. 制作"温室效应"多媒体应用系统中"轻松一下"界面的动画效果，如图 A-16 所示。

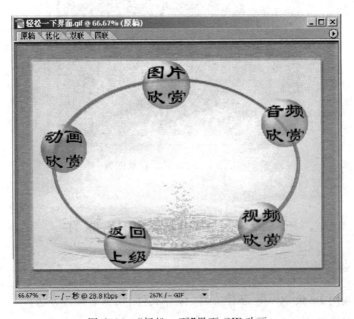

图 A-16　"轻松一下"界面 GIF 动画

实验 7　Premiere 操作

一、实验目的

1. 理解视频数据处理的基本概念。
2. 熟悉 Premiere 工作环境。
3. 熟练掌握 Premiere 新建文件、导入素材、预览素材等基础操作的方法。
4. 掌握创建字幕的方法。
5. 熟练掌握视频剪辑的方法。
6. 熟悉添加视频效果的方法。
7. 掌握输出影片的方法。

二、实验环境

多媒体计算机、Windows 7 及以上版本操作系统、Adobe Premiere Pro2、第 7 章素材。

三、实验内容

利用素材文件 b01. avi、b02. avi、b03. avi、bmusic. mp3 等 4 个文件编辑一段视频,具体要求如下:

1. 创建一个关于职员表的水平滚动字幕文件。
2. 对 b01. avi、b02. avi、b03. avi、bmusic. mp3 素材文件进行剪辑,使其视频情节、音频长度等内容更合理。
3. 在 b01. avi、b02. avi 视频文件之间设置切换效果。
4. 在 b02. avi、b03. avi 视频文件之间设置视频特效,并使用关键帧控制特效。
5. 将视/音频数据输出为 AVI 文件格式保存。

实验 8　Authorware 操作(一)

一、实验目的

1. 熟悉 Authorware 工作环境。
2. 熟练掌握 Authorware 基础操作的方法。
3. 熟练掌握显示图标的操作方法。
4. 掌握等待图标、擦除图标、群组图标的操作方法。

二、实验环境

多媒体计算机、Windows 7 及以上版本操作系统、Macromedia Authorware 7.0、第 8 章素材。

三、实验内容

利用素材文件 005.jpg 制作毛主席的诗词"沁园春·雪",界面效果如图 A-17 所示,具体要求如下:

图 A-17 "沁园春·雪"界面

1. 将界面分辨率设置为 640×480。
2. 背景画显示时要设置特效。
3. 诗词要逐行显示,并设置特效。
4. 诗词演示完后设计一个结束界面,如图 A-18 所示。

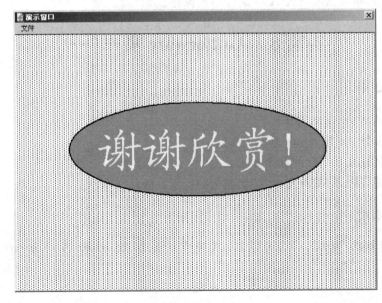

图 A-18 结束界面

实验 9 Authorware 操作(二)

一、实验目的

1. 熟悉计算图标的基本用法。
2. 掌握常用系统函数和变量的用法。
3. 熟练掌握移动图标指向固定点、指向固定直线上的某点、指向固定区域内的某点3 种方式的操作方法。
4. 掌握移动图标指向固定路径的终点、指向固定路径上的任意点两种方式的操作方法。

二、实验环境

多媒体计算机、Windows 7 及以上版本操作系统、Macromedia Authorware 7.0、第 8 章素材。

三、实验内容

1. 利用 033. gif、035. gif 素材文件制作猫捉老鼠的动画,开始界面如图 A-19 所示,结束界面如图 A-20 所示。

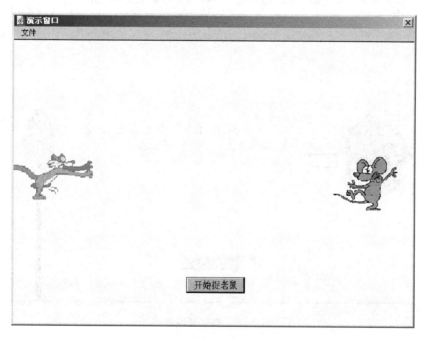

图 A-19 猫捉老鼠开始界面

2. 利用 024. gif 素材文件制作一个射箭的动画,开始界面如图 A-21 所示,结束界面如图 A-22 所示。
3. 利用 022. gif 素材文件制作一个打高尔夫球的动画。注意球的轨迹是曲线。

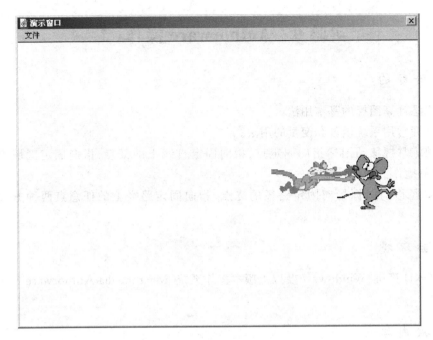

图 A-20　猫捉老鼠结束界面

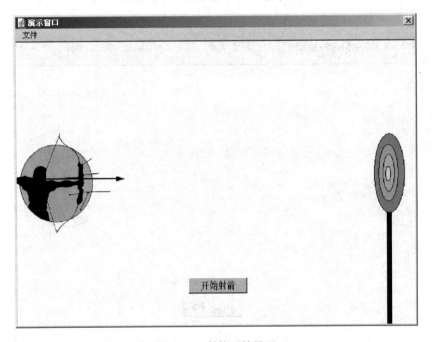

图 A-21　射箭开始界面

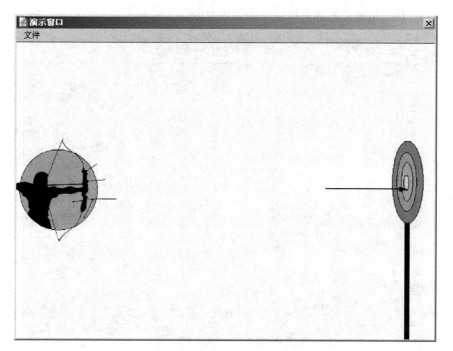

图 A-22　射箭结束界面

实验 10　Authorware 操作(三)

一、实验目的

1. 理解交互过程组成部分的基本概念。
2. 熟练掌握按钮响应、热区域响应、文本输入响应的操作方法。
3. 掌握热对象响应的操作方法。
4. 了解其他响应类型的操作方法。

二、实验环境

多媒体计算机、Windows 7 及以上版本操作系统、Macromedia Authorware 7.0、第 8 章素材。

三、实验内容

1. 利用 006.jpg 和交互图标制作一个可以升降旗的动画,界面如图 A-23 所示。
2. 利用 038.jpg 素材文件制作一个系统目录,界面如图 A-24 所示,当将鼠标指针放置在目录文本上时显示章数。
3. 创建一个输入登录密码的程序,当用户输入正确时进入系统内部,当用户输入不正确时提示用户重新输入。
4. 利用 027.jpg、028.jpg 和 029.jpg 素材文件制作一个识别动物的程序,界面如图 A-25 所示,在动物图片上单击可在界面下方显示文本提示。

图 A-23　升降旗界面

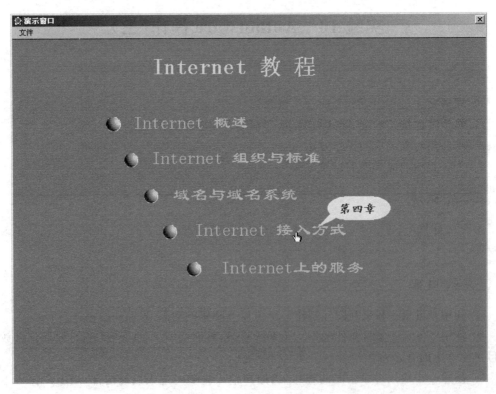

图 A-24　系统目录界面

图 A-25　识别动物界面

实验 11　Authorware 操作(四)

一、实验目的

1. 掌握框架图标、声音图标、数字电影图标的操作方法。
2. 了解知识对象、库和模块的用法。
3. 掌握导入 GIF 动画的方法。
4. 熟练掌握打包应用程序的操作方法。

二、实验环境

多媒体计算机、Windows 7 及以上版本操作系统、Macromedia Authorware 7.0、第 8 章素材。

三、实验内容

1. 制作一个配有背景音乐的电子画册。
2. 围绕个人基本情况制作一个小的应用系统,并将其打包成可执行文件。